普通高等教育“十一五”国家级规划教材

经济管理数学基础

陈殿友　术洪亮　张朝凤　编著

线性代数习题课教程

（第2版）

清华大学出版社

北　京

内容简介

本书是与普通高等教育“十一五”国家级规划教材《线性代数(第2版)》(陈殿友，术洪亮主编，清华大学出版社，2013)配套的习题课教材，内容包括行列式、矩阵、向量空间、线性方程组、矩阵的特征值与特征向量和方阵的对角化、二次型.

本书仍按《线性代数》的结构分为6章，各章首先概括主要内容和教学要求，继之进行例题选讲、疑难问题解答及常见错误类型分析，最后给出练习题、综合练习题及参考答案与提示.

与主教材《线性代数》配套的除了《线性代数习题课教程》外，还有《线性代数教师用书》(习题解答)和供课堂教学使用的《线性代数电子教案》.

本书可作为高等学校经济、管理、金融及相关专业线性代数课程的习题课教材或教学参考书.

图书在版编目(CIP)数据

线性代数习题课教程/陈殿友，术洪亮，张朝凤编著.—2版.—北京：清华大学出版社，2014(2024.2重印)

(经济管理数学基础)

ISBN 978-7-302-34622-7

Ⅰ. ①线… Ⅱ. ①陈… ②术… ③张… Ⅲ. ①线性代数—高等学校—题解 Ⅳ. ①O151.2-44

中国版本图书馆CIP数据核字(2013)第290847号

责任编辑：佟丽霞
封面设计：傅瑞学
责任校对：刘玉霞
责任印制：杨　艳

出版发行：清华大学出版社
　　网　　址：https://www.tup.com.cn, https://www.wqxuetang.com
　　地　　址：北京清华大学学研大厦A座　　**邮　　编**：100084
　　社 总 机：010-83470000　　**邮　　购**：010-62786544
　　投稿与读者服务：010-62776969，c-service@tup.tsinghua.edu.cn
　　质量反馈：010-62772015，zhiliang@tup.tsinghua.edu.cn
印 装 者：三河市君旺印务有限公司
经　　销：全国新华书店
开　　本：170mm×230mm　　**印　　张**：12.5　　**字　　数**：228千字
版　　次：2006年9月第1版　　2014年1月第2版　　**印　　次**：2024年2月第7次印刷
定　　价：35.00元

产品编号：053436-05

“经济管理数学基础”系列教材编委会

“经济管理数学基础”系列教材总序

数学是研究客观世界数量关系和空间形式的科学. 在过去的一个世纪中,数学理论与应用得到了极大的发展,使得数学所研究的两个重要内容,即“数量关系”和“空间形式”,具备了更丰富的内涵和更广泛的外延. 数学科学在发展其严谨的逻辑性的同时,作为一门工具,在几乎所有的学科中大展身手,产生了前所未有的推动力.

在经济活动和社会活动中,随时都会产生数量关系和相互作用. 数学应用的第一步就是对实际问题分析其对象内在的数量关系,这种数量关系概括地表述为一种数学结构,这种结构通常称为数学模型,建立这种数学结构的过程称为数学建模. 数学模型按类型可以分为三类:第一类为确定性模型,即模型所反映的实际问题中的关系具有确定性,对象之间的联系是必然的. 微积分、线性代数等是建立确定性模型的基本数学工具. 第二类为随机性模型,即模型所反映的实际问题具有偶然性或随机性. 概率论、数理统计和随机过程是建立随机性模型的基本数学方法. 第三类为模糊性模型,即模型所反映的实际问题中的关系呈现模糊性. 模糊数学理论是建立模糊性模型的基本数学手段.

高等学校经济管理类专业本科生的公共数学基础课程一般包括微积分、线性代数、概率论与数理统计三门课程,它们都是必修的重要基础理论课. 通过学习,学生可以掌握这些课程的基本概念、基本理论、基本方法和基本技能,为今后学习各类后继课程和进一步扩大数学知识面奠定必要的连续量、离散量和随机量方面的数学基础. 在学习过程中,通过数学知识与其经济应用的有机结合,可以培养学生抽象思维和逻辑推理的理性思维能力、综合运用所学知识分析问题和解决问题的能力以及较强的自主学习能力,并逐步培养学生的探索精神和创新能力.

“经济管理数学基础”系列教材是普通高等教育“十一五”国家级规划教材,包括《微积分》(上、下册)、《线性代数》、《概率论与数理统计》,以及与其配套的习题课教程. 为了方便一线教师教学,该系列教材又增加了与主教材配套的电子教案和教师用书(习题解答). 该系列教材内容涵盖了教育部大学数学教学指导委员会制定的“经济管理类本科数学基础教学基本要求”,汲取了国内外同类教材的精华,特别是借鉴了近几年我国一批“面向21世纪课程”教材和国家“十五”规划教材的成果,同时也凝聚了作者们多年来在大学数学教学方面积累的经验. 本系列教材编写中充分考虑了公共数学基础课程的系统性,注意体现时代的特点，本着加强基础、强化应用、整体优化、注意后效的原则，力争做到科学性、系统性和可行性的统一，传授数学知识和培养数学素养的统一. 注重理论联系实际，通过实例展示数学方法在经济管理领域的成功应用. 把数学实验内容与习题课相结合，突出数学应用和数学建模的思想方法. 借助电子和网络手段提供经济学、管理学的背景资源和应用资源，提高学生的数学人文素养，使数学思维延伸至一般思维. 总之，本系列教材体现了现代数学思想与方法，建立了后续数学方法的接口，考虑了专业需求和学生动手能力的培养，并使教材的系统性和文字简洁性相统一.

在教材体系与内容编排上，认真考虑作为经济类、管理类和人文类各专业以及相关的人文社会科学专业不同学时的授课对象的需求，对数学要求较高的专业可讲授教材的全部内容，其他专业可以根据实际需要选择适当的章节讲授. "经济管理数学基础"系列教材中主教材在每节后面都配备了习题，有的主教材在每章后还配备了总习题，其中(A)题是体现教学基本要求的习题，(B)题是对基本内容提升、扩展以及综合运用性质的习题. 书末给出了习题的参考答案，供读者参考. 该系列教材中的习题课教程旨在帮助学生全面、系统、深刻地理解、消化主教材的主要内容，使学生能够巩固、加深、提高和拓宽所学知识，并综合运用所学知识分析、处理和解决经济管理及相关领域中的某些数学应用的问题. 每章首先概括主要内容和教学要求，继之进行例题选讲、疑难问题解答，有的章节还列出了常见错误类型分析，最后给出练习题、综合练习题及其参考答案与提示.

自本教材问世以来，许多同行提出了许多宝贵的意见。结合我们在吉林大学的教学实践经验，以及近年来大学数学课程教学改革的成果，我们对本系列教材进行了修订、完善. 本次修订的指导思想是：(1)突出数学理论方法的系统性和连贯性；(2)加强经济管理的实际应用的引入和数学建模解决方法的讲述；(3)文字力图简洁明了，删繁就简；(4)增加了实际应用例题和习题。

在本系列教材的编写过程中，吉林大学教务处、吉林大学数学学院给予了大力支持，吉林大学公共数学教学与研究中心吴晓俐女士承担了本系列教材修订的编务工作. 清华大学出版社的领导和编辑们对本系列教材的编辑出版工作给予了精心的指导和大力支持. 在此一并致谢.

"经济管理数学基础"系列教材编委会

2013年8月

前　言

经济管理数学基础《线性代数习题课教程》自 2006 年 9 月出版以来，受到了同行专家和读者的广泛关注，对本教材提出了许多宝贵的意见. 针对上述意见，结合我们在吉林大学的教学实践和教学改革以及大学数学教育发展的需要，我们对本教材进行了修订、完善.

根据本次修订的指导思想，紧密配合《线性代数(第 2 版)》主教材的需要，我们对第 1 章进行了较大的修改，增加了逆序数的习题，以加强与考研大纲接轨. 重点修订了行文体例和文字叙述，增加了实际应用例题和习题.

本次修订工作 1～2 章由张朝凤副教授负责，第 3～4 章由陈殿友教授负责，第 5～6 章由术洪亮副教授完成，全书由陈殿友统稿. 在本教材的修订过程中，得到了吉林大学教务处、吉林大学数学学院和清华大学出版社的大力支持和帮助，吴晓俐女士承担了本教材修订的编务工作，在此一并表示衷心的感谢.

由于编者水平所限，书中的错误和不当之处，敬请读者批评指正.

编　者

2013 年 8 月

第1版前言

本书是依据经济类、管理类、金融类、人文类各专业对线性代数课程的教学要求而编写的，是普通高等教育“十一五”国家级规划教材“经济管理数学基础”系列教材中的《线性代数》的习题课教材.

本书密切配合《线性代数》一书，内容充实，题型全面，每章首先概括主要内容和教学要求，继之进行例题选讲、疑难问题解答及常见错误类型分析，还配有练习题、综合练习题及参考答案与提示.参考答案与提示只是作为一种参考提供给读者.本书体现了现代数学思想与方法，总结学习规律，解决疑难问题，提示注意事项，特别注重培养学生分析问题、解决问题的能力.

本书内容包括行列式、矩阵、向量组的线性相关性、线性方程组、矩阵的特征值与特征向量和方阵的对角化、二次型.全书共分6章，第1,2章由张朝凤编写，第3,4章由陈殿友编写，第5,6章由术洪亮编写，全书由陈殿友统稿.青年教师孙鹏、侯影、朱本喜、卢秀双及研究生李健完成了本书稿的录入、排版、制图工作.

书中不足之处，恳请广大读者批评指正.

编　者

2006年8月

目　　录

第1章　行列式 ······ 1
一、主要内容 ······ 1
二、教学要求 ······ 1
三、例题选讲 ······ 1
四、疑难问题解答 ······ 19
五、常见错误类型分析 ······ 20
练习1 ······ 21
练习1参考答案与提示 ······ 23
综合练习1 ······ 23
综合练习1参考答案与提示 ······ 25
第2章　矩阵 ······ 26
一、主要内容 ······ 26
二、教学要求 ······ 26
三、例题选讲 ······ 26
四、疑难问题解答 ······ 42
练习2 ······ 43
练习2参考答案与提示 ······ 44
综合练习2 ······ 45
综合练习2参考答案与提示 ······ 47
第3章　向量组的线性相关性 ······ 50
一、主要内容 ······ 50
二、教学要求 ······ 50
三、例题选讲 ······ 50
四、疑难问题解答 ······ 63
五、常见错误类型分析 ······ 65
练习3 ······ 66
练习3参考答案与提示 ······ 67
综合练习3 ······ 73

综合练习3参考答案与提示 …… 74
第4章 线性方程组 …… 76
一、主要内容 …… 76
二、教学要求 …… 76
三、例题选讲 …… 76
四、疑难问题解答 …… 94
五、常见错误类型分析 …… 95
练习4 …… 99
练习4参考答案与提示 …… 102
综合练习4 …… 106
综合练习4参考答案与提示 …… 109
第5章 矩阵的特征值、特征向量和方阵的对角化 …… 112
5.1 矩阵的特征值、特征向量与相似矩阵 …… 112
一、主要内容 …… 112
二、教学要求 …… 112
三、例题选讲 …… 112
四、疑难问题解答 …… 128
五、常见错误类型分析 …… 129
练习5.1 …… 129
练习5.1参考答案与提示 …… 132
5.2 实对称矩阵的相似对角化 …… 135
一、主要内容 …… 135
二、教学要求 …… 135
三、例题选讲 …… 135
四、常见错误类型分析 …… 149
练习5.2 …… 150
练习5.2参考答案与提示 …… 151
综合练习5 …… 154
综合练习5参考答案与提示 …… 157
第6章 二次型 …… 164
一、主要内容 …… 164
二、教学要求 …… 164

三、例题选讲 …… 164
练习 6 …… 173
练习 6 参考答案与提示 …… 174
综合练习 6 …… 177
综合练习 6 参考答案与提示 …… 179
参考文献 …… 184

三、网页设计 …… 154
练习6 …… 173
练习6参考答案与提示 …… 174
综合练习6 …… 177
综合练习6参考答案与提示 …… 179
参考文献 …… 181

第1章　行　列　式

本章介绍用行列式的性质及展开定理计算行列式，介绍利用 Cramer 法则求解 n 元线性方程组的方法.

本章重点　n 阶行列式的性质、展开定理和计算方法.

本章难点　行列式的计算.

一、主要内容

n 阶行列式的定义，n 阶行列式的性质，代数余子式，行列式展开定理，Cramer 法则.

二、教学要求

1. 理解 n 阶行列式的定义.
2. 熟练掌握行列式的性质.
3. 熟练掌握行列式的计算方法.
4. 熟练掌握行列式按行(列)展开定理.
5. 掌握 Cramer 法则.

三、例题选讲

例 1.1　已知 3□452□为一个 6 级排列，将数字 1 和 6 填入□内，使其成为奇排列.

解　我们可以将数字 1 和 6 随意填入两□内，然后求此排列的逆序数. 如果逆序数是奇数，该排列即为所求；如果逆序数为偶数，由定理 1.1，将数字 1 和 6 的位置对调，便得所求排列.

现将数字 1 填入第 1 个□内，将数字 6 填入第 2 个□内，得排列 314526，则

$$\tau(314526) = 2 + 0 + 1 + 1 + 0 = 4.$$

即排列 314526 为偶排列，由定理 1.1，将数字 1 和 6 的位置对调，便得奇排列 364521.

例1.2 计算四阶行列式

$$D=\begin{vmatrix}1&0&-1&2\\0&1&1&0\\-1&0&2&1\\0&1&0&-1\end{vmatrix}.$$

分析 对于元素是数字的行列式,通常运用行列式的性质将其化为三角行列式来计算,或将其某一行(列)化成有较多0元素之后,再按该行(列)展开降阶.

解 方法1

$$D\xlongequal[(-1)r_2+r_4]{r_1+r_3}\begin{vmatrix}1&0&-1&2\\0&1&1&0\\0&0&1&3\\0&0&-1&-1\end{vmatrix}$$

$$\xlongequal{r_3+r_4}\begin{vmatrix}1&0&-1&2\\0&1&1&0\\0&0&1&3\\0&0&0&2\end{vmatrix}=2.$$

方法2

$$\begin{aligned}D&\xlongequal{\text{按第1列展开}}1\cdot A_{11}+0\cdot A_{21}+(-1)A_{31}+0\cdot A_{41}\\&=(-1)^{1+1}M_{11}-(-1)^{3+1}M_{31}\\&=\begin{vmatrix}1&1&0\\0&2&1\\1&0&-1\end{vmatrix}-\begin{vmatrix}0&-1&2\\1&1&0\\1&0&-1\end{vmatrix}\\&=-1-(-3)=2.\end{aligned}$$

注 也可按第2列或第2行或第4行展开.

方法3

$$D\xlongequal{r_1+r_3}\begin{vmatrix}1&0&-1&2\\0&1&1&0\\0&0&1&3\\0&1&0&-1\end{vmatrix}$$

$$\xlongequal{\text{按第1列展开}}\begin{vmatrix}1&1&0\\0&1&3\\1&0&-1\end{vmatrix}$$

$$=2.$$

例 1.3　计算四阶行列式

$$D=\begin{vmatrix} a & b & c+d & 1 \\ b & c & a+d & 1 \\ c & d & a+b & 1 \\ d & a & b+a & 1 \end{vmatrix}.$$

分析　将第1列、第2列加到第3列，然后提取公因子.

解

$$D\overset{c_1+c_3}{\underset{c_2+c_3}{=\!=\!=}}\begin{vmatrix} a & b & a+b+c+d & 1 \\ b & c & a+b+c+d & 1 \\ c & d & a+b+c+d & 1 \\ d & a & a+b+c+d & 1 \end{vmatrix}$$

$$=(a+b+c+d)\begin{vmatrix} a & b & 1 & 1 \\ b & c & 1 & 1 \\ c & d & 1 & 1 \\ d & a & 1 & 1 \end{vmatrix}=0.$$

例 1.4　计算5阶行列式

$$D=\begin{vmatrix} 0 & 1 & -2 & 0 & 4 \\ -1 & 0 & 8 & -2 & -3 \\ 2 & -8 & 0 & 1 & 5 \\ 0 & 2 & -1 & 0 & -6 \\ -4 & 3 & -5 & 6 & 0 \end{vmatrix}.$$

解　由

$$D=D^{\mathrm{T}}=\begin{vmatrix} 0 & -1 & 2 & 0 & -4 \\ 1 & 0 & -8 & 2 & 3 \\ -2 & 8 & 0 & -1 & -5 \\ 0 & -2 & 1 & 0 & 6 \\ 4 & -3 & 5 & -6 & 0 \end{vmatrix}$$

$$=(-1)^5 D,$$

故 $D=0$.

注　若 n 阶行列式

$$D=\begin{vmatrix} a_{11} & a_{12} & \cdots & a_{1n} \\ a_{21} & a_{22} & \cdots & a_{2n} \\ \vdots & \vdots & & \vdots \\ a_{n1} & a_{n2} & \cdots & a_{nn} \end{vmatrix}$$

满足 $a_{ij}=-a_{ji}(i,j=1,2,\cdots,n)$,则称 D 为反对称行列式.此题是奇数阶反对称行列式,故 $D=0$.

例 1.5　计算四阶行列式

$$D=\begin{vmatrix} 1 & -1 & 1 & x-1 \\ 1 & -1 & x+1 & -1 \\ 1 & x-1 & 1 & -1 \\ x+1 & -1 & 1 & -1 \end{vmatrix}.$$

分析　各行元素之和相等.

解

$$D\xlongequal[\text{第 1 列}]{\text{各列加到}}\begin{vmatrix} x & -1 & 1 & x-1 \\ x & -1 & x+1 & -1 \\ x & x-1 & 1 & -1 \\ x & -1 & 1 & -1 \end{vmatrix}$$

$$=x\begin{vmatrix} 1 & -1 & 1 & x-1 \\ 1 & -1 & x+1 & -1 \\ 1 & x-1 & 1 & -1 \\ 1 & -1 & 1 & -1 \end{vmatrix}$$

$$\xlongequal[\text{去第 1 行}]{\text{后 3 行分别减}}x\begin{vmatrix} 1 & -1 & 1 & x-1 \\ 0 & 0 & x & -x \\ 0 & x & 0 & -x \\ 0 & 0 & 0 & -x \end{vmatrix}$$

$$\xlongequal{\text{按第 1 列展开}}x\begin{vmatrix} 0 & x & -x \\ x & 0 & -x \\ 0 & 0 & -x \end{vmatrix}$$

$$=x^4.$$

例 1.6　计算 $n+1$ 阶行列式

$$D=\begin{vmatrix} a_0 & 1 & 1 & \cdots & 1 \\ 1 & a_1 & 0 & \cdots & 0 \\ 1 & 0 & a_2 & \cdots & 0 \\ \vdots & \vdots & \vdots & & \vdots \\ 1 & 0 & 0 & \cdots & a_n \end{vmatrix},\quad \text{其中 } a_i\neq 0,i=1,2,\cdots,n.$$

分析　这是|◸|型行列式,可用主对角线元素化其为上(下)三角形来计算.

解 方法1

$$D\xlongequal[i=2,3,\cdots,n+1]{c_i\times\frac{1}{a_{i-1}}}\prod_{i=1}^{n}a_i\begin{vmatrix}a_0&\frac{1}{a_1}&\frac{1}{a_2}&\cdots&\frac{1}{a_n}\\1&1&0&\cdots&0\\1&0&1&\cdots&0\\\vdots&\vdots&\vdots&&\vdots\\1&0&0&\cdots&1\end{vmatrix}$$

$$\xlongequal[i=2,3,\cdots,n+1]{(-1)c_i+c_1}\prod_{i=1}^{n}a_i\begin{vmatrix}a_0-\sum\limits_{i=1}^{n}\frac{1}{a_i}&\frac{1}{a_1}&\frac{1}{a_2}&\cdots&\frac{1}{a_n}\\0&1&0&\cdots&0\\0&0&1&\cdots&0\\\vdots&\vdots&\vdots&&\vdots\\0&0&0&\cdots&1\end{vmatrix}$$

$$=\left(a_0-\sum_{i=1}^{n}\frac{1}{a_i}\right)\prod_{i=1}^{n}a_i.$$

方法2

$$D\xlongequal[i=2,3,\cdots,n+1]{r_i\times\left(-\frac{1}{a_{i-1}}\right)+r_1}\begin{vmatrix}a_0-\sum\limits_{i=1}^{n}\frac{1}{a_i}&0&0&\cdots&0\\1&a_1&0&\cdots&0\\1&0&a_2&\cdots&0\\\vdots&\vdots&\vdots&&\vdots\\1&0&0&\cdots&a_n\end{vmatrix}$$

$$=\left(a_0-\sum_{i=1}^{n}\frac{1}{a_i}\right)\prod_{i=1}^{n}a_i.$$

注 此题的行列式结构特殊，一些行列式的计算都可先化成|◸|，再按照此题的方法计算，如例1.6.

例1.7 计算n阶行列式

$$D_n=\begin{vmatrix}x_1&a_2&a_3&\cdots&a_n\\a_1&x_2&a_3&\cdots&a_n\\a_1&a_2&x_3&\cdots&a_n\\\vdots&\vdots&\vdots&&\vdots\\a_1&a_2&a_3&\cdots&x_n\end{vmatrix},$$

其中$x_i\neq a_i, i=1,2,\cdots,n$.

分析 行列式的特点为第j列$(j=1,2,\cdots,n)$除元素$x_j(j=1,2,\cdots,n)$外都

相同,所以后 $n-1$ 行分别减去第1行化成例1.5行列式的结构,再用例1.5的方法求解.

解　后 $n-1$ 行分别减去第1行,则

$$D_n=\begin{vmatrix} x_1 & a_2 & a_3 & \cdots & a_n \\ a_1-x_1 & x_2-a_2 & 0 & \cdots & 0 \\ a_1-x_1 & 0 & x_3-a_3 & \cdots & 0 \\ \vdots & \vdots & \vdots & & \vdots \\ a_1-x_1 & 0 & 0 & \cdots & x_n-a_n \end{vmatrix}$$

$$=\prod_{i=1}^{n}(x_i-a_i)\begin{vmatrix} \frac{x_1}{x_1-a_1} & \frac{a_2}{x_2-a_2} & \frac{a_3}{x_3-a_3} & \cdots & \frac{a_n}{x_n-a_n} \\ -1 & 1 & 0 & \cdots & 0 \\ \vdots & \vdots & \vdots & & \vdots \\ -1 & 0 & 0 & \cdots & 1 \end{vmatrix}$$

$$=\prod_{i=1}^{n}(x_i-a_i)\begin{vmatrix} 1+\sum_{i=1}^{n}\frac{a_i}{x_i-a_i} & \frac{a_2}{x_2-a_2} & \frac{a_3}{x_3-a_3} & \cdots & \frac{a_n}{x_n-a_n} \\ 0 & 1 & 0 & \cdots & 0 \\ 0 & 0 & 1 & \cdots & 0 \\ \vdots & \vdots & \vdots & & \vdots \\ 0 & 0 & 0 & \cdots & 1 \end{vmatrix}$$

$$=\left(1+\sum_{i=1}^{n}\frac{a_i}{x_i-a_i}\right)\prod_{i=1}^{n}(x_i-a_i).$$

例1.8　计算 n 阶行列式

$$D_n=\begin{vmatrix} x & a & a & \cdots & a & a \\ a & x & a & \cdots & a & a \\ a & a & x & \cdots & a & a \\ \vdots & \vdots & \vdots & & \vdots & \vdots \\ a & a & a & \cdots & a & x \end{vmatrix}.$$

分析　行列式中行(列)各元素之和相等,故将第 $2,3,\cdots,n$ 列(行)加到第1列(行),提出公因子 $x+(n-1)a$,然后再用后 $n-1$ 行分别减去第1行.

解

$$D\xlongequal[i=2,3,\cdots,n]{c_i+c_1}\begin{vmatrix} x+(n-1)a & a & a & \cdots & a \\ x+(n-1)a & x & a & \cdots & a \\ x+(n-1)a & a & x & \cdots & a \\ \vdots & \vdots & \vdots & & \vdots \\ x+(n-1)a & a & a & \cdots & x \end{vmatrix}$$

$$
=[x+(n-1)a]\begin{vmatrix} 1 & a & a & \cdots & a \\ 1 & x & a & \cdots & a \\ 1 & a & x & \cdots & a \\ \vdots & \vdots & \vdots & & \vdots \\ 1 & a & a & \cdots & x \end{vmatrix}
$$

$$
=[x+(n-1)a]\begin{vmatrix} 1 & a & a & \cdots & a \\ 0 & x-a & 0 & \cdots & 0 \\ 0 & 0 & x-a & \cdots & 0 \\ \vdots & \vdots & \vdots & & \vdots \\ 0 & 0 & 0 & \cdots & x-a \end{vmatrix}
$$

$$
=[x+(n-1)a](x-a)^{n-1}.
$$

注　在行列式计算中，若(行)列之和相等，都可考虑此方法，如例1.8.

例1.9　计算 n 阶行列式

$$
D_n=\begin{vmatrix} x_1-m & x_2 & x_3 & \cdots & x_n \\ x_1 & x_2-m & x_3 & \cdots & x_n \\ x_1 & x_2 & x_3-m & \cdots & x_n \\ \vdots & \vdots & \vdots & & \vdots \\ x_1 & x_2 & x_3 & \cdots & x_n-m \end{vmatrix}.
$$

分析　此行列式各行元素之和相同，所以将后 $n-1$ 列加到第1列，提取公因式 $\sum_{i=1}^{n}x_i-m$.

解

$$
D_n=\begin{vmatrix} \sum_{i=1}^{n}x_i-m & x_2 & x_3 & \cdots & x_n \\ \sum_{i=1}^{n}x_i-m & x_2-m & x_3 & \cdots & x_n \\ \sum_{i=1}^{n}x_i-m & x_2 & x_3-m & \cdots & x_n \\ \vdots & \vdots & \vdots & & \vdots \\ \sum_{i=1}^{n}x_i-m & x_2 & x_3 & \cdots & x_n-m \end{vmatrix}
$$

$$=\left(\sum_{i=1}^{n}x_i-m\right)\begin{vmatrix}1 & x_2 & x_3 & \cdots & x_n\\ 1 & x_2-m & x_3 & \cdots & x_n\\ 1 & x_2 & x_3-m & \cdots & x_n\\ \vdots & \vdots & \vdots & & \vdots\\ 1 & x_2 & x_3 & \cdots & x_n-m\end{vmatrix}$$

$$=\left(\sum_{i=1}^{n}x_i-m\right)\begin{vmatrix}1 & x_2 & x_3 & \cdots & x_n\\ 0 & -m & 0 & \cdots & 0\\ 0 & 0 & -m & \cdots & 0\\ \vdots & \vdots & \vdots & & \vdots\\ 0 & 0 & 0 & 0 & -m\end{vmatrix}$$

$$=\left(\sum_{i=1}^{n}x_i-m\right)(-m)^{n-1}.$$

例 1.10 计算 n 阶行列式

$$D=\begin{vmatrix}0 & 0 & \cdots & 0 & 1 & 0\\ 0 & 0 & \cdots & 2 & 0 & 0\\ \vdots & \vdots & & \vdots & \vdots & \vdots\\ n-1 & 0 & \cdots & 0 & 0 & 0\\ 0 & 0 & \cdots & 0 & 0 & n\end{vmatrix}.$$

分析 此行列式先按第 n 行(列)展开,再利用计算公式.

解

$$D\xlongequal{\text{按第 } n \text{ 行展开}}(-1)^{n+n}\cdot n\begin{vmatrix} & & & & 1\\ & & & 2 & \\ & & 3 & & \\ & \iddots & & & \\ n-1 & & & & \end{vmatrix}$$

$$=n(-1)^{\frac{(n-1)(n-2)}{2}}(n-1)!$$

$$=(-1)^{\frac{(n-1)(n-2)}{2}}n!.$$

例 1.11 计算 $2n$ 阶行列式

$$D_{2n}=\begin{vmatrix}n & & & & & & & n+1\\ & n-1 & & & & & n & \\ & & \ddots & & & \iddots & & \\ & & & 1 & 2 & & & \\ & & & 3 & 4 & & & \\ & & \iddots & & & \ddots & & \\ & n+1 & & & & & n+2 & \\ n+2 & & & & & & & n+3\end{vmatrix}.$$

解 方法1

把 D_{2n} 中的第 $2n$ 行依次与第 $2n-1$ 行、…、第2行对调共作了 $2n-2$ 次相邻对换，再把第 $2n$ 列与第 $2n-1$ 列、…、第2列对调，得

$$D_{2n}=(-1)^{2n-2}\cdot(-1)^{2n-2}\begin{vmatrix} n & n+1 & 0 & & \cdots & & 0 \\ n+2 & n+3 & 0 & & \cdots & & 0 \\ 0 & 0 & n-1 & & & & n \\ \vdots & \vdots & & \ddots & & \iddots & \\ & & & & 1 & 2 & \\ & & & & 3 & 4 & \\ & & & \iddots & & & \ddots \\ 0 & 0 & n+1 & & & & n+2 \end{vmatrix}$$

$$=D_{2(n-1)}\begin{vmatrix} n & n+1 \\ n+2 & n+3 \end{vmatrix}=(-2)D_2(n-1).$$

以此为递推公式，得

$$D_{2n}=(-2)D_{2(n-1)}=\cdots=(-2)^{n-1}D_2=(-2)^n.$$

方法2

$$D_{2n}\xlongequal[\text{展开}]{\text{按第1列}}n\begin{vmatrix} n-1 & & & & n & 0 \\ & \ddots & & \iddots & & \\ & & 1 & 2 & & \\ & & 3 & 4 & & \\ & \iddots & & & \ddots & \\ n+1 & & & & n+2 & \\ 0 & & & & & n+3 \end{vmatrix}$$

$$+(-1)^{2n+1}(n+2)\begin{vmatrix} 0 & & & & & n+1 \\ n-1 & & & & n & \\ & \ddots & & \iddots & & \\ & & 1 & 2 & & \\ & & 3 & 4 & & \\ & \iddots & & & \ddots & \\ n+1 & & & & n+2 & 0 \end{vmatrix}$$

$$=n(n+3)D_{2(n-1)}-(n+1)(n+2)D_{2(n-1)},$$

故有

$$D_{2n}=-2D_{2(n-1)}=(-2)^2D_{2(n-2)}=\cdots$$

$$=(-2)^{n-1}D_2=(-2)^{n-1}\begin{vmatrix}1&2\\3&4\end{vmatrix}=(-2)^n.$$

注 此题方法称为递推法,即寻找递推公式降阶.

例 1.12 计算 $n+1$ 阶行列式

$$D_{n+1}=\begin{vmatrix}a&-1&0&\cdots&0\\ax&a&-1&\cdots&0\\ax^2&ax&a&\cdots&0\\\vdots&\vdots&\vdots&&\vdots\\ax^n&ax^{n-1}&ax^{n-2}&\cdots&a\end{vmatrix},\quad a\neq 0.$$

解 方法1 从第1列开始到第 $n-1$ 列,依次用后一列乘$(-x)$加到前一列上,得

$$D_{n+1}=\begin{vmatrix}a+x&-1&0&\cdots&0\\0&a+x&-1&\cdots&0\\0&0&a+x&\cdots&0\\\vdots&\vdots&\vdots&&\vdots\\0&0&0&&a\end{vmatrix}=a(a+x)^n.$$

方法2

$$D_{n+1}\xlongequal[\text{展开}]{\text{按第1行}}aD_n+(-1)^{1+2}(-1)\begin{vmatrix}ax&-1&0&\cdots&0\\ax^2&a&-1&\cdots&0\\ax^3&ax&a&\cdots&0\\\vdots&\vdots&\vdots&&\vdots\\ax^n&ax^{n-2}&ax^{n-3}&\cdots&a\end{vmatrix}$$

$$=aD_n+x\begin{vmatrix}a&-1&0&\cdots&0\\ax&a&-1&\cdots&0\\ax^2&ax&a&\cdots&0\\\vdots&\vdots&\vdots&&\vdots\\ax^{n-1}&ax^{n-2}&ax^{n-3}&\cdots&a\end{vmatrix}$$

$$=aD_n+xD_n=(a+x)D_n.$$

即

$$D_{n+1}=(a+x)D_n=(a+x)^2D_{n-1}=\cdots=(a+x)^{n-1}D_2$$

$$=(a+x)^{n-1}\begin{vmatrix}a&-1\\ax&a\end{vmatrix}=a(a+x)^n.$$

方法 3

$$D_{n+1}\xlongequal{c_1\times\frac{1}{a}}a\begin{vmatrix}1&-1&0&\cdots&0\\x&a&-1&\cdots&0\\x^2&ax&a&\cdots&0\\\vdots&\vdots&\vdots&&\vdots\\x^n&ax^{n-1}&ax^{n-2}&\cdots&a\end{vmatrix}$$

$$\xlongequal{c_1+c_2}a\begin{vmatrix}1&0&0&\cdots&0\\x&a+x&-1&\cdots&0\\x^2&(a+x)x&a&\cdots&0\\\vdots&\vdots&\vdots&&\vdots\\x^n&(a+x)x^{n-1}&ax^{n-2}&\cdots&a\end{vmatrix}$$

$$\xlongequal[\text{展开}]{\text{按第1行}}a(a+x)\begin{vmatrix}1&-1&0&\cdots&0\\x&a&-1&\cdots&0\\x^2&ax&a&\cdots&0\\\vdots&\vdots&\vdots&&\vdots\\x^{n-1}&ax^{n-2}&ax^{n-3}&\cdots&a\end{vmatrix}$$

$$\xlongequal{\text{以此类推}}a(a+x)^2\begin{vmatrix}1&-1&0&\cdots&0\\x&a&-1&\cdots&0\\x^2&ax&a&\cdots&0\\\vdots&\vdots&\vdots&&\vdots\\x^{n-2}&ax^{n-3}&ax^{n-4}&\cdots&a\end{vmatrix}$$

$$=\cdots$$

$$=a(a+x)^{n-1}\begin{vmatrix}1&-1\\x&a\end{vmatrix}$$

$$=a(a+x)^n.$$

例 1.13　计算 n 阶行列式

$$D_n=\begin{vmatrix}1+a_1&1&1&\cdots&1\\1&1+a_2&1&\cdots&1\\1&1&1+a_3&\cdots&1\\\vdots&\vdots&\vdots&&\vdots\\1&1&1&\cdots&1+a_n\end{vmatrix},$$

其中 $a_i\neq0,i=1,2,\cdots,n$.

解　方法 1　后 $n-1$ 行分别减去第 1 行得

$$D_n=\begin{vmatrix}1+a_1 & 1 & 1 & \cdots & 1\\ -a_1 & a_2 & 0 & \cdots & 0\\ -a_1 & 0 & a_3 & \cdots & 0\\ \vdots & \vdots & \vdots & & \vdots\\ -a_1 & 0 & 0 & \cdots & a_n\end{vmatrix}$$

$$\xlongequal[i=2,3,\cdots,n]{\frac{a_1}{a_i}c_i+c_1}\begin{vmatrix}1+a_1+\sum\limits_{i=2}^{n}\frac{a_1}{a_i} & 1 & 1 & \cdots & 1\\ 0 & a_2 & 0 & \cdots & 0\\ 0 & 0 & a_3 & \cdots & 0\\ \vdots & \vdots & \vdots & & \vdots\\ 0 & 0 & 0 & & a_n\end{vmatrix}$$

$$=\left(1+\sum_{i=1}^{n}\frac{1}{a_i}\right)\prod_{i=1}^{n}a_i.$$

方法2　用加边法.

$$D_n=D_{n+1}=\begin{vmatrix}1 & 1 & 1 & \cdots & 1\\ 0 & 1+a_1 & 1 & \cdots & 1\\ 0 & 1 & 1+a_2 & \cdots & 1\\ \vdots & \vdots & \vdots & & \vdots\\ 0 & 1 & 1 & \cdots & 1+a_n\end{vmatrix}$$

$$\xlongequal[i=2,\cdots,n+1]{(-1)r_1+r_i}\begin{vmatrix}1 & 1 & 1 & \cdots & 1\\ -1 & a_1 & 0 & \cdots & 0\\ -1 & 0 & a_2 & \cdots & 0\\ \vdots & \vdots & \vdots & & \vdots\\ -1 & 0 & 0 & \cdots & a_n\end{vmatrix}$$

$$\xlongequal[i=2,\cdots,n+1]{\frac{1}{a_{i-1}}c_i+c_1}\begin{vmatrix}1+\sum\limits_{i=1}^{n}\frac{1}{a_i} & 1 & 1 & \cdots & 1\\ 0 & a_1 & 0 & \cdots & 0\\ 0 & 0 & a_2 & \cdots & 0\\ \vdots & \vdots & \vdots & & \vdots\\ 0 & 0 & 0 & \cdots & a_n\end{vmatrix}$$

$$=\left(1+\sum_{i=1}^{n}\frac{1}{a_i}\right)\prod_{i=1}^{n}a_i.$$

方法 3　用数学归纳法.

当 $n=2$ 时，$D_2=\begin{vmatrix}1+a_1 & 1\\ 1 & 1+a_2\end{vmatrix}=(1+a_1)(1+a_2)-1$

$$=a_1a_2\left(1+\frac{1}{a_1}+\frac{1}{a_2}\right).$$

设当 $n=k$ 时，$D_k=a_1a_2\cdots a_k\left(1+\sum_{i=1}^{k}\frac{1}{a_i}\right)$ 成立.

当 $n=k+1$ 时，

$$D_{k+1}=\begin{vmatrix}1+a_1 & 1 & 1 & \cdots & 1\\ 1 & 1+a_2 & 1 & \cdots & 1\\ 1 & 1 & 1+a_3 & \cdots & 1\\ \vdots & \vdots & \vdots & & \vdots\\ 1 & 1 & 1 & \cdots & 1+a_{k+1}\end{vmatrix}$$

$$\xlongequal[\text{成两个行列式之和}]{\text{按第 } k+1 \text{ 列拆}}\begin{vmatrix}1+a_1 & 1 & 1 & \cdots & 1\\ 1 & 1+a_2 & 1 & \cdots & 1\\ 1 & 1 & 1+a_3 & \cdots & 1\\ \vdots & \vdots & \vdots & & \vdots\\ 1 & 1 & 1 & \cdots & 1\end{vmatrix}$$

$$+\begin{vmatrix}1+a_1 & 1 & 1 & \cdots & 0\\ 1 & 1+a_2 & 1 & \cdots & 0\\ 1 & 1 & 1+a_3 & \cdots & 0\\ \vdots & \vdots & \vdots & & \vdots\\ 1 & 1 & 1 & \cdots & a_{k+1}\end{vmatrix}\text{（拆项法）}$$

$$\xlongequal[\text{前 } k \text{ 列分别减去第 } k+1 \text{ 列}]{\text{第 1 个行列式}}\begin{vmatrix}a_1 & 0 & 0 & \cdots & 1\\ 0 & a_2 & 0 & \cdots & 1\\ 0 & 0 & a_3 & \cdots & 1\\ \vdots & \vdots & \vdots & & \vdots\\ 0 & 0 & 0 & \cdots & 1\end{vmatrix}+a_{k+1}D_k$$

$$=a_1a_2a_3\cdots a_k+a_1a_2\cdots a_ka_{k+1}\left(1+\sum_{i=1}^{k}\frac{1}{a_i}\right)$$

$$=a_1a_2\cdots a_{k+1}\left(1+\sum_{i=1}^{k+1}\frac{1}{a_i}\right).$$

由数学归纳法得

$$D_n = a_1 a_2 \cdots a_n \left(1 + \sum_{i=1}^{n} \frac{1}{a_i}\right).$$

方法 4　由方法 3 的拆项法得

$$\begin{aligned} D_n &= a_1 a_1 \cdots a_{n-1} + a_n D_{n-1} \\ &= a_1 a_2 \cdots a_{n-1} + a_n (a_1 a_2 \cdots a_{n-2} + a_{n-1} D_{n-2}) \\ &= a_1 a_2 \cdots a_{n-1} + a_1 a_2 \cdots a_{n-2} a_n + a_n a_{n-1} D_{n-2} \\ &= \cdots = \left(1 + \sum_{i=1}^{n} \frac{1}{a_i}\right)\left(\prod_{i=1}^{n} a_i\right). \end{aligned}$$

注　此题共给出 4 种做法,可见元素是字母的行列式的计算技巧性强,难度较大,要善于把握行列式元素的结构特征,准确地选择行列式的计算方法.

例 1.14　计算四阶行列式

$$D_4 = \begin{vmatrix} 1 & 1 & 1 & 1 \\ x_1 & x_2 & x_3 & x_4 \\ x_1^2 & x_2^2 & x_3^2 & x_4^2 \\ x_1^4 & x_2^4 & x_3^4 & x_4^4 \end{vmatrix}.$$

分析　此行列式很像 Vandermonde 行列式,但缺少 3 次幂,因而采用“加边法”添加上 3 次幂,使新的行列式成为 Vandermonde 行列式.

解　设

$$D_5 = \begin{vmatrix} 1 & 1 & 1 & 1 & 1 \\ x_1 & x_2 & x_3 & x_4 & y \\ x_1^2 & x_2^2 & x_3^2 & x_4^2 & y^2 \\ x_1^3 & x_2^3 & x_3^3 & x_4^3 & y^3 \\ x_1^4 & x_2^4 & x_3^4 & x_4^4 & y^4 \end{vmatrix},$$

则 $D_4 = -A_{45}$,其中 A_{45} 是元素 y^3 的代数余子式. 由 Vandermonde 行列式知

$$D_5 = \prod_{1 \leqslant j < i \leqslant 4} (x_i - x_j) \cdot \prod_{i=1}^{4} (y - x_i).$$

另一方面将由 D_5 按第 5 列展开,得

$$D_5 = A_{15} + yA_{25} + y^2 A_{35} + y^3 A_{45} + y^4 A_{55}.$$

比较 D_5 的两个表达式中 y^3 的系数,且 $D_4 = -A_{45}$,有

$$D_4 = (x_1 + x_2 + x_3 + x_4) \prod_{1 \leqslant j < i \leqslant 4} (x_i - x_j).$$

例 1.15 计算 $n+1$ 阶行列式

$$D_{n+1}=\begin{vmatrix} a^n & (a-1)^n & \cdots & (a-n)^n \\ a^{n-1} & (a-1)^{n-1} & \cdots & (a-n)^{n-1} \\ \vdots & \vdots & & \vdots \\ a & a-1 & \cdots & a-n \\ 1 & 1 & \cdots & 1 \end{vmatrix}.$$

分析 逐次对换行,即把最后一行依次与前面各行交换到第1行,新的最后一行再依次与前面各行交换到第2行,这样继续下去,共经过$\frac{n(n+1)}{2}$次行的交换(也称将行列式上下翻转)后得到 Vandermonde 行列式.

解

$$\begin{aligned} D_{n+1} &=(-1)^{\frac{n(n+1)}{2}}\begin{vmatrix} 1 & 1 & \cdots & 1 \\ a & a-1 & \cdots & a-n \\ a^2 & (a-1)^2 & \cdots & (a-n)^2 \\ \vdots & \vdots & & \vdots \\ a^n & (a-1)^n & \cdots & (a-n)^n \end{vmatrix} \\ &=(-1)^{\frac{n(n+1)}{2}}\prod_{1\leqslant j<i\leqslant n+1}[a-i+1-(a-j+1)] \\ &=(-1)^{\frac{n(n+1)}{2}}\prod_{1\leqslant j<i\leqslant n+1}(j-i) \\ &=\prod_{1\leqslant j<i\leqslant n+1}(i-j) \\ &=n!(n-1)!\cdots 3!2!1!. \end{aligned}$$

注 也可将此行列式上下翻转,再左右翻转后进行计算.

例 1.16 计算三对角行列式

$$D_n=\begin{vmatrix} a+b & ab & 0 & \cdots & 0 & 0 \\ 1 & a+b & ab & \cdots & 0 & 0 \\ 0 & 1 & a+b & \cdots & 0 & 0 \\ \vdots & \vdots & \vdots & & \vdots & \vdots \\ 0 & 0 & 0 & \cdots & a+b & ab \\ 0 & 0 & 0 & \cdots & 1 & a+b \end{vmatrix}$$

解 将 D_n 按第1行展开,得

$$D_n=(a+b)D_{n-1}-ab\begin{vmatrix}1 & ab & 0 & \cdots & 0 & 0\\ 0 & a+b & ab & \cdots & 0 & 0\\ 0 & 1 & a+b & \cdots & 0 & 0\\ \vdots & \vdots & \vdots & & \vdots & \vdots\\ 0 & 0 & 0 & \cdots & a+b & ab\\ 0 & 0 & 0 & \cdots & 1 & a+b\end{vmatrix}$$

$$=(a+b)D_{n-1}-abD_{n-2},$$

即得递推公式

$$D_n=(a+b)D_{n-1}-abD_{n-2}.$$

由以上关系式可得

$$\begin{aligned}D_n-aD_{n-1}&=b(D_{n-1}-aD_{n-2})=b^2(D_{n-2}-aD_{n-3})\\&=\cdots=b^{n-2}(D_2-aD_1)=b^{n-2}\left(\begin{vmatrix}a+b & ab\\ 1 & a+b\end{vmatrix}-a(a+b)\right)\\&=b^{n-2}[(a+b)^2-ab-a(a+b)]=b^n,\end{aligned}$$

于是得

$$\begin{aligned}D_n&=aD_{n-1}+b^n=a^2D_{n-2}+ab^{n-1}+b^n=\cdots\\&=a^{n-1}D_1+a^{n-2}b^2+\cdots+ab^{n-1}+b^n\\&=a^n+a^{n-1}b+\cdots+ab^{n-1}+b^n=\begin{cases}(n+1)a^n, & a=b,\\ \dfrac{a^{n+1}-b^{n+1}}{a-b}, & a\neq b.\end{cases}\end{aligned}$$

注 也可按如下方法求解：由递推公式可得

$$\begin{cases}D_n-aD_{n-1}=b^n,\\ D_n-bD_{n-1}=a^n,\end{cases}$$

由该方程组解得

$$D_n=\frac{a^{n+1}-b^{n+1}}{a-b}\quad(a\neq b).$$

例 1.17 设

$$D=\begin{vmatrix}1 & -1 & 0 & 2\\ 1 & 0 & 4 & 1\\ 2 & 0 & 3 & 0\\ 1 & 2 & 3 & 4\end{vmatrix}.$$

求 $A_{41}+A_{42}+A_{43}+A_{44}$，其中 $A_{4j}(j=1,2,3,4)$ 为元素 a_{4j} 的代数余子式.

分析 直接计算行列式某一行(列)的元素的代数余子式之和太麻烦,通常把行列式的相应行(列)的元素换成1,再计算新的行列式.

解 把所给行列式的第4行全换成1,再按第4行展开,有

$$\begin{vmatrix} 1 & -1 & 0 & 2 \\ 1 & 0 & 4 & 1 \\ 2 & 0 & 3 & 0 \\ 1 & 1 & 1 & 1 \end{vmatrix} = 1 \cdot A_{41} + 1 \cdot A_{42} + 1 \cdot A_{43} + 1 \cdot A_{44}.$$

即

$$A_{41} + A_{42} + A_{43} + A_{44} = \begin{vmatrix} 1 & -1 & 0 & 2 \\ 1 & 0 & 4 & 1 \\ 2 & 0 & 3 & 0 \\ 1 & 1 & 1 & 1 \end{vmatrix}$$

$$\xlongequal{r_1 + r_4} \begin{vmatrix} 1 & -1 & 0 & 2 \\ 1 & 0 & 4 & 1 \\ 2 & 0 & 3 & 0 \\ 2 & 0 & 1 & 3 \end{vmatrix}$$

$$\xlongequal[\text{展开}]{\text{按第2列}} (-1)(-1)^{1+2} \begin{vmatrix} 1 & 4 & 1 \\ 2 & 3 & 0 \\ 2 & 1 & 3 \end{vmatrix} = -19.$$

例 1.18 计算6阶行列式

$$D_6 = \begin{vmatrix} 1 & 1 & 0 & 0 & 1 & 0 \\ x_1 & x_2 & 0 & 0 & x_3 & 0 \\ a_1 & b_1 & 1 & 1 & c_1 & 1 \\ a_2 & b_2 & x_1 & x_2 & c_2 & x_3 \\ x_1^2 & x_2^2 & 0 & 0 & x_3^2 & 0 \\ a_3 & b_3 & x_1^2 & x_2^2 & c_3 & x_3^2 \end{vmatrix}.$$

解 利用 Laplace 定理展开,选择按1,2,5行展开.这三行中有一个三阶非零子式,即

$$D_6 = (-1)^{1+2+5+3+4+6} \begin{vmatrix} 1 & 1 & 1 \\ x_1 & x_2 & x_3 \\ x_1^2 & x_2^2 & x_3^2 \end{vmatrix} \begin{vmatrix} 1 & 1 & 1 \\ x_1 & x_2 & x_3 \\ x_1^2 & x_2^2 & x_3^2 \end{vmatrix}$$

$$= -(x_2 - x_1)^2 (x_3 - x_1)^2 (x_3 - x_2)^2.$$

例 1.19 设 α,β,γ 是方程 $x^3+px+g=0$ 的根,证明:

$$D=\begin{vmatrix}\alpha & \beta & \gamma\\ \gamma & \alpha & \beta\\ \beta & \gamma & \alpha\end{vmatrix}=0.$$

解 因 α,β,γ 是方程 $x^3+px+g=0$ 的根,而此方程不含 x^2 的项,由根与系数的关系知 $\alpha+\beta+\gamma=0$,于是

$$D=\begin{vmatrix}\alpha & \beta & \gamma\\ \gamma & \alpha & \beta\\ \beta & \gamma & \alpha\end{vmatrix}\xlongequal[c_3+c_1]{c_2+c_1}\begin{vmatrix}\alpha+\beta+\gamma & \beta & \gamma\\ \alpha+\beta+\gamma & \alpha & \beta\\ \alpha+\beta+\gamma & \gamma & \alpha\end{vmatrix}=0.$$

例 1.20 当 λ 取何值时,齐次线性方程组

$$\begin{cases}(5-\lambda)x+2y+2z=0,\\ 2x+(6-\lambda)y=0,\\ 2x+(4-\lambda)z=0\end{cases}$$

有非零解.

解 若齐次线性方程组有非零解,则系数行列式 $D=0$,由

$$\begin{aligned}D&=\begin{vmatrix}5-\lambda & 2 & 2\\ 2 & 6-\lambda & 0\\ 2 & 0 & 4-\lambda\end{vmatrix}\\ &=(5-\lambda)(6-\lambda)(4-\lambda)-4(6-\lambda)-4(4-\lambda)\\ &=(5-\lambda)(2-\lambda)(8-\lambda),\end{aligned}$$

得 $\lambda_1=2$ 或 $\lambda_2=5$ 或 $\lambda_3=8$.

例 1.21 设

$$D=\begin{vmatrix}a_{11} & \cdots & a_{1m} & 0 & \cdots & 0\\ \vdots & & \vdots & \vdots & & \vdots\\ a_{m1} & \cdots & a_{mm} & 0 & \cdots & 0\\ c_{11} & \cdots & c_{1m} & b_{11} & \cdots & b_{1n}\\ \vdots & & \vdots & \vdots & & \vdots\\ c_{n1} & \cdots & c_{nm} & b_{n1} & \cdots & b_{nn}\end{vmatrix}$$

$$D_1=\begin{vmatrix}a_{11} & \cdots & a_{1m}\\ \vdots & & \vdots\\ a_{m1} & \cdots & a_{mm}\end{vmatrix},\quad D_2=\begin{vmatrix}b_{11} & \cdots & b_{1n}\\ \vdots & & \vdots\\ b_{n1} & \cdots & b_{nn}\end{vmatrix}.$$

证明 $D=D_1D_2$.

证明 记 $D=\det(d_{ij})$,其中

$$d_{ij}=a_{ij},\quad i=1,2,\cdots,m;j=1,2,\cdots,m;$$

$$d_{m+i,m+j}=b_{ij},\quad i=1,2,\cdots,n;j=1,2,\cdots,n.$$

在行列式

$$D=\begin{vmatrix} d_{11} & \cdots & d_{1m} & 0 & \cdots & 0 \\ \vdots & & \vdots & \vdots & & \vdots \\ d_{m1} & \cdots & d_{mm} & 0 & \cdots & 0 \\ d_{m+1,1} & \cdots & d_{m+1,m} & d_{m+1,m+1} & \cdots & d_{m+1,m+n} \\ \vdots & & \vdots & \vdots & & \vdots \\ d_{m+n,1} & \cdots & d_{m+n,m} & d_{m+n,m+1} & \cdots & d_{m+n,m+n} \end{vmatrix}$$

中任取一个均布项

$$d_{1r_1}\cdots d_{mr_m}d_{m+1,r_{m+1}}\cdots d_{m+n,r_{m+n}}.$$

由于当 $i\leqslant m,j>m$ 时,$d_{ij}=0$,因此 $r_1,\cdots,r_m$ 只有在 $1,\cdots,m$ 中选取时,该均布项才可能不为0,而当 $r_1,\cdots,r_m$ 在 $1,\cdots,m$ 中选取时,$r_{m+1},\cdots,r_{m+n}$ 只能在 $m+1,\cdots,m+n$ 中选取. 于是 D 中可能不为零的均布项可以记为

$$a_{1p_1}a_{2p_2}\cdots a_{mp_m}b_{1q_1}\cdots b_{nq_n},$$

这里 $p_i=r_i,q_i=r_{m+i}-m$. 设 l 为排列 $p_1\cdots p_m(m+q_1)\cdots(m+q_n)$ 的逆序数,以 t,s 分别表示排列 $p_1p_2\cdots p_m$ 及 $q_1q_2\cdots q_n$ 的逆序数,应有 $l=t+s$. 于是

$$\begin{aligned} D&=\sum_{p_1\cdots p_m}\sum_{q_1\cdots q_n}(-1)^l a_{1p_1}a_{2p_2}\cdots a_{mp_m}b_{1q_1}b_{2q_2}\cdots b_{nq_n} \\ &=\sum_{p_1\cdots p_m}(-1)^t a_{1p_1}a_{2p_2}\cdots a_{mp_m}\sum_{q_1\cdots q_n}(-1)^s b_{1q_1}b_{2q_2}\cdots b_{nq_n} \\ &=D_1D_2. \end{aligned}$$

□

四、疑难问题解答

1. 为什么说在一个 n 阶行列式 D 中等于0的元素个数大于 n^2-n,则行列式 D 的值等于0.

答 n 阶行列式中共有 n^2 个元素,若 n^2 个元素中等于0的元素大于 n^2-n,则不等于0的元素就小于 $n^2-(n^2-n)=n$,即 n 阶行列式中不等于0的元素最多有 $n-1$ 个,而行列式每一项是取自不同行、不同列的 n 个元素乘积,从而每一项中至少有一个0元素,故其行列式的值为零.

2. 余子式与代数余子式有什么特点?它们之间有什么联系?

答 n 阶行列式 D 的元素 a_{ij} 的余子式 M_{ij} 和代数余子式 A_{ij} 仅与 a_{ij} 所在的位置有关,而与元素 a_{ij} 所在的行、列的其他元素无关.

它们之间的联系是 $A_{ij}=(-1)^{i+j}M_{ij}$,且当 $i+j$ 为偶数时,二者相同;当 $i+j$ 为奇数时,二者互为相反数.

五、常见错误类型分析

1. 计算

$$D=\begin{vmatrix} a_{11} & a_{12} & ka_{13} \\ ka_{21} & ka_{22} & ka_{23} \\ a_{31} & a_{32} & ka_{33} \end{vmatrix}.$$

错误解法

$$D=k^2\begin{vmatrix} a_{11} & a_{12} & a_{13} \\ a_{21} & a_{22} & a_{23} \\ a_{31} & a_{32} & a_{33} \end{vmatrix}.$$

错因分析　行列式某行(列)有公因子时,可将每一行(列)的公因子提出.

正确解法

$$D=k\begin{vmatrix} a_{11} & a_{12} & a_{13} \\ ka_{21} & ka_{22} & a_{23} \\ a_{31} & a_{32} & a_{33} \end{vmatrix},$$

或

$$D=k\begin{vmatrix} a_{11} & a_{12} & ka_{13} \\ a_{21} & a_{22} & a_{23} \\ a_{31} & a_{32} & ka_{33} \end{vmatrix}.$$

2. 计算

$$D=\begin{vmatrix} ax+by & ay+bz & az+bx \\ ay+bz & az+bx & ax+by \\ az+bx & ax+by & ay+bz \end{vmatrix}.$$

错误解法

$$D\xlongequal[c_3\text{ 拆开}]{\text{按 }c_1,c_2}\begin{vmatrix} ax & ay & az \\ ay & az & ax \\ az & ax & ay \end{vmatrix}+\begin{vmatrix} by & bz & bx \\ bz & bx & by \\ bx & by & bz \end{vmatrix}$$

$$=a^3\begin{vmatrix} x & y & z \\ y & z & x \\ z & x & y \end{vmatrix}+b^3\begin{vmatrix} y & z & x \\ z & x & y \\ x & y & z \end{vmatrix}$$

$$=(a^3+b^3)\begin{vmatrix} x & y & z \\ y & z & x \\ z & x & y \end{vmatrix}.$$

错因分析　根据行列式的性质，若行列式某一行(列)的各元素都是两数之和，则可把这个行列式拆成两个行列式之和，每次只拆开一行或一列，而错误解法是同时将 3 列拆开.

正确解法

$$D \xlongequal{\text{按 } c_1 \text{ 拆开}} \begin{vmatrix} ax & ay+bz & az+bx \\ ay & az+bx & ax+by \\ az & ax+by & ay+bz \end{vmatrix} + \begin{vmatrix} by & ay+bz & az+bx \\ bz & az+bx & ax+by \\ bx & ax+by & ay+bz \end{vmatrix}$$

$$= \begin{vmatrix} ax & ay+bz & az \\ ay & az+bx & ax \\ az & ax+by & ay \end{vmatrix} + \begin{vmatrix} ax & ay+bz & bx \\ ay & az+bx & by \\ az & ax+by & bz \end{vmatrix}$$

$$+ \begin{vmatrix} by & ay & az+bx \\ bz & az & ax+by \\ bx & ax & ay+bz \end{vmatrix} + \begin{vmatrix} by & bz & az+bx \\ bz & bx & ax+by \\ bx & by & ay+bz \end{vmatrix}$$

$$= a^2 \begin{vmatrix} x & ay+bz & z \\ y & az+bx & x \\ z & ax+by & y \end{vmatrix} + 0 + 0 + b^2 \begin{vmatrix} y & z & az+bx \\ z & x & ax+by \\ x & y & ay+bz \end{vmatrix}$$

$$= a^3 \begin{vmatrix} x & y & z \\ y & z & x \\ z & x & y \end{vmatrix} + b^3 \begin{vmatrix} y & z & x \\ z & x & y \\ x & y & z \end{vmatrix}$$

$$= (a^3+b^3) \begin{vmatrix} x & y & z \\ y & z & x \\ z & x & y \end{vmatrix}.$$

练习 1

1. 计算下列行列式的值：

(1) $\begin{vmatrix} 10 & 8 & 2 \\ 15 & 12 & 3 \\ 20 & 32 & 12 \end{vmatrix}$；　　(2) $\begin{vmatrix} -ab & ac & ae \\ bd & -cd & de \\ bf & cf & -ef \end{vmatrix}$；

(3) $\begin{vmatrix} 3 & 1 & -1 & 2 \\ -5 & 1 & 3 & -4 \\ 2 & 0 & 1 & -1 \\ 1 & -5 & 3 & -3 \end{vmatrix}$；　　(4) $\begin{vmatrix} 1 & 1 & 1 & 1 \\ 2 & 3 & 4 & 5 \\ 2^2 & 3^2 & 4^2 & 5^2 \\ 2^3 & 3^3 & 4^3 & 5^3 \end{vmatrix}$.

2. 计算下列各行列式的值：

(1) $\begin{vmatrix} a & 1 & 1 & 1 \\ 1 & a & 1 & 1 \\ 1 & 1 & a & 1 \\ 1 & 1 & 1 & a \end{vmatrix}$；　(2) $\begin{vmatrix} a+b+2c & a & b \\ c & 2a+b+c & b \\ c & a & a+2b+c \end{vmatrix}$；

(3) $P_n=\begin{vmatrix} 1 & 1 & 1 & \cdots & 1 & 1 \\ 1 & -1 & 1 & \cdots & 1 & 1 \\ 1 & 1 & -1 & \cdots & 1 & 1 \\ \vdots & \vdots & \vdots & & \vdots & \vdots \\ 1 & 1 & 1 & \cdots & -1 & 1 \\ 1 & 1 & 1 & \cdots & 1 & -1 \end{vmatrix}$；

(4) $D_{2n}=\begin{vmatrix} a_n & & & & & b_n \\ & \ddots & & & \iddots & \\ & & a_1 & b_1 & & \\ & & c_1 & d_1 & & \\ & \iddots & & & \ddots & \\ c_n & & & & & d_n \end{vmatrix}$，其中未写出的元素都是零；

(5) $D=\begin{vmatrix} 3 & 2 & 0 & 0 & 0 & 0 \\ 4 & 3 & 0 & 0 & 0 & 0 \\ 0 & 0 & 2 & 1 & 0 & 0 \\ 0 & 0 & 3 & 2 & 0 & 0 \\ 0 & 0 & 0 & 0 & 3 & 2 \\ 0 & 0 & 0 & 0 & 5 & 4 \end{vmatrix}$.

3. 求方程 $\begin{vmatrix} 1 & 1 & 1 & 1 \\ 1 & 1 & 1-x & 1 \\ 1 & 2-x & 1 & 1 \\ 3-x & 1 & 1 & 1 \end{vmatrix}=0$ 的解.

4. 当 λ 取何值时，方程组

$$\begin{cases} \lambda x_1+x_2+x_3=0, \\ x_1+\lambda x_2-x_3=0, \\ 2x_1-x_2+x_3=0 \end{cases}$$

有非零解.

5. 用 Cramer 法则解线性方程组

$$\begin{cases}2x_1+x_2-5x_3+x_4=8,\\ x_1-3x_2-6x_4=9,\\ 2x_2-x_3+2x_4=-5,\\ x_1+4x_2-7x_3+6x_4=0.\end{cases}$$

练习1参考答案与提示

1. (1) 0； (2) $4abcdef$； (3) 40； (4) 12.

2. (1) $(a+3)(a-1)^3$； (2) $2(a+b+c)^3$；

   (3) $(-2)^{n-1}$. 提示：后 $n-1$ 行分别减第1行；

   (4) $\prod_{i=1}^{n}(a_id_i-b_ic_i)$；

   (5) 2.

3. $x_1=0, x_2=1, x_3=2$.

4. $\lambda=-1$ 或 $\lambda=4$.

5. $x_1=3, x_2=-4, x_3=-1, x_4=1$.

综合练习1

1. 填空题

(1) $\begin{vmatrix}0&0&0&a\\b&0&0&0\\0&c&0&0\\0&0&d&0\end{vmatrix}=$________；

(2) 如果 $\begin{vmatrix}a&3&1\\b&0&1\\c&2&1\end{vmatrix}=1$，则 $\begin{vmatrix}a-3&b-3&c-3\\5&2&4\\1&1&1\end{vmatrix}=$________；

(3) 设 $f(x)=\begin{vmatrix}a_{11}&a_{12}&a_{13}&x\\a_{21}&a_{22}&x&a_{24}\\a_{31}&x&a_{33}&a_{34}\\x&a_{42}&a_{43}&a_{44}\end{vmatrix}$，则多项式 $f(x)$ 中的 x^3 系数为________；

(4) 若 $\begin{vmatrix} 1 & 2 & 3 & 4 \\ 5 & 6 & 7 & 8 \\ 0 & 0 & x & 3 \\ 0 & 0 & 4 & 5 \end{vmatrix}=0$,则 $x=$________;

(5) 设 n 阶行列式 $D=a\neq 0$,且 D 的每行元素之和为 b,则行列式 D 的第1列元素的代数余子式之和为________.

2. 选择题

(1) 设多项式 $f(x)=\begin{vmatrix} 5x & 1 & 2 & 3 \\ x & x & x & 1 \\ 1 & 0 & x & 3 \\ x & 2 & 1 & x \end{vmatrix}$,则多项式的次数为(　　).

(A) 3　　(B) 2　　(C) 4　　(D) 5

(2) 设 a,b 为实数,$\begin{vmatrix} a & b & 0 \\ -b & a & 0 \\ -1 & 0 & -1 \end{vmatrix}=0$,则(　　).

(A) $a=0,b=-1$　　(B) $a=0,b=0$

(C) $a=1,b=0$　　(D) $a=1,b=-1$

(3) 设多项式 $f(x)=\begin{vmatrix} x-2 & x-1 & x-2 \\ 2(x-1) & 2x-1 & 2(x-1) \\ 3(x-1) & 3x-2 & 4x-5 \end{vmatrix}$,则方程 $f(x)=0$ 的根的个数为(　　).

(A) 1　　(B) 2　　(C) 3　　(D) 4

3. 计算题

(1) $\begin{vmatrix} 3 & 0 & 4 & 0 \\ 2 & 2 & 2 & 2 \\ 0 & -7 & 0 & 0 \\ -1 & 1 & -1 & 1 \end{vmatrix}$;　　(2) $\begin{vmatrix} 1 & a & a^2-bc \\ 1 & b & b^2-ca \\ 1 & c & c^2-ab \end{vmatrix}$;

(3) $\begin{vmatrix} 3 & 0 & 0 & 2 \\ 0 & 3 & 4 & 0 \\ 4 & 0 & 0 & 3 \\ 0 & 5 & 6 & 0 \end{vmatrix}$;　　(4) $\begin{vmatrix} 1 & 2 & 3 & \cdots & n-1 & n \\ -1 & 1 & 0 & \cdots & 0 & 0 \\ 0 & -1 & 1 & \cdots & 0 & 0 \\ \vdots & \vdots & \vdots & & \vdots & \vdots \\ 0 & 0 & 0 & \cdots & -1 & 1 \end{vmatrix}$;

(5) $\begin{vmatrix} 1 & 2 & 2 & \cdots & 2 \\ 2 & 2 & 2 & \cdots & 2 \\ 2 & 2 & 3 & \cdots & 2 \\ \vdots & \vdots & \vdots & & \vdots \\ 2 & 2 & 2 & \cdots & n \end{vmatrix}$.

4. 设

$$D_n=\begin{vmatrix} 2\cos\theta & 1 & \cdots & 0 & 0 \\ 1 & 2\cos\theta & \cdots & 0 & 0 \\ \vdots & \vdots & & \vdots & \vdots \\ 0 & 0 & \cdots & 2\cos\theta & 1 \\ 0 & 0 & \cdots & 1 & 2\cos\theta \end{vmatrix},$$

证明 $D_n=\dfrac{\sin(n+1)\theta}{\sin\theta}$.

综合练习 1 参考答案与提示

1. (1) $-abcd$； (2) 1； (3) 0； (4) $\dfrac{12}{5}$； (5) $\dfrac{a}{b}$.

2. (1) (C)； (2) (B)； (3) (B).

3. (1) -28； (2) 0； (3) 2； (4) $\dfrac{(n+1)n}{2}$；

(5) $-2(n-2)!$.

4. 提示：用数学归纳法证明.

第2章　矩　　阵

矩阵是线性代数中的一个重要基本概念和数学工具,它贯穿于线性代数的各个方面.矩阵是处理许多实际问题的非常有利的工具,在很多领域中都有着广泛的应用.

本章重点　矩阵的概念,性质和运算,逆矩阵,矩阵的秩.

本章难点　逆矩阵,解矩阵方程,矩阵的初等变换和矩阵的秩.

一、主要内容

矩阵的概念,矩阵的运算,可逆矩阵的概念和性质,可逆性的判别,分块矩阵及其运算,矩阵的初等变换与初等矩阵,矩阵的秩,矩阵的等价.

二、教学要求

1. 理解矩阵的概念,掌握几种特殊的矩阵.

2. 熟练掌握矩阵的加法运算、数乘运算、乘法运算、转置运算,以及它们的运算规律.

3. 熟练掌握可逆矩阵的概念、可逆矩阵存在的充要条件、可逆矩阵的性质.

4. 了解分块矩阵的概念,会用分块矩阵解题.

5. 理解矩阵的初等变换与初等矩阵,熟练掌握用矩阵的初等变换求矩阵的秩和逆矩阵的方法.

三、例题选讲

例 2.1　已知 $\boldsymbol{A}=\begin{bmatrix}-1 & 2 & 1\\ 0 & -1 & 2\end{bmatrix}$,$\boldsymbol{B}=\begin{bmatrix}1 & 2 & 0\\ 1 & 3 & -2\\ 3 & 8 & -4\end{bmatrix}$,$\boldsymbol{C}=\begin{bmatrix}-4 & -8\\ 2 & 4\\ 1 & 2\end{bmatrix}$,求 $\boldsymbol{AB}$,$\boldsymbol{BC}$,$\boldsymbol{AC}$,$\boldsymbol{CA}$.

解

$$\boldsymbol{AB}=\begin{bmatrix}-1 & 2 & 1\\ 0 & -1 & 2\end{bmatrix}\begin{bmatrix}1 & 2 & 0\\ 1 & 3 & -2\\ 3 & 8 & -4\end{bmatrix}=\begin{bmatrix}4 & 12 & -8\\ 5 & 13 & -6\end{bmatrix}.$$

$$BC=\begin{bmatrix}1&2&0\\1&3&-2\\3&8&-4\end{bmatrix}\begin{bmatrix}-4&-8\\2&4\\1&2\end{bmatrix}=\begin{bmatrix}0&0\\0&0\\0&0\end{bmatrix}.$$

$$AC=\begin{bmatrix}-1&2&1\\0&-1&2\end{bmatrix}\begin{bmatrix}-4&-8\\2&4\\1&2\end{bmatrix}=\begin{bmatrix}9&18\\0&0\end{bmatrix}.$$

$$CA=\begin{bmatrix}-4&-8\\2&4\\1&2\end{bmatrix}\begin{bmatrix}-1&2&1\\0&-1&2\end{bmatrix}=\begin{bmatrix}4&0&-20\\-2&0&10\\-1&0&5\end{bmatrix}.$$

注 (1) 矩阵的乘法一般不适合交换律.

(2) 矩阵的乘法一般不适合消去律. 即 $\boldsymbol{AB}=\boldsymbol{0} \not\Rightarrow \boldsymbol{A}=\boldsymbol{0}$ 或 $\boldsymbol{B}=\boldsymbol{0}$.

例 2.2 设矩阵 $\boldsymbol{A}=\begin{bmatrix}1&0\\3&2\end{bmatrix}$,求与 $\boldsymbol{A}$ 可交换的矩阵.

解 设 $\boldsymbol{B}=\begin{bmatrix}a&b\\c&d\end{bmatrix}$,与 $\boldsymbol{A}$ 可交换,即

$$\begin{bmatrix}1&0\\3&2\end{bmatrix}\begin{bmatrix}a&b\\c&d\end{bmatrix}=\begin{bmatrix}a&b\\c&d\end{bmatrix}\begin{bmatrix}1&0\\3&2\end{bmatrix},$$

由矩阵乘法及如果两个矩阵相等,则对应元素相同的原则,有

$$\begin{cases}a=a+3b,\\b=2b,\\3a+2c=c+3d,\\3b+2d=2d,\end{cases}$$

由此可得 $b=0,c=3(d-a)$,于是与 $\boldsymbol{A}$ 可交换的矩阵为

$$\boldsymbol{B}=\begin{bmatrix}a&0\\3(b-a)&b\end{bmatrix},\text{其中 } a,b \text{ 为实数}.$$

例 2.3 设 $\boldsymbol{A}=\begin{bmatrix}2&0&1\\0&2&0\\0&0&2\end{bmatrix}$,求 $\boldsymbol{A}^n$(n 为自然数).

解 $\boldsymbol{A}=\begin{bmatrix}2&0&0\\0&2&0\\0&0&2\end{bmatrix}+\begin{bmatrix}0&0&1\\0&0&0\\0&0&0\end{bmatrix}$. 设 $\boldsymbol{H}=\begin{bmatrix}0&0&1\\0&0&0\\0&0&0\end{bmatrix}$,则 $\boldsymbol{A}=2\boldsymbol{E}+\boldsymbol{H}$,而

$\boldsymbol{H}^2=\begin{bmatrix}0&0&0\\0&0&0\\0&0&0\end{bmatrix}$,由此得 $\boldsymbol{H}^n=\boldsymbol{0}(n\geqslant 2)$.

则
$$\begin{aligned}\boldsymbol{A}^n &= (2\boldsymbol{E}+\boldsymbol{H})^n = \sum_{k=0}^{n} \mathrm{C}_n^k (2\boldsymbol{E})^{n-k}\boldsymbol{H}^k \\ &=(2\boldsymbol{E})^n + n(2\boldsymbol{E})^{n-1}\boldsymbol{H} \\ &=2^n\boldsymbol{E}+2^{n-1}n\boldsymbol{E}\boldsymbol{H} \\ &=\begin{bmatrix}2^n & 0 & 0\\ 0 & 2^n & 0\\ 0 & 0 & 2^n\end{bmatrix}+\begin{bmatrix}0 & 0 & n2^{n-1}\\ 0 & 0 & 0\\ 0 & 0 & 0\end{bmatrix} \\ &=\begin{bmatrix}2^n & 0 & n2^{n-1}\\ 0 & 2^n & 0\\ 0 & 0 & 2^n\end{bmatrix}.\end{aligned}$$

例 2.4 已知 $\boldsymbol{A}=\begin{bmatrix}1 & -1 & -1 & -1\\ -1 & 1 & -1 & -1\\ -1 & -1 & 1 & -1\\ -1 & -1 & -1 & 1\end{bmatrix}$,求 $\boldsymbol{A}^n$(n 为自然数).

解 用递推法.

$$\boldsymbol{A}^2=\begin{bmatrix}1 & -1 & -1 & -1\\ -1 & 1 & -1 & -1\\ -1 & -1 & 1 & -1\\ -1 & -1 & -1 & 1\end{bmatrix}\begin{bmatrix}1 & -1 & -1 & -1\\ -1 & 1 & -1 & -1\\ -1 & -1 & 1 & -1\\ -1 & -1 & -1 & 1\end{bmatrix}$$

$$=\begin{bmatrix}4 & 0 & 0 & 0\\ 0 & 4 & 0 & 0\\ 0 & 0 & 4 & 0\\ 0 & 0 & 0 & 4\end{bmatrix}=4\boldsymbol{E}=2^2\boldsymbol{E}.$$

$$\boldsymbol{A}^3=\boldsymbol{A}^2\boldsymbol{A}=2^2\boldsymbol{E}\boldsymbol{A}=2^2\boldsymbol{A},$$
$$\boldsymbol{A}^4=2^2\boldsymbol{A}\boldsymbol{A}=2^2\boldsymbol{A}^2=2^2 2^2\boldsymbol{E}=2^4\boldsymbol{E},$$

所以,当 n 为偶数时,

$$\boldsymbol{A}^n=2^n\boldsymbol{E}.$$

当 n 为奇数时,

$$\boldsymbol{A}^n=\boldsymbol{A}^{n-1}\boldsymbol{A}=2^{n-1}\boldsymbol{E}\boldsymbol{A}=2^{n-1}\boldsymbol{A}.$$

例 2.5 设四阶方阵

$$\boldsymbol{A}=\begin{bmatrix}a & b & c & d\\ -b & a & d & -c\\ -c & -d & a & b\\ -d & c & -b & a\end{bmatrix},$$

求$|\boldsymbol{A}|$.

解 由

$$\boldsymbol{A}\boldsymbol{A}^{\mathrm{T}}=\begin{bmatrix}a&b&c&d\\-b&a&d&-c\\-c&-d&a&b\\-d&c&-b&a\end{bmatrix}\begin{bmatrix}a&-b&-c&-d\\b&a&-d&c\\c&d&a&-b\\d&-c&b&a\end{bmatrix}$$

$$=\begin{bmatrix}a^2+b^2+c^2+d^2&0&0&0\\0&a^2+b^2+c^2+d^2&0&0\\0&0&a^2+b^2+c^2+d^2&0\\0&0&0&a^2+b^2+c^2+d^2\end{bmatrix},$$

有$|\boldsymbol{A}\boldsymbol{A}^{\mathrm{T}}|=(a^2+b^2+c^2+d^2)^4$，即$|\boldsymbol{A}|=\pm(a^2+b^2+c^2+d^2)^2$. 但四阶行列式$|\boldsymbol{A}|$中$a^4$的系数为1，故

$$|\boldsymbol{A}|=(a^2+b^2+c^2+d^2)^2.$$

例2.6 设四阶方阵

$$\boldsymbol{A}=\begin{bmatrix}3&4&0&0\\4&-3&0&0\\0&0&2&0\\0&0&2&2\end{bmatrix},$$

求$\boldsymbol{A}^4$.

解 将矩阵$\boldsymbol{A}$分块，设$\boldsymbol{A}=\begin{bmatrix}\boldsymbol{A}_1&\boldsymbol{0}\\\boldsymbol{0}&\boldsymbol{A}_2\end{bmatrix}$，其中$\boldsymbol{A}_1=\begin{bmatrix}3&4\\4&-3\end{bmatrix}$，$\boldsymbol{A}_2=\begin{bmatrix}2&0\\2&2\end{bmatrix}$，则

$$\boldsymbol{A}^4=\begin{bmatrix}\boldsymbol{A}_1^4&\boldsymbol{0}\\\boldsymbol{0}&\boldsymbol{A}_2^4\end{bmatrix}.$$

又

$$\boldsymbol{A}_1^2=\begin{bmatrix}3&4\\4&-3\end{bmatrix}\begin{bmatrix}3&4\\4&-3\end{bmatrix}=\begin{bmatrix}25&0\\0&25\end{bmatrix}=\begin{bmatrix}5^2&0\\0&5^2\end{bmatrix},$$

$$\boldsymbol{A}_1^4=\begin{bmatrix}5^4&0\\0&5^4\end{bmatrix},$$

$$\boldsymbol{A}_2^2=\begin{bmatrix}2&0\\2&2\end{bmatrix}\begin{bmatrix}2&0\\2&2\end{bmatrix}=\begin{bmatrix}4&0\\8&4\end{bmatrix}=\begin{bmatrix}2^2&0\\2^3&2^2\end{bmatrix},$$

$$\boldsymbol{A}_2^4=\begin{bmatrix}2^2&0\\2^3&2^2\end{bmatrix}\begin{bmatrix}2^2&0\\2^3&2^2\end{bmatrix}=\begin{bmatrix}2^4&0\\2^6&2^4\end{bmatrix}.$$

所以

$$A^4=\begin{bmatrix}5^4&0&0&0\\0&5^4&0&0\\0&0&2^4&0\\0&0&2^6&2^4\end{bmatrix}.$$

例 2.7 设 $\boldsymbol{A}=(1,2,3)$, $\boldsymbol{B}=(1,1,1)$, 求 $(\boldsymbol{A}^{\mathrm{T}}\boldsymbol{B})^k$.

解

$$\begin{aligned}(\boldsymbol{A}^{\mathrm{T}}\boldsymbol{B})^k&=\underbrace{(\boldsymbol{A}^{\mathrm{T}}\boldsymbol{B})(\boldsymbol{A}^{\mathrm{T}}\boldsymbol{B})\cdots(\boldsymbol{A}^{\mathrm{T}}\boldsymbol{B})}_{k}\\&=\boldsymbol{A}^{\mathrm{T}}(\boldsymbol{B}\boldsymbol{A}^{\mathrm{T}})(\boldsymbol{B}\boldsymbol{A}^{\mathrm{T}})\cdots(\boldsymbol{B}\boldsymbol{A}^{\mathrm{T}})\boldsymbol{B}\\&=6^{k-1}\begin{bmatrix}1\\2\\3\end{bmatrix}(1,1,1)=6^{k-1}\begin{bmatrix}1&1&1\\2&2&2\\3&3&3\end{bmatrix}.\end{aligned}$$

注 本题若先计算 $\boldsymbol{A}^{\mathrm{T}}\boldsymbol{B}$, 再求 $(\boldsymbol{A}^{\mathrm{T}}\boldsymbol{B})^k$, 计算相当麻烦.

例 2.8 设

$$\boldsymbol{A}=\begin{bmatrix}3&-1&2\\-3&1&-2\\6&-2&4\end{bmatrix},$$

求 $\boldsymbol{A}^n$.

解 由

$$\boldsymbol{A}=\begin{bmatrix}3&-1&2\\-3&1&-2\\6&-2&4\end{bmatrix}\xrightarrow[(-2)r_1+r_3]{r_1+r_2}\begin{bmatrix}3&-1&2\\0&0&0\\0&0&0\end{bmatrix},$$

有 $\mathrm{R}(\boldsymbol{A})=1$. 则 $\boldsymbol{A}$ 可分解成列矩阵与行矩阵的乘积, 即

$$\boldsymbol{A}=\begin{bmatrix}1\\-1\\2\end{bmatrix}(3,-1,2).$$

故

$$\boldsymbol{A}^n=8^{n-1}\begin{bmatrix}1\\-1\\2\end{bmatrix}(3,-1,2)=8^{n-1}\begin{bmatrix}3&-1&2\\-3&1&-2\\6&-2&4\end{bmatrix}.$$

例 2.9 已知 $\boldsymbol{A}=\begin{bmatrix}1&2&1\\3&4&2\\1&2&2\end{bmatrix}$, 且 $\boldsymbol{A}\boldsymbol{X}=\boldsymbol{A}^{\mathrm{T}}+\boldsymbol{X}$, 求 $\boldsymbol{X}$.

解　方法1　由 $\boldsymbol{AX}=\boldsymbol{A}^{\mathrm{T}}+\boldsymbol{X}$,有$(\boldsymbol{A}-\boldsymbol{E})\boldsymbol{X}=\boldsymbol{A}^{\mathrm{T}}$.若 $\boldsymbol{A}-\boldsymbol{E}$ 可逆,则有 $\boldsymbol{X}=(\boldsymbol{A}-\boldsymbol{E})^{-1}\boldsymbol{A}^{\mathrm{T}}$.下面验证 $\boldsymbol{A}-\boldsymbol{E}$ 可逆,并求$(\boldsymbol{A}-\boldsymbol{E})^{-1}$.

由于

$$|\boldsymbol{A}-\boldsymbol{E}|=\begin{vmatrix}0&2&1\\3&3&2\\1&2&1\end{vmatrix}=1\neq 0,$$

所以 $\boldsymbol{A}-\boldsymbol{E}$ 可逆.

再计算

$$\begin{aligned}&A_{11}=-1,\quad A_{21}=0,\quad A_{31}=1,\\&A_{12}=-1,\quad A_{22}=-1,\quad A_{32}=3,\\&A_{13}=3,\quad A_{23}=2,\quad A_{33}=-6.\end{aligned}$$

得

$$(\boldsymbol{A}-\boldsymbol{E})^{*}=\begin{bmatrix}-1&0&1\\-1&-1&3\\3&2&-6\end{bmatrix},$$

所以

$$(\boldsymbol{A}-\boldsymbol{E})^{-1}=\frac{1}{|\boldsymbol{A}-\boldsymbol{E}|}(\boldsymbol{A}-\boldsymbol{E})^{*}=\begin{bmatrix}-1&0&1\\-1&-1&3\\3&2&-6\end{bmatrix},$$

因而

$$\boldsymbol{X}=\begin{bmatrix}-1&0&1\\-1&-1&3\\3&2&-6\end{bmatrix}\begin{bmatrix}1&3&1\\2&4&2\\1&2&2\end{bmatrix}=\begin{bmatrix}0&-1&1\\0&-1&3\\1&5&-5\end{bmatrix}.$$

方法2　由 $\boldsymbol{AX}=\boldsymbol{A}^{\mathrm{T}}+\boldsymbol{X}$,$(\boldsymbol{A}-\boldsymbol{E})\boldsymbol{X}=\boldsymbol{A}^{\mathrm{T}}$.

$$(\boldsymbol{A}-\boldsymbol{E},\boldsymbol{E})=\left[\begin{array}{ccc:ccc}0&2&1&1&0&0\\3&3&2&0&1&0\\1&2&1&0&0&1\end{array}\right]$$

$$\xrightarrow{r_1\leftrightarrow r_3}\left[\begin{array}{ccc:ccc}1&2&1&0&0&1\\3&3&2&0&1&0\\0&2&1&1&0&0\end{array}\right]$$

$$\xrightarrow{(-3)r_1+r_2}\left[\begin{array}{ccc:ccc}1&2&1&0&0&1\\0&-3&-1&0&1&-3\\0&2&1&1&0&0\end{array}\right]$$

$$\xrightarrow[2r_3+r_2]{(-1)r_3+r_1}\left[\begin{array}{ccc:ccc}1&0&0&-1&0&1\\0&1&1&2&1&-3\\0&2&1&1&0&0\end{array}\right]$$

$$\xrightarrow{(-2)r_2+r_3}\left[\begin{array}{ccc:ccc}1&0&0&-1&0&1\\0&1&1&2&1&-3\\0&0&-1&-3&-2&6\end{array}\right]$$

$$\xrightarrow[(-1)r_3]{r_3+r_2}\left[\begin{array}{ccc:ccc}1&0&0&-1&0&1\\0&1&0&-1&-1&3\\0&0&1&3&2&-6\end{array}\right].$$

故 $\boldsymbol{A}-\boldsymbol{E}$ 可逆,且

$$(\boldsymbol{A}-\boldsymbol{E})^{-1}=\begin{bmatrix}-1&0&1\\-1&-1&3\\3&2&-6\end{bmatrix},$$

由此

$$\boldsymbol{X}=(\boldsymbol{A}-\boldsymbol{E})^{-1}\boldsymbol{A}^{\mathrm{T}}=\begin{bmatrix}0&-1&1\\0&-1&3\\1&5&-5\end{bmatrix}.$$

方法3　由 $\boldsymbol{AX}=\boldsymbol{A}^{\mathrm{T}}+\boldsymbol{X}$,有 $(\boldsymbol{A}-\boldsymbol{E})\boldsymbol{X}=\boldsymbol{A}^{\mathrm{T}}$.

$$(\boldsymbol{A}-\boldsymbol{E},\boldsymbol{A}^{\mathrm{T}})=\left[\begin{array}{ccc:ccc}0&2&1&1&3&1\\3&3&2&2&4&2\\1&2&1&1&2&2\end{array}\right]$$

$$\xrightarrow{r_1\leftrightarrow r_3}\left[\begin{array}{ccc:ccc}1&2&1&1&2&2\\3&3&2&2&4&2\\0&2&1&1&3&1\end{array}\right]$$

$$\xrightarrow{(-3)r_1+r_2}\left[\begin{array}{ccc:ccc}1&2&1&1&2&2\\0&-3&-1&-1&-2&-4\\0&2&1&1&3&1\end{array}\right]$$

$$\xrightarrow[(-1)r_3+r_1]{2r_3+r_2}\left[\begin{array}{ccc:ccc}1&0&0&0&-1&1\\0&1&1&1&4&-2\\0&2&1&1&3&1\end{array}\right]$$

$$\xrightarrow{(-2)r_2+r_3}\left[\begin{array}{ccc:ccc}1&0&0&0&-1&1\\0&1&1&1&4&-2\\0&0&-1&-1&-5&5\end{array}\right]$$

$$\xrightarrow{r_3+r_2}\left[\begin{array}{ccc:ccc}1&0&0&0&-1&1\\0&1&0&0&-1&3\\0&0&1&1&5&-5\end{array}\right],$$

得

$$X=\begin{bmatrix}0&-1&1\\0&-1&3\\1&5&-3\end{bmatrix}.$$

例 2.10 已知三阶矩阵 A 的逆阵 $A^{-1}=\begin{bmatrix}2&2&3\\1&-1&0\\-1&2&1\end{bmatrix}$,试求伴随矩阵 A^* 的逆阵.

解 由 $AA^*=|A|E$,得 $(A^*)^{-1}=\dfrac{A}{|A|}=|A^{-1}|A$,而 $(A^{-1})^{-1}=A$,所以只需求 A^{-1} 的逆矩阵.

$$(A^{-1},E)=\left[\begin{array}{ccc:ccc}2&2&3&1&0&1\\1&-1&0&0&1&0\\-1&2&1&0&0&1\end{array}\right]\longrightarrow\left[\begin{array}{ccc:ccc}1&0&0&1&-4&-3\\0&1&0&1&-5&-3\\0&0&1&-1&6&4\end{array}\right].$$

故

$$A=\begin{bmatrix}1&-4&-3\\1&-5&-3\\-1&6&4\end{bmatrix}.$$

而 $|A^{-1}|=-1$,则 $(A^*)^{-1}=|A^{-1}|A=\begin{bmatrix}-1&4&3\\-1&5&3\\1&-6&-4\end{bmatrix}$.

例 2.11 已知 $AP=PB$,其中

$$B=\begin{bmatrix}1&0&0\\0&0&0\\0&0&-1\end{bmatrix},\quad P=\begin{bmatrix}1&0&0\\2&-1&0\\2&1&1\end{bmatrix},$$

试计算 A,A^5.

解 因 $|P|=\begin{vmatrix}1&0&0\\2&-1&0\\2&1&1\end{vmatrix}=-1$,所以 P 可逆,由 $AP=PB$ 得 $A=PBP^{-1}$.而

$$\boldsymbol{P}^{-1}=\begin{bmatrix}1&0&0\\2&-1&0\\-4&1&1\end{bmatrix},$$

故

$$\boldsymbol{A}=\begin{bmatrix}1&0&0\\2&-1&0\\2&1&1\end{bmatrix}\begin{bmatrix}1&0&0\\0&0&0\\0&0&-1\end{bmatrix}\begin{bmatrix}1&0&0\\2&-1&0\\-4&1&1\end{bmatrix}=\begin{bmatrix}1&0&0\\2&0&0\\6&-1&-1\end{bmatrix},$$

$$\begin{aligned}\boldsymbol{A}^5&=\underbrace{(\boldsymbol{PBP}^{-1})(\boldsymbol{PBP}^{-1})\cdots(\boldsymbol{PBP}^{-1})}_{5\text{项}}\\&=\boldsymbol{PB}^5\boldsymbol{P}^{-1}\\&=\begin{bmatrix}1&0&0\\2&-1&0\\2&1&1\end{bmatrix}\begin{bmatrix}1^5&0&0\\0&0&0\\0&0&(-1)^5\end{bmatrix}\begin{bmatrix}1&0&0\\2&-1&0\\-4&1&1\end{bmatrix}\\&=\begin{bmatrix}1&0&0\\2&0&0\\6&-1&-1\end{bmatrix}.\end{aligned}$$

例 2.12 设 $\boldsymbol{A}=\begin{bmatrix}0&a_1&0&\cdots&0\\0&0&a_2&\cdots&0\\\vdots&\vdots&\vdots&&\vdots\\0&0&0&\cdots&a_{n-1}\\a_n&0&0&\cdots&0\end{bmatrix}$,其中 $a_i\neq0,i=1,2,\cdots,n$,求 $\boldsymbol{A}^{-1}$.

解 设 $\boldsymbol{A}=\begin{bmatrix}\boldsymbol{0}&\boldsymbol{B}\\\boldsymbol{C}&\boldsymbol{0}\end{bmatrix}$,其中 $\boldsymbol{C}=(a_n)$,

$$\boldsymbol{B}=\begin{bmatrix}a_1&&&\\&a_2&&\\&&\ddots&\\&&&a_{n-1}\end{bmatrix}.$$

则

$$\boldsymbol{C}^{-1}=(a_n^{-1}),\quad \boldsymbol{B}^{-1}=\begin{bmatrix}a_1^{-1}&&&\\&a_2^{-1}&&\\&&\ddots&\\&&&a_{n-1}^{-1}\end{bmatrix},$$

又 $\boldsymbol{A}^{-1}=\begin{bmatrix}\boldsymbol{0}&\boldsymbol{B}\\\boldsymbol{C}&\boldsymbol{0}\end{bmatrix}^{-1}=\begin{bmatrix}\boldsymbol{0}&\boldsymbol{C}^{-1}\\\boldsymbol{B}^{-1}&\boldsymbol{0}\end{bmatrix}$,故

$$A^{-1}=\begin{bmatrix}\mathbf{0} & C^{-1}\\ B^{-1} & \mathbf{0}\end{bmatrix}=\begin{bmatrix}0 & 0 & 0 & \cdots & 0 & \frac{1}{a_n}\\ \frac{1}{a_1} & 0 & 0 & \cdots & 0 & 0\\ 0 & \frac{1}{a_2} & 0 & \cdots & 0 & 0\\ \vdots & \vdots & \vdots & & \vdots & \vdots\\ 0 & 0 & 0 & \cdots & \frac{1}{a_{n-1}} & 0\end{bmatrix}.$$

例 2.13 设 A 的伴随矩阵

$$A^*=\begin{bmatrix}1 & 0 & 0 & 0\\ 0 & 1 & 0 & 0\\ 1 & 0 & 1 & 0\\ 0 & -3 & 0 & 8\end{bmatrix},$$

且有 $ABA^{-1}=BA^{-1}+3E$，求 B.

解 由 $ABA^{-1}=BA^{-1}+3E$，右乘 A，有 $(A-E)B=3A$，两边左乘 A^{-1} 得

$$(E-A^{-1})B=3E,$$

故 $E-A^{-1}$ 可逆，所以

$$B=3(E-A^{-1})^{-1}=3\left(E-\frac{A^*}{|A|}\right)^{-1}.$$

又 $|A^*|=|A|^3=8$，得 $|A|=2$，于是有

$$B=6\begin{bmatrix}1 & 0 & 0 & 0\\ 0 & 1 & 0 & 0\\ -1 & 0 & 1 & 0\\ 0 & 3 & 0 & -6\end{bmatrix}^{-1}$$

$$=\begin{bmatrix}6 & 0 & 0 & 0\\ 0 & 6 & 0 & 0\\ 6 & 0 & 6 & 0\\ 0 & 3 & 0 & -1\end{bmatrix}.$$

例 2.14 已知 A,B 为三阶方阵，且满足 $2A^{-1}B=B-4E$，其中 E 是三阶单位矩阵.

(1) 试证矩阵 $A-2E$ 可逆；

(2) 若 $B=\begin{bmatrix}1 & -2 & 0\\ 1 & 2 & 0\\ 0 & 0 & 2\end{bmatrix}$，求矩阵 A.

解 (1) 由 $2\boldsymbol{A}^{-1}\boldsymbol{B}=\boldsymbol{B}-4\boldsymbol{E}$,左乘 $\boldsymbol{A}$,得 $2\boldsymbol{B}=\boldsymbol{AB}-4\boldsymbol{A}$,从而

$$(\boldsymbol{A}-2\boldsymbol{E})\boldsymbol{B}=4\boldsymbol{A},$$

两边取行列式

$$|\boldsymbol{A}-2\boldsymbol{E}||\boldsymbol{B}|=|4\boldsymbol{A}|=4^3|\boldsymbol{A}|,$$

由 $\boldsymbol{A}$ 可逆,知

$$|\boldsymbol{A}-2\boldsymbol{E}||\boldsymbol{B}|=4^3|\boldsymbol{A}|\neq 0,$$

故 $|\boldsymbol{A}-2\boldsymbol{E}|\neq 0$,$\boldsymbol{A}-2\boldsymbol{E}$ 可逆.

(2) 由 $2\boldsymbol{A}^{-1}\boldsymbol{B}=\boldsymbol{B}-4\boldsymbol{E}$ 得

$$\boldsymbol{A}(\boldsymbol{B}-4\boldsymbol{E})=2\boldsymbol{B}.$$

用初等变换求解,有

$$(\boldsymbol{B}^{\mathrm{T}}-4\boldsymbol{E}\,\vdots\,2\boldsymbol{B}^{\mathrm{T}})=\begin{bmatrix}-3 & 1 & 0 & 2 & 2 & 0\\ -2 & -2 & 0 & -4 & 4 & 0\\ 0 & 0 & -2 & 0 & 0 & 4\end{bmatrix}$$

$$\rightarrow\begin{bmatrix}1 & 0 & 0 & 0 & -1 & 0\\ 0 & 1 & 0 & 2 & -1 & 0\\ 0 & 0 & 1 & 0 & 0 & -2\end{bmatrix},$$

得

$$\boldsymbol{A}^{\mathrm{T}}=\begin{bmatrix}0 & -1 & 0\\ 2 & -1 & 0\\ 0 & 0 & -2\end{bmatrix},$$

故

$$\boldsymbol{A}=\begin{bmatrix}0 & 2 & 0\\ -1 & -1 & 0\\ 0 & 0 & -2\end{bmatrix}.$$

例 2.15 设 $\boldsymbol{A}$ 为 n 阶对称矩阵,且可逆,$\boldsymbol{B}$ 为 n 阶对称矩阵,当 $\boldsymbol{E}+\boldsymbol{AB}$ 可逆时,试证 $(\boldsymbol{E}+\boldsymbol{AB})^{-1}\boldsymbol{A}$ 为对称矩阵.

证明 方法 1 由

$$\begin{aligned}[(\boldsymbol{E}+\boldsymbol{AB})^{-1}\boldsymbol{A}]^{\mathrm{T}}&=\boldsymbol{A}^{\mathrm{T}}[(\boldsymbol{E}+\boldsymbol{AB})^{-1}]^{\mathrm{T}}\\ &=\boldsymbol{A}[(\boldsymbol{E}+\boldsymbol{AB})^{\mathrm{T}}]^{-1}\\ &=\boldsymbol{A}(\boldsymbol{E}+\boldsymbol{B}^{\mathrm{T}}\boldsymbol{A}^{\mathrm{T}})^{-1}\\ &=[(\boldsymbol{E}+\boldsymbol{BA})\boldsymbol{A}^{-1}]^{-1}\\ &=(\boldsymbol{A}^{-1}+\boldsymbol{B})^{-1}\\ &=[\boldsymbol{A}^{-1}(\boldsymbol{E}+\boldsymbol{AB})]^{-1}\\ &=(\boldsymbol{E}+\boldsymbol{AB})^{-1}\boldsymbol{A},\end{aligned}$$

所以$(\boldsymbol{E}+\boldsymbol{AB})^{-1}\boldsymbol{A}$为对称矩阵.

方法2　由于$\boldsymbol{A}$,$\boldsymbol{E}+\boldsymbol{AB}$都可逆,故$(\boldsymbol{E}+\boldsymbol{AB})^{-1}\boldsymbol{A}$可逆,要证$(\boldsymbol{E}+\boldsymbol{AB})^{-1}\boldsymbol{A}$为对称矩阵,只需证明它的逆矩阵是对称矩阵.

$$[(\boldsymbol{E}+\boldsymbol{AB})^{-1}\boldsymbol{A}]^{-1}=\boldsymbol{A}^{-1}(\boldsymbol{E}+\boldsymbol{AB})=\boldsymbol{A}^{-1}+\boldsymbol{B},$$

而$(\boldsymbol{A}^{-1}+\boldsymbol{B})^{\mathrm{T}}=(\boldsymbol{A}^{\mathrm{T}})^{-1}+\boldsymbol{B}^{\mathrm{T}}=\boldsymbol{A}^{-1}+\boldsymbol{B}$,即$[(\boldsymbol{E}+\boldsymbol{AB})^{-1}\boldsymbol{A}]^{-1}$是对称矩阵,因而$(\boldsymbol{E}+\boldsymbol{AB})^{-1}\boldsymbol{A}$是对称矩阵.

例 2.16　设三阶实矩阵$\boldsymbol{A}=(a_{ij})_{3\times3}$,且满足条件:

(1) $a_{ij}=A_{ij}(i,j=1,2,3)$,A_{ij}是a_{ij}的代数余子式;

(2) $a_{33}=-1$,$|\boldsymbol{A}|=1$;

(3) $\boldsymbol{b}=(0,0,1)^{\mathrm{T}}$.

求$\boldsymbol{Ax}=\boldsymbol{b}$的解.

解　由$a_{ij}=A_{ij}(i,j=1,2,3)$有$\boldsymbol{A}^*=\boldsymbol{A}^{\mathrm{T}}$.又由$|\boldsymbol{A}|=1\neq0$知$\boldsymbol{A}$可逆,所以

$$\boldsymbol{x}=\boldsymbol{A}^{-1}\boldsymbol{b}=\frac{\boldsymbol{A}^*}{|\boldsymbol{A}|}\boldsymbol{b}=\boldsymbol{A}^{\mathrm{T}}\boldsymbol{b}=\begin{bmatrix}a_{11}&a_{21}&a_{31}\\a_{12}&a_{22}&a_{32}\\a_{13}&a_{23}&a_{33}\end{bmatrix}\begin{bmatrix}0\\0\\1\end{bmatrix}=\begin{bmatrix}a_{31}\\a_{32}\\a_{33}\end{bmatrix}.$$

将$|\boldsymbol{A}|$按第3行展开,得

$$\begin{aligned}|\boldsymbol{A}|&=a_{31}A_{31}+a_{32}A_{32}+a_{33}A_{33}\\&=a_{31}^2+a_{32}^2+a_{33}^2\\&=a_{31}^2+a_{32}^2+(-1)^2.\end{aligned}$$

而$|\boldsymbol{A}|=1$知$a_{31}=a_{32}=0$,于是

$$\boldsymbol{x}=\begin{bmatrix}0\\0\\-1\end{bmatrix}.$$

例 2.17　设$\boldsymbol{A}$是n阶矩阵$(n\geqslant2)$,证明:

(1) 当$\mathrm{R}(\boldsymbol{A})=n$时,$\mathrm{R}(\boldsymbol{A}^*)=n$;

(2) 当$\mathrm{R}(\boldsymbol{A})=n-1$时,$\mathrm{R}(\boldsymbol{A}^*)=1$;

(3) 当$\mathrm{R}(\boldsymbol{A})<n-1$时,$\mathrm{R}(\boldsymbol{A}^*)=0$.

证明　(1) 因为$\mathrm{R}(\boldsymbol{A})=n$,故$|\boldsymbol{A}|\neq0$,从而$|\boldsymbol{A}^*|=|\boldsymbol{A}|^{n-1}\neq0$,所以$\mathrm{R}(\boldsymbol{A}^*)=n$.

(2) 因为$\mathrm{R}(\boldsymbol{A})=n-1$,所以$\boldsymbol{A}$中至少有一个不等于零的$n-1$阶子式,从而$\mathrm{R}(\boldsymbol{A}^*)\geqslant1$,另一方面$|\boldsymbol{A}|=0$,由$\boldsymbol{AA}^*=|\boldsymbol{A}|\boldsymbol{E}=\boldsymbol{0}$知$\mathrm{R}(\boldsymbol{A})+\mathrm{R}(\boldsymbol{A}^*)\leqslant n$从而$\mathrm{R}(\boldsymbol{A}^*)\leqslant1$,综合上述有$\mathrm{R}(\boldsymbol{A}^*)=1$.

(3) 因为$\mathrm{R}(\boldsymbol{A})<n-1$,所以$\boldsymbol{A}$的所有$n-1$阶子式均为零,从而$\boldsymbol{A}$的所有元素的代数余子式均为零,即$\boldsymbol{A}^*$是零阵,$\mathrm{R}(\boldsymbol{A}^*)=0$.

注 设 $\boldsymbol{A},\boldsymbol{B}$ 为 n 阶方阵,若 $\boldsymbol{AB}=\boldsymbol{0}$,则 $R(\boldsymbol{A})+R(\boldsymbol{B})\leqslant n$.

例 2.18 设 $\boldsymbol{A}$ 是 5 阶矩阵,且 $\boldsymbol{A}^2=\boldsymbol{0}$,则 $R(\boldsymbol{A}^*)=(\quad)$.

(A) 0 (B) 1 (C) 4 (D) 5

解 由 $\boldsymbol{A}^2=\boldsymbol{0}$ 有 $2R(\boldsymbol{A})\leqslant 5$,$R(\boldsymbol{A})\leqslant\frac{5}{2}<3$,由此知 $\boldsymbol{A}$ 的一切三阶子式均为零,所以 $R(\boldsymbol{A}^*)=0$,应选(A).

例 2.19 设 $\boldsymbol{A}$ 是三阶方阵,将 $\boldsymbol{A}$ 的第 1 列与第 2 列交换得 $\boldsymbol{B}$,再把 $\boldsymbol{B}$ 的第 2 列加到第 3 列是 $\boldsymbol{C}$,则满足 $\boldsymbol{AQ}=\boldsymbol{C}$ 的可逆矩阵 $\boldsymbol{Q}$ 为(　　).

(A) $\begin{bmatrix}0&1&0\\1&0&0\\1&0&1\end{bmatrix}$ (B) $\begin{bmatrix}0&1&0\\1&0&1\\0&0&1\end{bmatrix}$ (C) $\begin{bmatrix}0&1&0\\1&0&0\\0&1&1\end{bmatrix}$ (D) $\begin{bmatrix}0&1&1\\1&0&0\\0&0&1\end{bmatrix}$

解 由题意,有

$$\boldsymbol{A}\begin{bmatrix}0&1&0\\1&0&0\\0&0&1\end{bmatrix}=\boldsymbol{B},\quad \boldsymbol{B}\begin{bmatrix}1&0&0\\0&1&1\\0&0&1\end{bmatrix}=\boldsymbol{C},$$

$$\boldsymbol{A}\begin{bmatrix}0&1&0\\1&0&0\\0&0&1\end{bmatrix}\begin{bmatrix}1&0&0\\0&1&1\\0&0&1\end{bmatrix}=\boldsymbol{C},$$

则

$$\boldsymbol{Q}=\begin{bmatrix}0&1&0\\1&0&0\\0&0&1\end{bmatrix}\begin{bmatrix}1&0&0\\0&1&1\\0&0&1\end{bmatrix}=\begin{bmatrix}0&1&1\\1&0&0\\0&0&1\end{bmatrix}.$$

应选(D).

例 2.20 设 $n(n\geqslant 3)$阶矩阵 $\boldsymbol{A}=\begin{bmatrix}1&a&a&\cdots&a\\a&1&a&\cdots&a\\a&a&1&\cdots&a\\\vdots&\vdots&\vdots&&\vdots\\a&a&a&\cdots&1\end{bmatrix}$.

若 $R(\boldsymbol{A})=n-1$,则 $a=(\quad)$.

(A) 1 (B) $\frac{1}{1-n}$ (C) -1 (D) $\frac{1}{n-1}$

解 由 $R(\boldsymbol{A})=n-1$,得 $|\boldsymbol{A}|=0$,而

$$|\boldsymbol{A}|=\begin{vmatrix}1&a&a&\cdots&a\\a&1&a&\cdots&a\\\vdots&\vdots&\vdots&&\vdots\\a&a&a&\cdots&1\end{vmatrix}$$

$$=[(n-1)a+1]\begin{vmatrix}1 & a & a & \cdots & a\\1 & 1 & a & \cdots & a\\1 & a & 1 & \cdots & a\\\vdots & \vdots & \vdots & & \vdots\\1 & a & a & \cdots & 1\end{vmatrix}$$

$$=[(n-1)a+1]\begin{vmatrix}1 & a & a & \cdots & a\\0 & 1-a & 0 & \cdots & a\\0 & 0 & 1-a & \cdots & a\\\vdots & & \vdots & & \vdots\\0 & 0 & 0 & \cdots & 1-a\end{vmatrix}$$

$$=[(n-1)a+1](1-a)^{n-1},$$

所以

$$[(n-1)a+1](1-a)^{n-1}=0,$$

$$a=\frac{1}{1-n}\text{或}1.$$

当 $a=1$ 时，

$$\boldsymbol{A}=\begin{bmatrix}1 & 1 & 1 & \cdots & 1\\1 & 1 & 1 & \cdots & 1\\\vdots & \vdots & \vdots & & \vdots\\1 & 1 & 1 & \cdots & 1\end{bmatrix},$$

$R(\boldsymbol{A})=1$ 不符合题意. 故应选(B).

例 2.21 问 a,b 为何值时,矩阵

$$\boldsymbol{A}=\begin{bmatrix}1 & 1 & 1 & 1 & 0\\0 & 1 & 2 & 2 & 1\\0 & -1 & a-3 & -2 & b\\3 & 2 & 1 & a & -1\end{bmatrix}$$

的秩为 2.

解

$$\boldsymbol{A}=\begin{bmatrix}1 & 1 & 1 & 1 & 0\\0 & 1 & 2 & 2 & 1\\0 & -1 & a-3 & -2 & b\\3 & 2 & 1 & a & -1\end{bmatrix}\xrightarrow{(-3)r_1+r_4}\begin{bmatrix}1 & 1 & 1 & 1 & 0\\0 & 1 & 2 & 2 & 1\\0 & -1 & a-3 & -2 & b\\0 & -1 & -2 & a-3 & -1\end{bmatrix}$$

$$\xrightarrow[r_2+r_4]{r_2+r_3}\begin{bmatrix}1 & 1 & 1 & 1 & 0\\0 & 1 & 2 & 2 & 1\\0 & 0 & a-1 & 0 & b+1\\0 & 0 & 0 & a-1 & 0\end{bmatrix},$$

从行阶梯形可知:当 $a=1,b=-1$ 时,$R(\boldsymbol{A})=2$.

例 2.22 设矩阵 $\boldsymbol{A}=\begin{bmatrix}1 & a & a\\a & 1 & a\\a & a & 1\end{bmatrix}$的秩为 2,求常数 a 的值.

解 由 $R(\boldsymbol{A})=2$,必有$|\boldsymbol{A}|=0$,于是

$$|\boldsymbol{A}|=\begin{vmatrix}1 & a & a\\a & 1 & a\\a & a & 1\end{vmatrix}=(1+2a)\begin{vmatrix}1 & 1 & 1\\a & 1 & a\\a & a & 1\end{vmatrix}$$

$$=(1+2a)\begin{vmatrix}1 & 0 & 0\\a & 1-a & 0\\a & 0 & 1-a\end{vmatrix}$$

$$=(1+2a)(1-a)^2=0,$$

得 $a=-\frac{1}{2},a=1$.

当 $a=-\frac{1}{2}$时,

$$\boldsymbol{A}=\begin{bmatrix}1 & -\frac{1}{2} & -\frac{1}{2}\\-\frac{1}{2} & 1 & -\frac{1}{2}\\-\frac{1}{2} & -\frac{1}{2} & 1\end{bmatrix}\longrightarrow\begin{bmatrix}1 & -\frac{1}{2} & -\frac{1}{2}\\-\frac{1}{2} & 1 & -\frac{1}{2}\\0 & 0 & 0\end{bmatrix}.$$

而$\begin{vmatrix}1 & -\frac{1}{2}\\-\frac{1}{2} & 1\end{vmatrix}\neq 0$,故当 $a=-\frac{1}{2}$时,$R(\boldsymbol{A})=2$.

当 $a=1$ 时,$\boldsymbol{A}=\begin{bmatrix}1 & 1 & 1\\1 & 1 & 1\\1 & 1 & 1\end{bmatrix}$,显然,$R(\boldsymbol{A})=1$ 不符合题意.

所以,此题只有 $a=-\frac{1}{2}$时,才有 $R(\boldsymbol{A})=2$.

例 2.23 设 $\boldsymbol{A}$ 是秩为 r 的 $m\times n$ 矩阵,证明 $\boldsymbol{A}$ 可以表示成 r 个秩为 1 的矩

阵之和.

证明 已知$\boldsymbol{A}$是$m\times n$矩阵,且$\mathrm{R}(\boldsymbol{A})=r$,则存在$m$阶可逆阵$\boldsymbol{P}$及$n$阶可逆阵$\boldsymbol{Q}$,使$\boldsymbol{PAQ}=\begin{bmatrix}\boldsymbol{Er} & \boldsymbol{0}\\ \boldsymbol{0} & \boldsymbol{0}\end{bmatrix}$,其中$\boldsymbol{Er}$为$r$阶单位阵.若记$\boldsymbol{E}_{ii}(i=1,2,\cdots,r)$表示第$i$行第$i$列元素为1,其余元素为零的$m\times n$阵,则

$$\begin{bmatrix}\boldsymbol{Er} & \boldsymbol{0}\\ \boldsymbol{0} & \boldsymbol{0}\end{bmatrix}=\boldsymbol{E}_{11}+\boldsymbol{E}_{22}+\cdots+\boldsymbol{E}_{rr}.$$

于是

$$\boldsymbol{A}=\boldsymbol{P}^{-1}\left(\sum_{i=1}^{n}\boldsymbol{E}_{ii}\right)\boldsymbol{Q}^{-1}=\sum_{i=1}^{n}(\boldsymbol{P}^{-1}\boldsymbol{E}_{ii}\boldsymbol{Q}^{-1}),$$

而$\mathrm{R}(\boldsymbol{P}^{-1}\boldsymbol{E}_{ii}\boldsymbol{Q}^{-1})=\mathrm{R}(\boldsymbol{E}_{ii})=1(i=1,2,\cdots,r)$,所以$\boldsymbol{A}$可以表示成$r$个秩为1的矩阵之和.

例 2.24 设$\boldsymbol{A}$为$m\times n$矩阵,$\boldsymbol{B}$为$n\times p$矩阵,试证

$$\mathrm{R}(\boldsymbol{AB})\geqslant\mathrm{R}(\boldsymbol{A})+\mathrm{R}(\boldsymbol{B})-n.$$

证明 设$\mathrm{R}(\boldsymbol{A})=r$. 则存在$m$阶可逆矩阵$\boldsymbol{P}$和$n$阶可逆矩阵$\boldsymbol{Q}$,使

$$\boldsymbol{PAQ}=\begin{bmatrix}\boldsymbol{Er} & \boldsymbol{O}\\ \boldsymbol{O} & \boldsymbol{O}\end{bmatrix}.$$

将矩阵$\boldsymbol{Q}^{-1}\boldsymbol{B}$分块为

$$\boldsymbol{Q}^{-1}\boldsymbol{B}=\begin{bmatrix}\boldsymbol{B}_1\\ \boldsymbol{B}_2\end{bmatrix},$$

其中,$\boldsymbol{B}_1$是$r\times p$矩阵,$\boldsymbol{B}_2$是$(n-r)\times p$矩阵.由于

$$\boldsymbol{PAB}=\boldsymbol{PAQQ}^{-1}\boldsymbol{B}=\begin{bmatrix}\boldsymbol{Er} & \boldsymbol{O}\\ \boldsymbol{O} & \boldsymbol{O}\end{bmatrix}\begin{bmatrix}\boldsymbol{B}_1\\ \boldsymbol{B}_2\end{bmatrix}=\begin{bmatrix}\boldsymbol{B}_1\\ \boldsymbol{O}\end{bmatrix},$$

所以

$$\mathrm{R}(\boldsymbol{AB})=\mathrm{R}(\boldsymbol{PAB})=\mathrm{R}\begin{bmatrix}\boldsymbol{B}_1\\ \boldsymbol{O}\end{bmatrix}=\mathrm{R}(\boldsymbol{B}_1),$$

注意$\boldsymbol{B}_1$是$\boldsymbol{Q}^{-1}\boldsymbol{B}$去掉$n-r$行得到的矩阵,而矩阵每去掉一行则秩数减1或不变.因此

$$\mathrm{R}(\boldsymbol{B}_1)\geqslant\mathrm{R}(\boldsymbol{Q}^{-1}\boldsymbol{B})-(n-r)=\mathrm{R}(\boldsymbol{B})-(n-r).$$

从而

$$\mathrm{R}(\boldsymbol{AB})\geqslant r+\mathrm{R}(\boldsymbol{B})-n,$$

即

$$\mathrm{R}(\boldsymbol{AB})\geqslant\mathrm{R}(\boldsymbol{A})+\mathrm{R}(\boldsymbol{B})-n.$$

注 显然当$\boldsymbol{AB}=\boldsymbol{0}$时,有

$$R(\boldsymbol{A})+R(\boldsymbol{B})\leqslant n\quad (n\text{ 为 }\boldsymbol{A}\text{ 的列数}).$$

四、疑难问题解答

1. 常数 k 乘行列式与数 k 乘矩阵的区别.

答　常数 k 乘行列式是将 k 乘行列式的某一行(列),而不是将 k 乘行列式的所有元素.因而只要行列式中某一行(列)的元素有公因子就可以提到行列式外.

常数 k 乘矩阵是将 k 乘矩阵的每一个元素,因此矩阵中的每一个元素都有公因子,才能将公因子提到矩阵外.

2. 矩阵的乘法运算中应注意哪些问题?

答　矩阵的乘法一般不满足交换律,如:

(1) $(\boldsymbol{A}\pm\boldsymbol{B})^2\neq\boldsymbol{A}^2\pm2\boldsymbol{AB}+\boldsymbol{B}^2$;

(2) $(\boldsymbol{AB})^2\neq\boldsymbol{A}^2\boldsymbol{B}^2$;$(\boldsymbol{AB})^k\neq\boldsymbol{A}^k\boldsymbol{B}^k$;

(3) $(\boldsymbol{A}+\boldsymbol{B})(\boldsymbol{A}-\boldsymbol{B})\neq\boldsymbol{A}^2-\boldsymbol{B}^2$.

以上三个条件仅当 $\boldsymbol{AB}=\boldsymbol{BA}$ 时才能成立.

矩阵乘法一般也不满足消去律,如:

(1) $\boldsymbol{AB}=\boldsymbol{0}\not\Rightarrow\boldsymbol{A}=\boldsymbol{0}$ 或 $\boldsymbol{B}=\boldsymbol{0}$.只有当 $\boldsymbol{B}$ 可逆时有 $\boldsymbol{A}=\boldsymbol{0}$,当 $\boldsymbol{A}$ 可逆时 $\boldsymbol{B}=\boldsymbol{0}$.

(2) $\boldsymbol{A}^2=\boldsymbol{0}\not\Rightarrow\boldsymbol{A}=\boldsymbol{0}$ 只有当 $\boldsymbol{A}$ 为对称阵时,才能得到 $\boldsymbol{A}=\boldsymbol{0}$.

(3) $\boldsymbol{A}^2=\boldsymbol{A}\not\Rightarrow\boldsymbol{A}=\boldsymbol{E}$ 或 $\boldsymbol{A}=\boldsymbol{0}$.只有当 $\boldsymbol{A}$ 可逆时有 $\boldsymbol{A}=\boldsymbol{E}$,当 $\boldsymbol{A}-\boldsymbol{E}$ 可逆时才有 $\boldsymbol{A}=\boldsymbol{0}$.

另外矩阵乘法有左乘右乘之分,如:

$$\boldsymbol{AB}-2\boldsymbol{B}=(\boldsymbol{A}-2\boldsymbol{E})\boldsymbol{B},\quad \boldsymbol{BA}+2\boldsymbol{B}=\boldsymbol{B}(\boldsymbol{A}+2\boldsymbol{E}).$$

还要提出的是,有些初学者往往写成 $\boldsymbol{AB}-2\boldsymbol{B}=(\boldsymbol{A}-2)\boldsymbol{B}$,这是绝对错误的.

3. 对于任意矩阵 $\boldsymbol{A}$,都能求 $|\boldsymbol{A}|$,$\boldsymbol{A}^{\mathrm{T}}$,$\boldsymbol{A}^*$,$\boldsymbol{A}^{-1}$ 吗?

答　(1) 对于任意矩阵 $\boldsymbol{A}$,都有 $\boldsymbol{A}^{\mathrm{T}}$;

(2) 若 $\boldsymbol{A}$ 为方阵时,才有 $|\boldsymbol{A}|$ 及 $\boldsymbol{A}^*$;

(3) 若 $\boldsymbol{A}$ 为方阵且可逆时,才能求 $\boldsymbol{A}^{-1}$.

4. n 阶方阵 $\boldsymbol{A}$ 的伴随矩阵 $\boldsymbol{A}^*$ 有哪些性质?

答　(1) 当 $\boldsymbol{A}$ 可逆时,$\boldsymbol{A}^*=|\boldsymbol{A}|\boldsymbol{A}^{-1}$;

(2) $\boldsymbol{AA}^*=\boldsymbol{A}^*\boldsymbol{A}=|\boldsymbol{A}|\boldsymbol{E}$;

(3) 当 $\boldsymbol{A}$ 可逆时 $(\boldsymbol{A}^*)^{-1}=(\boldsymbol{A}^{-1})^*=\dfrac{1}{|\boldsymbol{A}|}\boldsymbol{A}$;

(4) $(\boldsymbol{AB})^*=\boldsymbol{B}^*\boldsymbol{A}^*$;

(5) $|\boldsymbol{A}^*|=|\boldsymbol{A}|^{n-1}$;

(6) $(\boldsymbol{A}^*)^*=|\boldsymbol{A}|^{n-2}\boldsymbol{A}$;

(7) $R(\boldsymbol{A}^*)=\begin{cases} n, & R(\boldsymbol{A})=n, \\ 1, & R(\boldsymbol{A})=n-1, \\ 0, & R(\boldsymbol{A})<n-1. \end{cases}$

5. 若$\boldsymbol{A}$与$\boldsymbol{B}$均可逆,$\boldsymbol{A}+\boldsymbol{B}$是否可逆?若$\boldsymbol{A}+\boldsymbol{B}$可逆,$(\boldsymbol{A}+\boldsymbol{B})^{-1}=\boldsymbol{A}^{-1}+\boldsymbol{B}^{-1}$成立吗?

答 $\boldsymbol{A}$与$\boldsymbol{B}$可逆未必有$\boldsymbol{A}+\boldsymbol{B}$可逆,如$\boldsymbol{A}=\begin{bmatrix}3&0\\0&3\end{bmatrix}$,$\boldsymbol{B}=\begin{bmatrix}-2&0\\0&-3\end{bmatrix}$,均可逆,但$\boldsymbol{A}+\boldsymbol{B}=\begin{bmatrix}1&0\\0&0\end{bmatrix}$不可逆.

若$\boldsymbol{A}$与$\boldsymbol{B}$可逆,且$\boldsymbol{A}+\boldsymbol{B}$可逆,也未必有$(\boldsymbol{A}+\boldsymbol{B})^{-1}=\boldsymbol{A}^{-1}+\boldsymbol{B}^{-1}$.事实上$(\boldsymbol{A}+\boldsymbol{B})^{-1}=\boldsymbol{A}^{-1}(\boldsymbol{A}^{-1}+\boldsymbol{B}^{-1})^{-1}\boldsymbol{B}^{-1}$.

6. n阶方阵$\boldsymbol{A}$可逆的证明有哪些方法?

答 (1) 当矩阵$\boldsymbol{A}$已给出具体元素的形式时,验证$\boldsymbol{A}$的行列式是否为0,若$|\boldsymbol{A}|\neq 0$,则$\boldsymbol{A}$可逆.

(2) 当矩阵$\boldsymbol{A}$为抽象的形式时,寻求一个与$\boldsymbol{A}$同阶的方阵$\boldsymbol{B}$,若$\boldsymbol{AB}=\boldsymbol{E}$(或$\boldsymbol{BA}=\boldsymbol{E}$),则$\boldsymbol{A}$可逆.

(3) 证明若$R(\boldsymbol{A})=n$,则$\boldsymbol{A}$可逆.

7. 两个$m\times n$矩阵$\boldsymbol{A}$与$\boldsymbol{B}$等价的相关结论.

若$\boldsymbol{A}$与$\boldsymbol{B}$等价,

(1) $\Leftrightarrow R(\boldsymbol{A})=R(\boldsymbol{B})$;

(2) $\Leftrightarrow$$\boldsymbol{A}$与$\boldsymbol{B}$有相同的标准形;

(3) $\Leftrightarrow$存在可逆的m阶矩阵$\boldsymbol{P}$和n阶可逆矩阵$\boldsymbol{Q}$,使$\boldsymbol{B}=\boldsymbol{PAQ}$.

练习2

1. 设$\boldsymbol{A}=\begin{bmatrix}3&-2\\5&-4\end{bmatrix}$,$\boldsymbol{B}=\begin{bmatrix}3&4\\2&5\end{bmatrix}$.求$2\boldsymbol{A}+\boldsymbol{B}$,$\boldsymbol{A}-\boldsymbol{B}$,$\boldsymbol{AB}$,$\boldsymbol{A}^{\mathrm{T}}\boldsymbol{B}$,$\boldsymbol{A}^2$,$|\boldsymbol{A}-\boldsymbol{B}|$.

2. 设$\boldsymbol{A}=\begin{bmatrix}3&-1&1\\-2&0&2\end{bmatrix}$,$\boldsymbol{B}=\begin{bmatrix}-2&-1&1\\3&1&-1\end{bmatrix}$,且满足$2\boldsymbol{A}-3\boldsymbol{X}-\boldsymbol{B}=\boldsymbol{0}$,求矩阵$\boldsymbol{X}$.

3. 设$\boldsymbol{A}=\begin{bmatrix}4&3&1\\1&2&5\end{bmatrix}$,求$|\boldsymbol{AA}^{\mathrm{T}}|$及$|\boldsymbol{A}^{\mathrm{T}}\boldsymbol{A}|$.

4. 已知$\boldsymbol{A}=\begin{bmatrix}5&3&0&0\\2&1&0&0\\0&0&8&3\\0&0&5&2\end{bmatrix}$,$\boldsymbol{B}=\begin{bmatrix}3&2&0&0\\4&5&0&0\\0&0&4&1\\0&0&6&2\end{bmatrix}$,求$\boldsymbol{AB}-\boldsymbol{BA}$.

5. 设 $\boldsymbol{A}$ 是三阶方阵，$|\boldsymbol{A}|=\frac{1}{2}$，求 $|(3\boldsymbol{A})^{-1}-2\boldsymbol{A}^*|$.

6. 已知 $\boldsymbol{A}=\begin{bmatrix}1 & 0\\ \lambda & 1\end{bmatrix}$，求 $\boldsymbol{A}^k$.

7. 求下列矩阵的逆矩阵：

(1) $\begin{bmatrix}2 & 1 & 2\\ 3 & 2 & 2\\ 1 & 2 & 3\end{bmatrix}$；(2) $\begin{bmatrix}6 & 0 & 0 & 0 & 0 & 0\\ 0 & 0 & 0 & 0 & 1 & 2\\ 0 & 0 & 0 & 0 & 2 & 3\\ 0 & 1 & 0 & 0 & 0 & 0\\ 0 & 1 & 1 & 0 & 0 & 0\\ 0 & 1 & 1 & 1 & 0 & 0\end{bmatrix}$.

8. 设 $\boldsymbol{P}^{-1}\boldsymbol{A}\boldsymbol{P}=\boldsymbol{\Lambda}$，其中 $\boldsymbol{P}=\begin{bmatrix}-1 & -4\\ 1 & 1\end{bmatrix}$，$\boldsymbol{\Lambda}=\begin{bmatrix}-1 & 0\\ 0 & 2\end{bmatrix}$，求 $\boldsymbol{A}^{11}$.

9. 设 $\boldsymbol{A}=\begin{bmatrix}1 & 0 & 1\\ 0 & 2 & 0\\ -2 & 0 & 1\end{bmatrix}$，且满足 $\boldsymbol{AB}-\boldsymbol{B}=\boldsymbol{E}$，求 $\boldsymbol{B}$.

10. 设 $\begin{bmatrix}0 & 1 & 0\\ 1 & 0 & 0\\ 0 & 0 & 1\end{bmatrix}\boldsymbol{A}\begin{bmatrix}1 & 0 & 1\\ 0 & 1 & 0\\ 0 & 0 & 1\end{bmatrix}=\begin{bmatrix}1 & 2 & 3\\ 4 & 5 & 6\\ 7 & 8 & 9\end{bmatrix}$，求 $\boldsymbol{A}$.

11. 设 $\boldsymbol{A}=\begin{bmatrix}1 & -2 & 3k\\ -1 & 2k & -3\\ k & -2 & 3\end{bmatrix}$，问 k 为何值，可使：(1) $\mathrm{R}(\boldsymbol{A})=1$；(2) $\mathrm{R}(\boldsymbol{A})=2$.

12. 设 $\boldsymbol{A},\boldsymbol{B}$ 为 n 阶方阵，若 $\boldsymbol{AB}=\boldsymbol{A}+\boldsymbol{B}$，证明 $\boldsymbol{A}-\boldsymbol{E}$ 可逆，且 $\boldsymbol{AB}=\boldsymbol{BA}$.

练习2参考答案与提示

1. $\begin{bmatrix}9 & 0\\ 12 & -3\end{bmatrix}$；$\begin{bmatrix}0 & -6\\ 3 & -9\end{bmatrix}$；$\begin{bmatrix}5 & 2\\ 7 & 0\end{bmatrix}$；$\begin{bmatrix}19 & 37\\ -14 & -28\end{bmatrix}$；$\begin{bmatrix}-1 & 2\\ -5 & 6\end{bmatrix}$；18.

2. $\begin{bmatrix}\frac{8}{3} & -\frac{1}{3} & \frac{1}{3}\\ -\frac{7}{3} & -\frac{1}{3} & \frac{5}{3}\end{bmatrix}$.

3. $|\boldsymbol{A}\boldsymbol{A}^{\mathrm{T}}|=555$，$|\boldsymbol{A}^{\mathrm{T}}\boldsymbol{A}|=0$.

4. $\begin{bmatrix} 8 & 14 & 0 & 0 \\ -20 & -8 & 0 & 0 \\ 0 & 0 & 13 & 0 \\ 0 & 0 & -26 & -13 \end{bmatrix}$.

5. $-\frac{16}{27}$.

6. $A^k=\begin{bmatrix} 1 & 0 \\ k\lambda & 1 \end{bmatrix}$.

7. (1) $\frac{1}{5}\begin{bmatrix} 2 & 1 & -2 \\ -7 & 4 & 2 \\ 4 & -3 & 1 \end{bmatrix}$；(2) $\begin{bmatrix} \frac{1}{6} & 0 & 0 & 0 & 0 & 0 \\ 0 & 0 & 0 & 1 & 0 & 0 \\ 0 & 0 & 0 & -1 & 1 & 0 \\ 0 & 0 & 0 & 0 & -1 & 1 \\ 0 & -3 & 2 & 0 & 0 & 0 \\ 0 & 2 & -1 & 0 & 0 & 0 \end{bmatrix}$.

8. $A^{11}=\begin{bmatrix} -1+2^{12} & -4+2^{12} \\ 1-2^{10} & 4-2^{10} \end{bmatrix}$.

9. $B=\begin{bmatrix} 0 & 0 & -\frac{1}{2} \\ 0 & 1 & 0 \\ 1 & 0 & 0 \end{bmatrix}$.

10. $A=\begin{bmatrix} 4 & 5 & 2 \\ 1 & 2 & 2 \\ 7 & 8 & 2 \end{bmatrix}$.

11. $k=1$;$k=-2$.

12. 提示：将 $AB=A+B$ 变形为 $(A-E)(B-E)=E$，所以 $A-E$ 可逆，且 $(A-E)^{-1}=B-E$. 再由 $(B-E)(A-E)=E$，即可得 $AB=BA$.

综合练习 2

1. 填空题

(1) 设 A 是四阶方阵，B 是五阶方阵，且 $|A|=2$，$|B|=-2$，则 $|-|A|B|=$ ________，$|-|B|A|=$ ________，$|2A^{-1}|=$ ________.

(2) 设 $A=\begin{bmatrix}2&1&0&0\\1&1&0&0\\0&0&2&-1\\0&0&3&-1\end{bmatrix}$,则 $A^{-1}=$________.

(3) 设 $A=\begin{bmatrix}1&0&0\\0&\frac{1}{2}&\frac{3}{2}\\0&1&\frac{5}{2}\end{bmatrix}$,则 $(A^*)^{-1}=$________,$[(A^*)^T]^{-1}=$________.

(4) 已知矩阵 $A=\begin{bmatrix}1&1&-6&-10\\2&5&a&1\\1&2&-1&a\end{bmatrix}$ 的秩为2,则 $a=$________.

(5) 设 A 为 n 阶非零方阵,当 $A^T=A^*$ 时,则 $R(A)=$________.

(6) 设 $A=\begin{bmatrix}\frac{1}{2}&-\frac{\sqrt{3}}{2}\\\frac{\sqrt{3}}{2}&\frac{1}{2}\end{bmatrix}$,$A^6=E$,则 $A^{11}=$________.

2. 选择题

(1) 已知 A,B 均为 n 阶方阵,则必有(　　).

(A) $(A+B)^2=A^2+2AB+B^2$　　(B) $(A+B)^T=A^T+B^T$

(C) $AB=0$ 时,$A=0$ 或 $B=0$　　(D) $(AB)^*=A^*B^*$

(2) 设 A,B,C 为可逆方阵,则 $(ACB^T)^{-1}=$(　　).

(A) $(B^{-1})^{-1}A^{-1}C^{-1}$　　(B) $B^{-1}C^{-1}A^{-1}$

(C) $A^{-1}C^{-1}(B^T)^{-1}$　　(D) $(B^{-1})^TC^{-1}A^{-1}$

(3) 设 A 是 $m\times n$ 阶矩阵,B 是 $n\times m$ 阶矩阵,则(　　).

(A) $m>n$ 时必有 $|AB|\neq 0$　　(B) $m>n$ 时必有 $|AB|=0$

(C) $n>m$ 时必有 $|AB|\neq 0$　　(D) $n>m$ 时必有 $|AB|=0$

(4) 设 $A=\begin{bmatrix}a_{11}&a_{12}&a_{13}&a_{14}\\a_{21}&a_{22}&a_{23}&a_{24}\\a_{31}&a_{32}&a_{33}&a_{34}\\a_{41}&a_{42}&a_{43}&a_{44}\end{bmatrix}$,　$B=\begin{bmatrix}a_{14}&a_{13}&a_{12}&a_{11}\\a_{24}&a_{23}&a_{22}&a_{21}\\a_{34}&a_{33}&a_{32}&a_{31}\\a_{44}&a_{43}&a_{42}&a_{41}\end{bmatrix}$,

$P_1=\begin{bmatrix}0&0&0&1\\0&1&0&0\\0&0&1&0\\1&0&0&0\end{bmatrix}$,$P_2=\begin{bmatrix}1&0&0&0\\0&0&1&0\\0&1&0&0\\0&0&0&1\end{bmatrix}$,若 A 可逆,则 $B^{-1}=$(　　).

(A) $A^{-1}P_1P_2$　　(B) $P_1A^{-1}P_2$

(C) $P_1P_2A^{-1}$　　(D) $P_2A^{-1}P_1$

(5) 设 n 阶方阵 A,B,C 满足关系 $ABC=E$，则必有(　　).

(A) $ACB=E$　　(B) $CBA=E$

(C) $BAC=E$　　(D) $BCA=E$

3. 设 A,B 均为三阶矩阵，E 是三阶单位矩阵，已知 $AB=2A+B$，其中

$$B=\begin{bmatrix}2&0&2\\0&4&0\\2&0&2\end{bmatrix},$$

证明 $A-E$ 可逆，并求 $(A-E)^{-1}$.

4. 设三阶矩阵 A 的伴随矩阵 $A^*=\begin{bmatrix}1&0&0\\2&3&0\\4&6&3\end{bmatrix}$，求 A.

5. 设 $B=\begin{bmatrix}1&-1&0&0\\0&1&-1&0\\0&0&1&-1\\0&0&0&1\end{bmatrix}$，$C=\begin{bmatrix}2&1&3&4\\0&2&1&3\\0&0&2&1\\0&0&0&2\end{bmatrix}$，且满足 $A(E-C^{-1}B)^{\mathrm{T}}C^{\mathrm{T}}=E$，求矩阵 A.

6. 已知 A,B 均为三阶矩阵，将 A 的第 3 行 (-2) 倍加到第 2 行得 A_1，将 B 的第 1 列与第 2 列互换得 B，并且

$$A_1B_1=\begin{bmatrix}1&1&1\\1&0&2\\2&1&3\end{bmatrix},$$

求 AB.

7. 设 $A=\begin{bmatrix}1&2&t\\3&t&18\\2&4&2t\\1&8-t&4t-18\end{bmatrix}$，$B$ 为 3×5 矩阵，且是非零矩阵，若 $AB=0$，求 $\mathrm{R}(B)$.

8. 设 A,B 均为 n 阶方阵，$E-AB$ 可逆，证明 $E-BA$ 可逆.

综合练习 2 参考答案与提示

1. (1) 64，32，8.

(2) $\boldsymbol{A}^{-1}=\begin{bmatrix}1&-1&0&0\\-1&2&0&0\\0&0&-1&1\\0&0&-3&2\end{bmatrix}$.

(3) $\begin{bmatrix}-4&0&0\\0&-2&-4\\0&-4&-10\end{bmatrix}$, $\begin{bmatrix}-4&0&0\\0&-2&-4\\0&-6&-10\end{bmatrix}$.

(4) 3.

(5) n. 提示:因 $\boldsymbol{AA}^*=|\boldsymbol{A}|\boldsymbol{E}$,有 $\boldsymbol{AA}^{\mathrm{T}}=|\boldsymbol{A}|\boldsymbol{E}$,若 $|\boldsymbol{A}|=\boldsymbol{0}$,则 $\boldsymbol{AA}^{\mathrm{T}}=\boldsymbol{0}$,推得 $\boldsymbol{A}=\boldsymbol{0}$,与 $\boldsymbol{A}$ 是非零矩阵矛盾,故 $|\boldsymbol{A}|\neq\boldsymbol{0}$.

(6) $\begin{bmatrix}\frac{1}{2}&\frac{\sqrt{3}}{2}\\-\frac{\sqrt{3}}{2}&\frac{1}{2}\end{bmatrix}$. 提示:$|\boldsymbol{A}|=1$,$\boldsymbol{A}^{11}=\boldsymbol{A}^{12}\boldsymbol{A}^{-1}=(\boldsymbol{A}^6)^2\boldsymbol{A}^{-1}$.

2. (1) (B). (2) (D). (3) (B). 提示:$\mathrm{R}(\boldsymbol{A})\leqslant\min\{m,n\}$,$\mathrm{R}(\boldsymbol{B})\leqslant\min\{m,n\}$,$\mathrm{R}(\boldsymbol{AB})\leqslant\min\{\mathrm{R}(\boldsymbol{A}),\mathrm{R}(\boldsymbol{B})\}$,当 $m>n$ 时 $\mathrm{R}(\boldsymbol{AB})\leqslant n$,而 $\boldsymbol{AB}$ 是 m 阶方阵,故 $\mathrm{R}(\boldsymbol{AB})\leqslant n<m$,$|\boldsymbol{AB}|=0$. (4) (C). (5) (D). 提示:由 $\boldsymbol{ABC}=\boldsymbol{E}$ 知 $\boldsymbol{A},\boldsymbol{B},\boldsymbol{C}$ 均可逆,$\boldsymbol{BC}=\boldsymbol{A}^{-1}$,故 $\boldsymbol{BCA}=\boldsymbol{E}$.

3. $\begin{bmatrix}0&0&1\\0&1&0\\1&0&0\end{bmatrix}$. 提示:$\boldsymbol{AB}-\boldsymbol{B}-2\boldsymbol{A}+2\boldsymbol{E}=2\boldsymbol{E}$,$(\boldsymbol{A}-\boldsymbol{E})(\boldsymbol{B}-2\boldsymbol{E})=2\boldsymbol{E}$,故 $\boldsymbol{A}-\boldsymbol{E}$ 可逆,且 $(\boldsymbol{A}-\boldsymbol{E})^{-1}=\frac{1}{2}(\boldsymbol{B}-2\boldsymbol{E})$.

4. $\pm\begin{bmatrix}3&0&0\\-2&1&0\\0&-2&1\end{bmatrix}$. 提示:利用 $\boldsymbol{A}=|\boldsymbol{A}|(\boldsymbol{A}^*)^{-1}$ 及 $\boldsymbol{A}^*=|\boldsymbol{A}|^{n-1}$.

5. $\begin{bmatrix}1&0&0&0\\-2&1&0&0\\1&-2&1&0\\0&1&-2&1\end{bmatrix}$. 提示:$\boldsymbol{A}(\boldsymbol{E}-\boldsymbol{C}^{-1}\boldsymbol{B})^{\mathrm{T}}\boldsymbol{C}^{\mathrm{T}}=\boldsymbol{A}[\boldsymbol{C}(\boldsymbol{E}-\boldsymbol{C}^{-1}\boldsymbol{B})]^{\mathrm{T}}=\boldsymbol{A}(\boldsymbol{C}-\boldsymbol{B})^{\mathrm{T}}=\boldsymbol{E}$,故 $\boldsymbol{A}=[(\boldsymbol{C}-\boldsymbol{B})^{-1}]^{\mathrm{T}}$.

6. $\begin{bmatrix}1&1&1\\2&5&8\\1&2&3\end{bmatrix}$. 提示:$\boldsymbol{A}_1=\boldsymbol{P}(2,3[-2])\boldsymbol{A}$,$\boldsymbol{B}_1=\boldsymbol{BP}(1,2)$,则 $\boldsymbol{A}_1\boldsymbol{B}_1=$

$\boldsymbol{P}(2,3[-2])\boldsymbol{A}\boldsymbol{B}\boldsymbol{P}(1,2)$，所以 $\boldsymbol{AB}=\boldsymbol{P}(2,3[2])\boldsymbol{A}_1\boldsymbol{B}_1\boldsymbol{P}(1,2)$.

7. 当 $t\neq6$ 时，$\mathrm{R}(\boldsymbol{B})=1$；当 $t=6$ 时，$\mathrm{R}(\boldsymbol{B})=1$ 或 $\mathrm{R}(\boldsymbol{B})=2$.

提示：$\mathrm{R}(\boldsymbol{A})+\mathrm{R}(\boldsymbol{B})\leqslant3$，$\mathrm{R}(\boldsymbol{B})\geqslant1$，所以 $1\leqslant\mathrm{R}(\boldsymbol{B})\leqslant3-\mathrm{R}(\boldsymbol{A})$，

$$\boldsymbol{A}\longrightarrow\begin{bmatrix}1 & 2 & t\\ 0 & t-6 & 18-3t\\ 0 & 0 & 0\\ 0 & 0 & 0\end{bmatrix}.$$

当 $t=6$ 时，$\mathrm{R}(\boldsymbol{A})=1$，由此得 $\mathrm{R}(\boldsymbol{B})=1$ 或 $\mathrm{R}(\boldsymbol{B})=2$.

当 $t\neq6$ 时，$\mathrm{R}(\boldsymbol{A})=2$，由此得 $\mathrm{R}(\boldsymbol{B})=1$.

8. 提示：$\boldsymbol{A}(\boldsymbol{E}-\boldsymbol{BA})=(\boldsymbol{E}-\boldsymbol{AB})\boldsymbol{A}$，由 $\boldsymbol{E}-\boldsymbol{AB}$ 可逆得，$\boldsymbol{A}=(\boldsymbol{E}-\boldsymbol{AB})^{-1}\boldsymbol{A}(\boldsymbol{E}-\boldsymbol{BA})$，$\boldsymbol{E}=\boldsymbol{E}-\boldsymbol{BA}+\boldsymbol{BA}=\boldsymbol{E}-\boldsymbol{BA}+\boldsymbol{B}(\boldsymbol{E}-\boldsymbol{AB})^{-1}\boldsymbol{A}(\boldsymbol{E}-\boldsymbol{BA})$. 故有 $\boldsymbol{E}=(\boldsymbol{E}-\boldsymbol{BA})[\boldsymbol{E}+\boldsymbol{B}(\boldsymbol{E}-\boldsymbol{AB})^{-1}\boldsymbol{A}]$，证得 $\boldsymbol{E}-\boldsymbol{BA}$ 可逆.

第3章 向量组的线性相关性

n维向量是由不同具体事物中抽象出来的概念，是线性代数的重要内容之一. 向量组的线性相关性不仅有重要的理论价值，而且对于讨论线性方程组解的存在性及解的结构也有十分重要的作用.

本章重点　向量组线性相关、线性无关和线性组合的概念；向量组线性相关性的判定；极大无关组与向量组秩的求法；等价向量组及向量空间.

本章难点　向量组线性相关性的判定；极大无关组与向量组秩的求法；向量空间及其基的判定.

一、主要内容

本章主要介绍向量组的线性相关性及其判定；线性表示与等价向量组；向量组的极大无关组和秩；向量空间及其基的有关理论.

二、教学要求

1. 深刻理解向量组的线性相关性，线性表示与等价向量组等概念.
2. 掌握判断向量组线性相关性的主要方法.
3. 正确理解向量组的极大无关组和向量组秩的概念.
4. 熟练掌握用矩阵表示向量组和用矩阵运算表示向量运算的方法.
5. 了解向量空间，向量空间的基和维数，向量空间的结构.

三、例题选讲

例 3.1　设向量组 $\boldsymbol{\alpha}_1=(1,1,1)$，$\boldsymbol{\alpha}_2=(1,2,3)$，$\boldsymbol{\alpha}_3=(1,3,t)$线性相关，则$t=$________.

解　方法1　定义法.

设有一组数 $\lambda_1,\lambda_2,\lambda_3$，使得 $\lambda_1\boldsymbol{\alpha}_1+\lambda_2\boldsymbol{\alpha}_2+\lambda_3\boldsymbol{\alpha}_3=\mathbf{0}$，即有

$$\begin{cases}\lambda_1+\lambda_2+\lambda_3=0,\\ \lambda_1+2\lambda_2+3\lambda_3=0,\\ \lambda_1+3\lambda_2+t\lambda_3=0.\end{cases}$$

此齐次线性方程组的系数行列式

$$\begin{vmatrix}1 & 1 & 1\\1 & 2 & 3\\1 & 3 & t\end{vmatrix}=t-5.$$

当 $t-5=0$,即 $t=5$ 时,方程组有非零解,故 $\boldsymbol{\alpha}_1,\boldsymbol{\alpha}_2,\boldsymbol{\alpha}_3$ 线性相关.

方法2　行列式法.

由于 $\boldsymbol{\alpha}_1,\boldsymbol{\alpha}_2,\boldsymbol{\alpha}_3$ 是3个三维向量,$\boldsymbol{\alpha}_1,\boldsymbol{\alpha}_2,\boldsymbol{\alpha}_3$ 线性相关的充分必要条件是 $|\boldsymbol{\alpha}_1^{\mathrm{T}},\boldsymbol{\alpha}_2^{\mathrm{T}},\boldsymbol{\alpha}_3^{\mathrm{T}}|=0$,而

$$|\boldsymbol{\alpha}_1^{\mathrm{T}},\boldsymbol{\alpha}_2^{\mathrm{T}},\boldsymbol{\alpha}_3^{\mathrm{T}}|=\begin{vmatrix}1 & 1 & 1\\1 & 2 & 3\\1 & 3 & t\end{vmatrix}=t-5.$$

当 $t=5$ 时,$\boldsymbol{\alpha}_1,\boldsymbol{\alpha}_2,\boldsymbol{\alpha}_3$ 线性相关.

方法3　用秩判别.

由于 $\boldsymbol{\alpha}_1,\boldsymbol{\alpha}_2,\boldsymbol{\alpha}_3$ 线性相关,所以 $\mathrm{R}(\boldsymbol{\alpha}_1^{\mathrm{T}},\boldsymbol{\alpha}_2^{\mathrm{T}},\boldsymbol{\alpha}_3^{\mathrm{T}})<3$.因此以 $\boldsymbol{\alpha}_1,\boldsymbol{\alpha}_2,\boldsymbol{\alpha}_3$ 为列构成矩阵 $\boldsymbol{A}$,对 $\boldsymbol{A}$ 施以初等行变换,得

$$\boldsymbol{A}=(\boldsymbol{\alpha}_1^{\mathrm{T}},\boldsymbol{\alpha}_2^{\mathrm{T}},\boldsymbol{\alpha}_3^{\mathrm{T}})=\begin{bmatrix}1 & 1 & 1\\1 & 2 & 3\\1 & 3 & t\end{bmatrix}\longrightarrow\begin{bmatrix}1 & 0 & -1\\0 & 1 & 2\\0 & 0 & t-5\end{bmatrix}.$$

显然,当 $t=5$ 时,$\mathrm{R}(\boldsymbol{A})=2<3$,故 $\boldsymbol{\alpha}_1,\boldsymbol{\alpha}_2,\boldsymbol{\alpha}_3$ 线性相关.

从以上3种解法知应填 $t=5$.

例3.2　设向量组 $\boldsymbol{\alpha}_1=(1,1,1)$,$\boldsymbol{\alpha}_2=(a,0,b)$,$\boldsymbol{\alpha}_3=(1,2,3)$ 线性无关,则 a,b 满足的关系式为________.

解　本题可用类似于上面给出的三种解法求出 a 与 b 应满足的关系.

由于 $\boldsymbol{\alpha}_1,\boldsymbol{\alpha}_2,\boldsymbol{\alpha}_3$ 线性无关,所以 $\mathrm{R}(\boldsymbol{\alpha}_1^{\mathrm{T}},\boldsymbol{\alpha}_2^{\mathrm{T}},\boldsymbol{\alpha}_3^{\mathrm{T}})=3$.于是有

$$\begin{vmatrix}\boldsymbol{\alpha}_1\\\boldsymbol{\alpha}_2\\\boldsymbol{\alpha}_3\end{vmatrix}=\begin{vmatrix}1 & 1 & 1\\a & 0 & b\\1 & 3 & 2\end{vmatrix}=a-2b\neq 0,$$

即 $a\neq 2b$.故应填 $a\neq 2b$.

例3.3　设向量组 $\boldsymbol{\alpha}_1=(1,3,5,-1)$,$\boldsymbol{\alpha}_2=(2,-1,-3,4)$,$\boldsymbol{\alpha}_3=(5,1,-1,7)$,$\boldsymbol{\alpha}_4=(7,7,9,1)$,则其极大无关组为________.

分析　一个向量组的极大无关组通常是不唯一的,常见的求法有下面两种.

解　方法1　设 $\boldsymbol{A}=\begin{bmatrix}\boldsymbol{\alpha}_1\\\boldsymbol{\alpha}_2\\\boldsymbol{\alpha}_3\\\boldsymbol{\alpha}_4\end{bmatrix}$,对 $\boldsymbol{A}$ 作初等列变换,使之变成列阶梯形矩阵.

$$\boldsymbol{A}=\begin{bmatrix}1&3&5&-1\\2&-1&-3&4\\5&1&-1&7\\7&7&9&1\end{bmatrix}\xrightarrow[c_1+c_4]{\substack{-3c_1+c_2\\-5c_1+c_3}}\begin{bmatrix}1&0&0&0\\2&-7&-13&6\\5&-14&-26&12\\7&-14&-26&8\end{bmatrix}\xrightarrow[\frac{1}{2}\times c_4]{\substack{\left(-\frac{1}{7}\right)\times c_2\\\left(-\frac{1}{13}\right)\times c_3}}$$

$$\begin{bmatrix}1&0&0&0\\2&1&1&3\\5&2&2&6\\7&2&2&4\end{bmatrix}\xrightarrow[-3c_2+c_4]{-c_2+c_3}\begin{bmatrix}1&0&0&0\\2&1&0&0\\5&2&0&0\\7&2&0&-2\end{bmatrix}\xrightarrow[c_3\leftrightarrow c_4]{\left(-\frac{1}{2}\right)\times c_4}\begin{bmatrix}1&0&0&0\\2&1&0&0\\5&2&0&0\\7&2&1&0\end{bmatrix}.$$

由于列阶梯形矩阵非零的列有3列,所以$R(\boldsymbol{A})=3$,向量组$\boldsymbol{\alpha}_1,\boldsymbol{\alpha}_2,\boldsymbol{\alpha}_3,\boldsymbol{\alpha}_4$的极大无关组应由3个向量所组成,且其极大无关组为$\boldsymbol{\alpha}_1,\boldsymbol{\alpha}_2,\boldsymbol{\alpha}_4$或$\boldsymbol{\alpha}_1,\boldsymbol{\alpha}_3,\boldsymbol{\alpha}_4$或$\boldsymbol{\alpha}_2,\boldsymbol{\alpha}_3,\boldsymbol{\alpha}_4$.

方法2 对矩阵$\boldsymbol{A}$作初等行变换

$$\boldsymbol{A}=\begin{bmatrix}\boldsymbol{\alpha}_1\\\boldsymbol{\alpha}_2\\\boldsymbol{\alpha}_3\\\boldsymbol{\alpha}_4\end{bmatrix}=\begin{bmatrix}1&3&5&-1\\2&-1&-3&4\\5&1&-1&7\\7&7&9&1\end{bmatrix}\longrightarrow\begin{bmatrix}1&3&5&-1\\0&-7&-13&6\\0&-14&-26&12\\0&-14&-26&8\end{bmatrix}\begin{matrix}\boldsymbol{\alpha}_1\\\boldsymbol{\alpha}_2-2\boldsymbol{\alpha}_1\\\boldsymbol{\alpha}_3-5\boldsymbol{\alpha}_1\\\boldsymbol{\alpha}_4-7\boldsymbol{\alpha}_1\end{matrix}$$

$$\longrightarrow\begin{bmatrix}1&3&5&-1\\0&-7&-13&6\\0&0&0&0\\0&0&0&-4\end{bmatrix}\begin{matrix}\boldsymbol{\alpha}_1\\\boldsymbol{\alpha}_2-2\boldsymbol{\alpha}_1\\\boldsymbol{\alpha}_3-5\boldsymbol{\alpha}_1-2(\boldsymbol{\alpha}_2-2\boldsymbol{\alpha}_1)\\\boldsymbol{\alpha}_4-7\boldsymbol{\alpha}_1-2(\boldsymbol{\alpha}_2-2\boldsymbol{\alpha}_1)\end{matrix}.$$

由最后的阶梯形矩阵可知$\boldsymbol{\alpha}_1,\boldsymbol{\alpha}_2-2\boldsymbol{\alpha}_1,\boldsymbol{\alpha}_4-3\boldsymbol{\alpha}_1-2\boldsymbol{\alpha}_2$是线性无关的,所以$\boldsymbol{\alpha}_1,\boldsymbol{\alpha}_2,\boldsymbol{\alpha}_4$是一极大无关组.

注 在对矩阵施行初等行变换的过程中,我们没有按以前的方式把每次所作的行变换标注在"⟶"上,而是在矩阵的右边用向量表示出了每个行向量所在的位置及每次的线性运算过程,这样能非常直观地看出极大无关组,特别是当要求把不属于极大无关组的向量用极大无关组线性表示时,该方法的优越性十分明显,如在该例中我们很快地得到用$\boldsymbol{\alpha}_1,\boldsymbol{\alpha}_2,\boldsymbol{\alpha}_4$表示$\boldsymbol{\alpha}_3$.

由$\boldsymbol{\alpha}_3-5\boldsymbol{\alpha}_1-2(\boldsymbol{\alpha}_2-2\boldsymbol{\alpha}_1)=\mathbf{0}$,即得$\boldsymbol{\alpha}_3=\boldsymbol{\alpha}_1-2\boldsymbol{\alpha}_2$.

例3.4 设向量组$\boldsymbol{\alpha}_1=(2,1,1,1),\boldsymbol{\alpha}_2=(2,1,a,a),\boldsymbol{\alpha}_3=(3,2,1,a),\boldsymbol{\alpha}_4=(4,3,2,1)$的秩为3,且$a\neq1$,则$a=$________.

解 设$\boldsymbol{A}=\begin{bmatrix}\boldsymbol{\alpha}_1\\\boldsymbol{\alpha}_2\\\boldsymbol{\alpha}_3\\\boldsymbol{\alpha}_4\end{bmatrix}$,对矩阵$\boldsymbol{A}$施以初等列变换.

$$A=\begin{bmatrix}2&1&1&1\\2&1&a&a\\3&2&1&a\\4&3&2&1\end{bmatrix}\xrightarrow[\substack{-c_1+c_3\\-c_1+c_4}]{\substack{c_1\leftrightarrow c_2\\-2c_1+c_2}}\begin{bmatrix}1&0&0&0\\1&0&a-1&a-1\\2&-1&-1&a-2\\3&-2&-1&-2\end{bmatrix}\xrightarrow[-c_2+c_4]{c_2\leftrightarrow c_3}$$

$$\begin{bmatrix}1&0&0&0\\1&a-1&0&0\\2&-1&-1&a-1\\3&-1&-2&-1\end{bmatrix}\xrightarrow[(1-a)c_3+c_4]{(-1)\times c_3}\begin{bmatrix}1&0&0&0\\1&a-1&0&0\\2&-1&1&0\\3&-1&2&1-2a\end{bmatrix}.$$

由于向量组的秩为3,且$a\neq1$,故$a=\dfrac{1}{2}$.

例 3.5　设R^3的两个基为(Ⅰ)$\boldsymbol{\alpha}_1=(1,1,1)^{\mathrm{T}},\boldsymbol{\alpha}_2=(1,0,-1)^{\mathrm{T}},\boldsymbol{\alpha}_3=(1,0,1)^{\mathrm{T}}$,(Ⅱ)$\boldsymbol{\beta}_1=(1,2,1)^{\mathrm{T}},\boldsymbol{\beta}_2=(2,3,4)^{\mathrm{T}},\boldsymbol{\beta}_3=(3,4,3)^{\mathrm{T}}$,则基(Ⅰ)到基(Ⅱ)的过渡矩阵为________,向量$\boldsymbol{\beta}=\boldsymbol{\beta}_1+2\boldsymbol{\beta}_2-3\boldsymbol{\beta}_3$在基(Ⅰ)下的坐标为________.

解　由基变换公式有$(\boldsymbol{\beta}_1,\boldsymbol{\beta}_2,\boldsymbol{\beta}_3)=(\boldsymbol{\alpha}_1,\boldsymbol{\alpha}_2,\boldsymbol{\alpha}_3)\boldsymbol{C}$,所以

$$\boldsymbol{C}=(\boldsymbol{\alpha}_1,\boldsymbol{\alpha}_2,\boldsymbol{\alpha}_3)^{-1}(\boldsymbol{\beta}_1,\boldsymbol{\beta}_2,\boldsymbol{\beta}_3)=\begin{bmatrix}1&1&1\\1&0&0\\1&-1&1\end{bmatrix}^{-1}\begin{bmatrix}1&2&3\\2&3&4\\1&4&3\end{bmatrix}=\begin{bmatrix}2&3&4\\0&-1&0\\-1&0&-1\end{bmatrix}.$$

由题设知$\boldsymbol{\beta}$在基(Ⅱ)下坐标为$(1,2,-3)^{\mathrm{T}}$,由坐标变换公式得$\boldsymbol{\beta}$在基(Ⅰ)下的坐标.

$$\begin{bmatrix}x_1\\x_2\\x_3\end{bmatrix}=\boldsymbol{C}\begin{bmatrix}1\\2\\-3\end{bmatrix}=\begin{bmatrix}2&3&4\\0&-1&0\\-1&0&-1\end{bmatrix}\begin{bmatrix}1\\2\\-3\end{bmatrix}=\begin{bmatrix}-4\\-2\\2\end{bmatrix}.$$

故过渡矩阵应填$\boldsymbol{C}=\begin{bmatrix}2&3&4\\0&-1&0\\-1&0&-1\end{bmatrix}$,向量$\boldsymbol{\beta}$在基(Ⅰ)下坐标应填$(-4,-2,2)^{\mathrm{T}}$.

例 3.6　如果向量$\boldsymbol{\beta}$可由向量组$\boldsymbol{\alpha}_1,\boldsymbol{\alpha}_2,\cdots,\boldsymbol{\alpha}_m$线性表示,则下面结论中正确的是(　　).

(A) 存在一组不全为零的数$\lambda_1,\lambda_2,\cdots,\lambda_m$,使等式$\boldsymbol{\beta}=\lambda_1\alpha_1+\lambda_2\boldsymbol{\alpha}_2+\cdots+\lambda_m\boldsymbol{\alpha}_m$成立

(B) 存在一组全为零的数$\lambda_1,\lambda_2,\cdots,\lambda_m$,使等式$\boldsymbol{\beta}=\lambda_1\boldsymbol{\alpha}_1+\lambda_2\boldsymbol{\alpha}_2+\cdots+\lambda_m\boldsymbol{\alpha}_m$成立

(C) 存在一组数$\lambda_1,\lambda_2,\cdots,\lambda_m$,使等式$\boldsymbol{\beta}=\lambda_1\boldsymbol{\alpha}_1+\lambda_2\boldsymbol{\alpha}_2+\cdots+\lambda_m\boldsymbol{\alpha}_m$成立

(D) 对$\boldsymbol{\beta}$的线性表达式唯一

解　向量$\boldsymbol{\beta}$能由向量组$\boldsymbol{\alpha}_1,\boldsymbol{\alpha}_2,\cdots,\boldsymbol{\alpha}_m$线性表示，仅要求存在一组数$\lambda_1,\lambda_2,\cdots,\lambda_m$，使等式$\boldsymbol{\beta}=\lambda_1\boldsymbol{\alpha}_1+\lambda_2\boldsymbol{\alpha}_2+\cdots+\lambda_m\boldsymbol{\alpha}_m$成立. 而对$\lambda_1,\lambda_2,\cdots,\lambda_m$是否全为零并没作规定，故可排除(A)、(B)，若$\boldsymbol{\beta}$的线性表达式唯一，则要求$\boldsymbol{\alpha}_1,\boldsymbol{\alpha}_2,\cdots,\boldsymbol{\alpha}_m$线性无关，但题中并没有给出该条件，故(D)也不成立，所以正确的选择为(C).

此种方法是排除不正确的，而剩余的为正确答案，所以也称其为排除法. 这种方法是选择判断的一种常用的方法.

例 3.7　已知$\boldsymbol{\alpha}_1,\boldsymbol{\alpha}_2,\boldsymbol{\alpha}_3,\boldsymbol{\alpha}_4$线性无关，则下面结论正确的是(　　).

(A) $\boldsymbol{\alpha}_1+\boldsymbol{\alpha}_2,\boldsymbol{\alpha}_2+\boldsymbol{\alpha}_3,\boldsymbol{\alpha}_3+\boldsymbol{\alpha}_4,\boldsymbol{\alpha}_4+\boldsymbol{\alpha}_1$，线性无关

(B) $\boldsymbol{\alpha}_1-\boldsymbol{\alpha}_2,\boldsymbol{\alpha}_2-\boldsymbol{\alpha}_3,\boldsymbol{\alpha}_3-\boldsymbol{\alpha}_4,\boldsymbol{\alpha}_4-\boldsymbol{\alpha}_1$，线性无关

(C) $\boldsymbol{\alpha}_1+\boldsymbol{\alpha}_2,\boldsymbol{\alpha}_2+\boldsymbol{\alpha}_3,\boldsymbol{\alpha}_3-\boldsymbol{\alpha}_4,\boldsymbol{\alpha}_4-\boldsymbol{\alpha}_1$，线性无关

(D) $\boldsymbol{\alpha}_1+\boldsymbol{\alpha}_2,\boldsymbol{\alpha}_2+\boldsymbol{\alpha}_3,\boldsymbol{\alpha}_3+\boldsymbol{\alpha}_4,\boldsymbol{\alpha}_4-\boldsymbol{\alpha}_1$，线性无关

解　方法1　(A)、(B)、(C)三组向量分别满足

$$(\boldsymbol{\alpha}_1+\boldsymbol{\alpha}_2)-(\boldsymbol{\alpha}_2+\boldsymbol{\alpha}_3)+(\boldsymbol{\alpha}_3+\boldsymbol{\alpha}_4)-(\boldsymbol{\alpha}_4+\boldsymbol{\alpha}_1)=\boldsymbol{0},$$
$$(\boldsymbol{\alpha}_1-\boldsymbol{\alpha}_2)+(\boldsymbol{\alpha}_2-\boldsymbol{\alpha}_3)+(\boldsymbol{\alpha}_3-\boldsymbol{\alpha}_4)+(\boldsymbol{\alpha}_4-\boldsymbol{\alpha}_1)=\boldsymbol{0},$$
$$(\boldsymbol{\alpha}_1+\boldsymbol{\alpha}_2)-(\boldsymbol{\alpha}_2+\boldsymbol{\alpha}_3)+(\boldsymbol{\alpha}_3-\boldsymbol{\alpha}_4)+(\boldsymbol{\alpha}_4-\boldsymbol{\alpha}_1)=\boldsymbol{0},$$

因此都是线性相关的，而对向量组D，设$\lambda_1,\lambda_2,\lambda_3,\lambda_4$使

$$\lambda_1(\boldsymbol{\alpha}_1+\boldsymbol{\alpha}_2)+\lambda_2(\boldsymbol{\alpha}_2+\boldsymbol{\alpha}_3)+\lambda_3(\boldsymbol{\alpha}_3+\boldsymbol{\alpha}_4)+\lambda_4(\boldsymbol{\alpha}_4-\boldsymbol{\alpha}_1)=\boldsymbol{0}.$$

由$\boldsymbol{\alpha}_1,\boldsymbol{\alpha}_2,\boldsymbol{\alpha}_3,\boldsymbol{\alpha}_4$线性无关，得

$$\lambda_1-\lambda_4=0,\lambda_1+\lambda_2=0,\lambda_2+\lambda_3=0,\lambda_3+\lambda_4=0,$$

解得$\lambda_1=\lambda_2=\lambda_3=\lambda_4=0$，即$\boldsymbol{\alpha}_1+\boldsymbol{\alpha}_2,\boldsymbol{\alpha}_2+\boldsymbol{\alpha}_3,\boldsymbol{\alpha}_3+\boldsymbol{\alpha}_4,\boldsymbol{\alpha}_4-\boldsymbol{\alpha}_1$线性无关，故应选(D).

方法2　由于

$$(\boldsymbol{\alpha}_1+\boldsymbol{\alpha}_2,\boldsymbol{\alpha}_2+\boldsymbol{\alpha}_3,\boldsymbol{\alpha}_3+\boldsymbol{\alpha}_4,\boldsymbol{\alpha}_4-\boldsymbol{\alpha}_1)=(\boldsymbol{\alpha}_1,\boldsymbol{\alpha}_2,\boldsymbol{\alpha}_3,\boldsymbol{\alpha}_4)\begin{bmatrix}1&0&0&-1\\1&1&0&0\\0&1&1&0\\0&0&1&1\end{bmatrix}.$$

显然矩阵$\begin{bmatrix}1&0&0&-1\\1&1&0&0\\0&1&1&0\\0&0&1&1\end{bmatrix}$的秩为4，而$\boldsymbol{\alpha}_1,\boldsymbol{\alpha}_2,\boldsymbol{\alpha}_3,\boldsymbol{\alpha}_4$又线性无关，故$\boldsymbol{\alpha}_1+\boldsymbol{\alpha}_2,\boldsymbol{\alpha}_2+\boldsymbol{\alpha}_3,\boldsymbol{\alpha}_3+\boldsymbol{\alpha}_4,\boldsymbol{\alpha}_4-\boldsymbol{\alpha}_1$线性无关.

例 3.8　设向量组$\boldsymbol{\alpha}_1,\boldsymbol{\alpha}_2,\cdots,\boldsymbol{\alpha}_m$的秩为$r$，则下面结论正确的是(　　).

(A) 必有$r<m$

(B) 向量组中任意个小于 r 的部分向量都线性无关

(C) 向量组中任意 r 个向量也都线性无关

(D) 向量组中任意 $r+1$ 个向量都线性相关

解　当向量组 $\boldsymbol{\alpha}_1,\boldsymbol{\alpha}_2,\cdots,\boldsymbol{\alpha}_m$ 线性无关时，$r=m$，因此(A)不正确. 又因为一个量组的秩为 r，这个向量组中可能有个数不超过 r 的部分向量线性相关，因此(B)、(C)也排出除. 而向量组的秩为 r，该向量组中不会有任何 $r+1$ 个向量线性无关，否则秩将大于 $r+1$，故应选(D).

例 3.9　设向量组(Ⅰ)$\boldsymbol{\alpha}_1,\boldsymbol{\alpha}_2,\cdots,\boldsymbol{\alpha}_r$ 能由向量组(Ⅱ)$\boldsymbol{\beta}_1,\boldsymbol{\beta}_2,\cdots,\boldsymbol{\beta}_s$ 线性表示，则下面结论正确的是(　　).

(A) 当 $r<s$ 时，向量组(Ⅰ)线性相关

(B) 当 $r>s$ 时，向量组(Ⅰ)线性相关

(C) 当 $r<s$ 时，向量组(Ⅱ)线性相关

(D) 当 $r>s$ 时，向量组(Ⅱ)线性相关

解　由向量组(Ⅰ)能由向量组(Ⅱ)线性表示，所以 R(Ⅰ)$\leqslant$R(Ⅱ). 而R(Ⅱ)$\leqslant s$，故当 $r>s$ 时，有 $R(\text{Ⅰ})\leqslant R(\text{Ⅱ})\leqslant s<r$，故向量组(Ⅰ)线性相关，因此选(B).

例 3.10　设 $\boldsymbol{A}$ 是 $m\times n$ 矩阵，且 $\mathrm{R}(\boldsymbol{A})=m$，则下面结论正确的是(　　).

(A) $\boldsymbol{A}$ 的行向量组和列向量组都线性无关

(B) $\boldsymbol{A}$ 的行向量组线性无关，列向量组线性相关

(C) 当 $m<n$ 时，$\boldsymbol{A}$ 的行向量组线性无关，列向量组线性相关

(D) 当 $m<n$ 时，$\boldsymbol{A}$ 的行向量组和列向量都线性无关

解　因为矩阵 $\boldsymbol{A}$ 的行向量组的秩和列向量组的秩都等于矩阵 $\boldsymbol{A}$ 的秩，因此由 $\mathrm{R}(\boldsymbol{A})=m$，只能得出 $\boldsymbol{A}$ 的行向量组线性无关，而得不出列向量组线性相关还是线性无关，所以不能选择(A)、(B). 而当 $m<n$ 时，$\boldsymbol{A}$ 的 n 个列向量都是 m 维向量，显然线性相关，故排除(D)，选(C).

例 3.11　设 $\boldsymbol{\alpha}_1,\boldsymbol{\alpha}_2,\boldsymbol{\beta}$ 线性无关，$\boldsymbol{\alpha}_2,\boldsymbol{\alpha}_3,\boldsymbol{\beta}$ 线性相关，则下面结论正确的是(　　).

(A) $\boldsymbol{\alpha}_1,\boldsymbol{\alpha}_2,\boldsymbol{\alpha}_3$ 线性相关　　(B) $\boldsymbol{\alpha}_1,\boldsymbol{\alpha}_2,\boldsymbol{\alpha}_3$ 线性无关

(C) $\boldsymbol{\alpha}_3$ 能由 $\boldsymbol{\alpha}_1,\boldsymbol{\alpha}_2,\boldsymbol{\beta}$ 线性表示　　(D) $\boldsymbol{\beta}$ 能由 $\boldsymbol{\alpha}_2,\boldsymbol{\alpha}_3$ 线性表示

解　$\boldsymbol{\alpha}_1,\boldsymbol{\alpha}_2,\boldsymbol{\alpha}_3$ 是线性相关还是线性无关显然不能确定，所以排除(A)，(B). 又由 $\boldsymbol{\alpha}_2,\boldsymbol{\alpha}_3,\boldsymbol{\beta}$ 线性相关，不能确定一定是 $\boldsymbol{\beta}$ 能由 $\boldsymbol{\alpha}_2,\boldsymbol{\alpha}_3$ 线性表示，所以(D)不正确. 选择(C)，理由是 $\boldsymbol{\alpha}_2,\boldsymbol{\alpha}_3,\boldsymbol{\beta}$ 线性相关，所以 $\boldsymbol{\alpha}_1,\boldsymbol{\alpha}_2,\boldsymbol{\alpha}_3,\boldsymbol{\beta}$ 也线性相关，而 $\boldsymbol{\alpha}_1,\boldsymbol{\alpha}_2,\boldsymbol{\beta}$ 线性无关，故 $\boldsymbol{\alpha}_3$ 能由 $\boldsymbol{\alpha}_1,\boldsymbol{\alpha}_2,\boldsymbol{\beta}$ 线性表示.

例 3.12　设 $\boldsymbol{\alpha}_1,\boldsymbol{\alpha}_2,\cdots,\boldsymbol{\alpha}_m$ 是一组 n 维向量，且 $\boldsymbol{\beta}$ 能由 $\boldsymbol{\alpha}_1,\boldsymbol{\alpha}_2,\cdots,\boldsymbol{\alpha}_m$ 线性表

示,则表示法是唯一的充分必要条件是$\boldsymbol{\alpha}_1,\boldsymbol{\alpha}_2,\cdots,\boldsymbol{\alpha}_m$线性无关.

证明 方法1 必要性,用定义法证明.

设一组数$\lambda_1,\lambda_2,\cdots,\lambda_m$,使

$$\lambda_1\boldsymbol{\alpha}_1+\lambda_2\boldsymbol{\alpha}_2+\cdots+\lambda_m\boldsymbol{\alpha}_m=\mathbf{0} \quad ①$$

由已知$\boldsymbol{\beta}$能由$\boldsymbol{\alpha}_1,\boldsymbol{\alpha}_2,\cdots,\boldsymbol{\alpha}_m$线性表示,所以有

$$k_1\boldsymbol{\alpha}_1+k_2\boldsymbol{\alpha}_2+\cdots+k_m\boldsymbol{\alpha}_m=\boldsymbol{\beta} \quad ②$$

式②减去式①得

$$(k_1-\lambda_1)\boldsymbol{\alpha}_1+(k_2-\lambda_2)\boldsymbol{\alpha}_2+\cdots+(k_m-\lambda_m)\boldsymbol{\alpha}_m=\boldsymbol{\beta}. \quad ③$$

比较式②和式③,由表示唯一性知

$$k_j=k_j-\lambda_j,\quad j=1,2,\cdots,m.$$

即得$\lambda_j=0,\ j=1,2,\cdots,m$.由式(1)知$\boldsymbol{\alpha}_1,\boldsymbol{\alpha}_2,\cdots,\boldsymbol{\alpha}_m$线性无关.

充分性,用反证法证明.

假设$\boldsymbol{\beta}$有两种表示法:

$$k_1\boldsymbol{\alpha}_1+k_2\boldsymbol{\alpha}_2+\cdots+k_m\boldsymbol{\alpha}_m=\boldsymbol{\beta},$$

$$\lambda_1\boldsymbol{\alpha}_1+\lambda_2\boldsymbol{\alpha}_2+\cdots+\lambda_m\boldsymbol{\alpha}_m=\boldsymbol{\beta}.$$

上两式相减,得$(\lambda_1-k_1)\boldsymbol{\alpha}_1+(\lambda_2-k_2)\boldsymbol{\alpha}_2+\cdots+(\lambda_m-k_m)\boldsymbol{\alpha}_m=\mathbf{0}$.又由于$\boldsymbol{\alpha}_1,\boldsymbol{\alpha}_2,\cdots,\boldsymbol{\alpha}_m$线性无关,所以有

$$\lambda_1-k_1=0,\quad \lambda_2-k_2=0,\quad \cdots,\quad \lambda_m-k_m=0.$$

故表示法是唯一的.

方法2 必要性,用反证法证明.

假设$\boldsymbol{\alpha}_1,\boldsymbol{\alpha}_2,\cdots,\boldsymbol{\alpha}_m$线性相关,即存在$m$个不全为零的数$k_1,k_2,\cdots,k_m$(不妨设$k_j\neq0$),使得

$$k_1\boldsymbol{\alpha}_1+k_2\boldsymbol{\alpha}_2+\cdots+k_m\boldsymbol{\alpha}_m=\mathbf{0}. \quad ④$$

由已知,设

$$l_1\boldsymbol{\alpha}_1+l_2\boldsymbol{\alpha}_2+\cdots+l_m\boldsymbol{\alpha}_m=\boldsymbol{\beta}. \quad ⑤$$

式④与式⑤相加,得

$$(k_1+l_1)\boldsymbol{\alpha}_1+(k_2+l_2)\boldsymbol{\alpha}_2+\cdots+(k_m+l_m)\boldsymbol{\alpha}_m=\boldsymbol{\beta}. \quad ⑥$$

因$k_i\neq0$,所以$l_i+k_i\neq l_i$,这表明式⑤与式⑥是$\boldsymbol{\beta}$的两种不同的表示法,与题设$\boldsymbol{\beta}$的表示法唯一矛盾,故$\boldsymbol{\alpha}_1,\boldsymbol{\alpha}_2,\cdots,\boldsymbol{\alpha}_m$线性无关.

充分性,用反证法证明.

假设$\boldsymbol{\beta}$有两种表示法:

$$k_1\boldsymbol{\alpha}_1+k_2\boldsymbol{\alpha}_2+\cdots+k_m\boldsymbol{\alpha}_m=\boldsymbol{\beta},$$

$$l_1\boldsymbol{\alpha}_1+l_2\boldsymbol{\alpha}_2+\cdots+l_m\boldsymbol{\alpha}_m=\boldsymbol{\beta}.$$

其中至少有一个j使得$k_j\neq l_j(1\leqslant j\leqslant m)$,上两式相减,得

$$(k_1-l_1)\boldsymbol{\alpha}_1+(k_2-l_2)\boldsymbol{\alpha}_2+\cdots+(k_j+l_j)\boldsymbol{\alpha}_j+\cdots+(k_m+l_m)\boldsymbol{\alpha}_m=\mathbf{0},$$

因 $k_j\neq l_j$，所以 $k_j-l_j\neq 0$. 由此得 $\boldsymbol{\alpha}_1,\boldsymbol{\alpha}_2,\cdots,\boldsymbol{\alpha}_m$ 线性相关，这与题设 $\boldsymbol{\alpha}_1,\boldsymbol{\alpha}_2,\cdots,\boldsymbol{\alpha}_m$ 线性无关矛盾，故 $\boldsymbol{\beta}$ 的表示法是唯一的.

例 3.13　设向量 $\boldsymbol{\beta}$ 可由向量组 $\boldsymbol{\alpha}_1,\boldsymbol{\alpha}_2,\cdots,\boldsymbol{\alpha}_m$ 线性表示，但不能由向量组(Ⅰ)：$\boldsymbol{\alpha}_1,\boldsymbol{\alpha}_2,\cdots,\boldsymbol{\alpha}_{m-1}$ 线性表示，记向量组(Ⅱ)：$\boldsymbol{\alpha}_1,\boldsymbol{\alpha}_2,\cdots,\boldsymbol{\alpha}_{m-1},\boldsymbol{\beta}$，则 $\boldsymbol{\alpha}_m$ 能由(Ⅱ)线性表示，但不能由(Ⅰ)线性表示.

证明　对任何数组 $k_1,\cdots,k_{m-1}$，都有 $\boldsymbol{\beta}\neq k_1\boldsymbol{\alpha}_1+k_2\boldsymbol{\alpha}_2+\cdots+k_{m-1}\boldsymbol{\alpha}_{m-1}$，但存在数组 $\lambda_1,\lambda_2,\cdots,\lambda_m$，使 $\boldsymbol{\beta}=\lambda_1\boldsymbol{\alpha}_1+\lambda_2\boldsymbol{\alpha}_2+\cdots+\lambda_{m-1}\boldsymbol{\alpha}_{m-1}+\lambda_m\boldsymbol{\alpha}_m$，显然 $\lambda_m\neq 0$，否则与第一式矛盾.

因而有

$$\boldsymbol{\alpha}_m=-\frac{\lambda_1}{\lambda_m}\boldsymbol{\alpha}_1-\frac{\lambda_2}{\lambda_m}\boldsymbol{\alpha}_2-\cdots-\frac{\lambda_{m-1}}{\lambda_m}\boldsymbol{\alpha}_{m-1}+\frac{1}{\lambda_m}\boldsymbol{\beta}.$$

即 $\boldsymbol{\alpha}_m$ 可由向量组(Ⅱ)：$\boldsymbol{\alpha}_1,\boldsymbol{\alpha}_2,\cdots,\boldsymbol{\alpha}_{m-1},\boldsymbol{\beta}$ 线性表示.

假设 $\boldsymbol{\alpha}_m$ 能由(Ⅰ)：$\boldsymbol{\alpha}_1,\boldsymbol{\alpha}_2,\cdots,\boldsymbol{\alpha}_{m-1}$ 线性表示，即

$$\boldsymbol{\alpha}_m=c_1\boldsymbol{\alpha}_1+c_2\boldsymbol{\alpha}_2+\cdots+c_{m-1}\boldsymbol{\alpha}_{m-1},$$

从而有

$$\begin{aligned}\boldsymbol{\beta}&=\lambda_1\boldsymbol{\alpha}_1+\lambda_2\boldsymbol{\alpha}_2+\cdots+\lambda_{m-1}\boldsymbol{\alpha}_{m-1}+\lambda_m(c_1\boldsymbol{\alpha}_1+c_2\boldsymbol{\alpha}_2+\cdots+c_{m-1}\boldsymbol{\alpha}_{m-1})\\&=(\lambda_1+\lambda_m c_1)\boldsymbol{\alpha}_1+(\lambda_2+\lambda_m c_2)\boldsymbol{\alpha}_2+\cdots+(\lambda_{m-1}+\lambda_m c_{m-1})\boldsymbol{\alpha}_{m-1}.\end{aligned}$$

这表明 $\boldsymbol{\beta}$ 可由向量组 $\boldsymbol{\alpha}_1,\boldsymbol{\alpha}_2,\cdots,\boldsymbol{\alpha}_{m-1}$ 线性表示，与题设矛盾，故 $\boldsymbol{\alpha}_m$ 不能由向量组(Ⅰ)线性表示.

例 3.14　设 $\boldsymbol{A}$ 是 $n\times m$ 矩阵. $\boldsymbol{B}$ 是 $m\times n$ 矩阵，其中 $n<m$，若 $\boldsymbol{AB}=\boldsymbol{E}_{n\times n}$，证明 $\boldsymbol{A}$ 的行向量组线性无关.

证明　设 $\boldsymbol{A}$ 的行向量为 $\boldsymbol{\alpha}_1,\boldsymbol{\alpha}_2,\cdots,\boldsymbol{\alpha}_n$，且存在一组数 $x_1,x_2,\cdots,x_n$，使得

$$x_1\boldsymbol{\alpha}_1+x_2\boldsymbol{\alpha}_2+\cdots+x_n\boldsymbol{\alpha}_n=\mathbf{0}.\tag{7}$$

即

$$(x_1,x_2,\cdots,x_n)\begin{bmatrix}\boldsymbol{\alpha}_1\\\boldsymbol{\alpha}_2\\\vdots\\\boldsymbol{\alpha}_n\end{bmatrix}=\mathbf{0},$$

亦即

$$(x_1,x_2,\cdots,x_n)\boldsymbol{A}=\mathbf{0}.$$

在上式的两端右乘 $\boldsymbol{B}$，得

$$\begin{aligned}(x_1,x_2,\cdots,x_n)\boldsymbol{AB}&=(x_1,x_2,\cdots,x_n)\boldsymbol{E}\\&=(x_1,x_2,\cdots,x_n)=\mathbf{0}.\end{aligned}$$

由式⑦知,$\boldsymbol{\alpha}_1,\boldsymbol{\alpha}_2,\cdots,\boldsymbol{\alpha}_n$ 线性无关.

例 3.15　设 $\boldsymbol{A}$ 是 n 阶方阵,若存在正整数 k,使方程组 $\boldsymbol{A}^k\boldsymbol{x}=\boldsymbol{0}$ 有解向量 $\boldsymbol{\alpha}$,且 $\boldsymbol{A}^{k-1}\boldsymbol{\alpha}\neq\boldsymbol{0}$,试证向量组 $\boldsymbol{\alpha},\boldsymbol{A\alpha},\cdots,\boldsymbol{A}^{k-1}\boldsymbol{\alpha}$ 线性无关.

证明　设有实数 $\lambda_1,\lambda_2,\cdots,\lambda_k$,使得

$$\lambda_1\boldsymbol{\alpha}+\lambda_2\boldsymbol{A\alpha}+\cdots+\lambda_k\boldsymbol{A}^{k-1}\boldsymbol{\alpha}=\boldsymbol{0}.$$

两边左乘 $\boldsymbol{A}^{k-1}$,并注意到 $\boldsymbol{A}^k\boldsymbol{\alpha}=\boldsymbol{0}$,得

$$\boldsymbol{A}^{k-1}(\lambda_1\boldsymbol{\alpha}+\lambda_2\boldsymbol{A\alpha}+\cdots+\lambda_k\boldsymbol{A}^{k-1}\boldsymbol{\alpha})=\boldsymbol{0},$$

即

$$\lambda_1\boldsymbol{A}^{k-1}\boldsymbol{\alpha}=\boldsymbol{0}.$$

由于 $\boldsymbol{A}^{k-1}\boldsymbol{\alpha}\neq\boldsymbol{0}$,所以 $\lambda_1=0$.

类似可得 $\lambda_2=\lambda_3=\cdots=\lambda_k=0$,因此向量组 $\boldsymbol{\alpha},\boldsymbol{A\alpha},\cdots,\boldsymbol{A}^{k-1}\boldsymbol{\alpha}$ 线性无关.

例 3.16　若 n 维的向量组 $\boldsymbol{\alpha}_1,\boldsymbol{\alpha}_2,\cdots,\boldsymbol{\alpha}_n(n\geqslant 2)$ 线性无关,则当且仅当 n 为奇数时,向量组 $\boldsymbol{\alpha}_1+\boldsymbol{\alpha}_2,\boldsymbol{\alpha}_2+\boldsymbol{\alpha}_3,\cdots,\boldsymbol{\alpha}_{n-1}+\boldsymbol{\alpha}_n,\boldsymbol{\alpha}_n+\boldsymbol{\alpha}_1$ 线性无关.

证明　方法1　设有 $x_1,x_2,\cdots,x_n$,使

$$x_1(\boldsymbol{\alpha}_1+\boldsymbol{\alpha}_2)+x_1(\boldsymbol{\alpha}_2+\boldsymbol{\alpha}_3)+\cdots+x_{n-1}(\boldsymbol{\alpha}_{n+1}+\boldsymbol{\alpha}_n)+x_n(\boldsymbol{\alpha}_n+\boldsymbol{\alpha}_1)=\boldsymbol{0}.$$

即

$$(x_1+x_n)\boldsymbol{\alpha}_1+(x_1+x_2)\boldsymbol{\alpha}_2+\cdots+(x_{n-1}+x_n)\boldsymbol{\alpha}_n=\boldsymbol{0}.$$

因为 $\boldsymbol{\alpha}_1,\boldsymbol{\alpha}_2,\cdots,\boldsymbol{\alpha}_n$ 线性无关,所以有

$$\begin{cases} x_1+x_n=0, \\ x_2+x_2=0, \\ \quad\vdots \\ x_{n-1}+x_n=0. \end{cases} \tag{8}$$

该方程组的系数行列式

$$D_n=\begin{vmatrix} 1 & 0 & 0 & \cdots & 0 & 0 & 1 \\ 1 & 1 & 0 & \cdots & 0 & 0 & 0 \\ 0 & 1 & 1 & \cdots & 0 & 0 & 0 \\ \vdots & \vdots & \vdots & & \vdots & \vdots & \vdots \\ 0 & 0 & 0 & \cdots & 1 & 1 & 0 \\ 0 & 0 & 0 & \cdots & 0 & 1 & 1 \end{vmatrix}\text{(按第一行展开)}$$

$$=(-1)^{1+1}\begin{vmatrix} 1 & 0 & \cdots & 0 & 0 & 0 \\ 1 & 1 & \cdots & 0 & 0 & 0 \\ \vdots & \vdots & & \vdots & \vdots & \vdots \\ 0 & 0 & \cdots & 1 & 1 & 0 \\ 0 & 0 & \cdots & 0 & 1 & 1 \end{vmatrix}$$

$$+(-1)^{1+n}\begin{vmatrix} 1 & 1 & 0 & \cdots & 0 & 0 \\ 0 & 1 & 1 & \cdots & 0 & 0 \\ \vdots & \vdots & \vdots & & \vdots & \vdots \\ 0 & 0 & 0 & \cdots & 1 & 1 \\ 0 & 0 & 0 & \cdots & 0 & 1 \end{vmatrix}$$

$$=1+(-1)^{1+n}.$$

当 n 为偶数时，$D_n=0$，方程组⑧有非零解，因此向量组 $\boldsymbol{\alpha}_1+\boldsymbol{\alpha}_2,\boldsymbol{\alpha}_2+\boldsymbol{\alpha}_3,\cdots,\boldsymbol{\alpha}_{n+1}+\boldsymbol{\alpha}_n,\boldsymbol{\alpha}_n+\boldsymbol{\alpha}_1$ 线性相关.

当 n 为奇数时，$D_n=2\neq0$，方程组⑧只有零解，此时向量组 $\boldsymbol{\alpha}_1+\boldsymbol{\alpha}_2,\boldsymbol{\alpha}_2+\boldsymbol{\alpha}_3,\cdots,\boldsymbol{\alpha}_{n-1}+\boldsymbol{\alpha}_n,\boldsymbol{\alpha}_n+\boldsymbol{\alpha}_1$ 线性无关.

方法2 用矩阵秩判断.

令
$$\boldsymbol{B}=\begin{bmatrix} \boldsymbol{\beta}_1 \\ \boldsymbol{\beta}_2 \\ \vdots \\ \boldsymbol{\beta}_{n-1} \\ \boldsymbol{\beta}_n \end{bmatrix}=\begin{bmatrix} \boldsymbol{\alpha}_1+\boldsymbol{\alpha}_2 \\ \boldsymbol{\alpha}_2+\boldsymbol{\alpha}_3 \\ \vdots \\ \boldsymbol{\alpha}_{n-1}+\boldsymbol{\alpha}_n \\ \boldsymbol{\alpha}_n+\boldsymbol{\alpha}_1 \end{bmatrix}=\begin{bmatrix} 1 & 1 & 0 & \cdots & 0 & 0 \\ 0 & 1 & 1 & \cdots & 0 & 0 \\ \vdots & \vdots & \vdots & & \vdots & \vdots \\ 0 & 0 & 0 & \cdots & 1 & 1 \\ 1 & 0 & 0 & \cdots & 0 & 1 \end{bmatrix}\begin{bmatrix} \boldsymbol{\alpha}_1 \\ \boldsymbol{\alpha}_2 \\ \vdots \\ \boldsymbol{\alpha}_{n-1} \\ \boldsymbol{\alpha}_n \end{bmatrix}=\boldsymbol{CA},$$

由于 $\boldsymbol{\alpha}_1,\boldsymbol{\alpha}_2,\cdots,\boldsymbol{\alpha}_n$ 线性无关，故 $\mathrm{R}(\boldsymbol{A})=n$，于是 $\mathrm{R}(\boldsymbol{B})=\mathrm{R}(\boldsymbol{CA})=\mathrm{R}(\boldsymbol{C})$. 而

$$|\boldsymbol{C}|=\begin{vmatrix} 1 & 1 & 0 & \cdots & 0 & 0 \\ 0 & 1 & 1 & \cdots & 0 & 0 \\ \vdots & \vdots & \vdots & & \vdots & \vdots \\ 0 & 0 & 0 & \cdots & 1 & 1 \\ 1 & 0 & 0 & \cdots & 0 & 1 \end{vmatrix}$$
$$=1+(-1)^{1+n}$$
$$=\begin{cases} 0, & \text{当 } n \text{ 为偶数}, \\ 2, & \text{当 } n \text{ 为奇数}. \end{cases}$$

由此可知：当 n 为偶数时，$\mathrm{R}(\boldsymbol{C})<n$，故 $\mathrm{R}(\boldsymbol{B})<n$. 此时 $\boldsymbol{\alpha}_1+\boldsymbol{\alpha}_2,\boldsymbol{\alpha}_2+\boldsymbol{\alpha}_3,\cdots,\boldsymbol{\alpha}_{n-1}+\boldsymbol{\alpha}_n,\boldsymbol{\alpha}_n+\boldsymbol{\alpha}_1$ 线性相关.

当 n 为奇数时，$\mathrm{R}(\boldsymbol{C})=n$，故 $\mathrm{R}(\boldsymbol{B})=n$，此时 $\boldsymbol{\alpha}_1+\boldsymbol{\alpha}_2,\boldsymbol{\alpha}_2+\boldsymbol{\alpha}_3,\cdots,\boldsymbol{\alpha}_{n-1}+\boldsymbol{\alpha}_n,\boldsymbol{\alpha}_n+\boldsymbol{\alpha}_1$ 线性无关.

例 3.17 设有向量组 $\boldsymbol{\alpha}_1,\boldsymbol{\alpha}_2,\cdots,\boldsymbol{\alpha}_r$，令

$$\boldsymbol{\beta}_1=\boldsymbol{\alpha}_2+\boldsymbol{\alpha}_3+\cdots+\boldsymbol{\alpha}_r,$$
$$\boldsymbol{\beta}_2=\boldsymbol{\alpha}_1+\boldsymbol{\alpha}_3+\cdots+\boldsymbol{\alpha}_r,$$
$$\vdots$$

$$\boldsymbol{\beta}_r=\boldsymbol{\alpha}_1+\boldsymbol{\alpha}_2+\cdots+\boldsymbol{\alpha}_{r-1},$$

则向量组 $\boldsymbol{\alpha}_1,\boldsymbol{\alpha}_2,\cdots,\boldsymbol{\alpha}_r$ 与向量组 $\boldsymbol{\beta}_1,\boldsymbol{\beta}_2,\cdots,\boldsymbol{\beta}_r$ 的秩相同.

分析 由于等价的向量组有相同的秩,所以欲证向量组 $\boldsymbol{\alpha}_1,\boldsymbol{\alpha}_2,\cdots,\boldsymbol{\alpha}_r$ 与向量组 $\boldsymbol{\beta}_1,\boldsymbol{\beta}_2,\cdots,\boldsymbol{\beta}_r$ 有相同的秩,可证明这两个向量组等价.

证明 方法1 由题设可得

$$\boldsymbol{\beta}_i=\boldsymbol{\alpha}_1+\cdots+\boldsymbol{\alpha}_{i-1}+0\cdot\boldsymbol{\alpha}_i+\boldsymbol{\alpha}_{i+1}+\cdots+\boldsymbol{\alpha}_r\quad(i=1,2,\cdots,r),$$

所以向量组 $\boldsymbol{\beta}_1,\boldsymbol{\beta}_2,\cdots,\boldsymbol{\beta}_r$ 可由向量组 $\boldsymbol{\alpha}_1,\boldsymbol{\alpha}_2,\cdots,\boldsymbol{\alpha}_r$ 线性表示.

将题设的 r 个等式左右两边分别相加,得

$$\boldsymbol{\beta}_1+\boldsymbol{\beta}_2+\cdots+\boldsymbol{\beta}_r=(r-1)(\boldsymbol{\alpha}_1+\boldsymbol{\alpha}_2+\cdots+\boldsymbol{\alpha}_r),$$

从而

$$\boldsymbol{\alpha}_1+\boldsymbol{\alpha}_2+\cdots+\boldsymbol{\alpha}_r=\frac{1}{r-1}(\boldsymbol{\beta}_1+\boldsymbol{\beta}_2+\cdots+\boldsymbol{\beta}_r),$$

又因为

$$\begin{aligned}\boldsymbol{\alpha}_1+\boldsymbol{\alpha}_2+\cdots+\boldsymbol{\alpha}_r&=\boldsymbol{\alpha}_i+(\boldsymbol{\alpha}_1+\cdots+\boldsymbol{\alpha}_{i-1}+\boldsymbol{\alpha}_{i+1}+\cdots+\boldsymbol{\alpha}_r)\\&=\boldsymbol{\alpha}_i+\boldsymbol{\beta}_i,\end{aligned}$$

所以有

$$\boldsymbol{\alpha}_i=\frac{1}{r-1}(\boldsymbol{\beta}_1+\boldsymbol{\beta}_2+\cdots+\boldsymbol{\beta}_r)-\boldsymbol{\beta}_i\quad(i=1,2,\cdots,r).$$

上式表明,$\boldsymbol{\alpha}_1,\boldsymbol{\alpha}_2,\cdots,\boldsymbol{\alpha}_r$ 也可由 $\boldsymbol{\beta}_1,\boldsymbol{\beta}_2,\cdots,\boldsymbol{\beta}_r$ 线性表示,于是向量组 $\boldsymbol{\alpha}_1,\boldsymbol{\alpha}_2,\cdots,\boldsymbol{\alpha}_r$ 等价,故它们的秩相等.

方法2 由已知可得

$$\begin{bmatrix}\boldsymbol{\beta}_1\\\boldsymbol{\beta}_2\\\vdots\\\boldsymbol{\beta}_r\end{bmatrix}=\begin{bmatrix}0&1&\cdots&1\\1&0&\cdots&1\\\vdots&\vdots&&\vdots\\1&1&\cdots&0\end{bmatrix}\begin{bmatrix}\boldsymbol{\alpha}_1\\\boldsymbol{\alpha}_2\\\vdots\\\boldsymbol{\alpha}_r\end{bmatrix},$$

显然,向量组 $\boldsymbol{\beta}_1,\boldsymbol{\beta}_2,\cdots,\boldsymbol{\beta}_r$ 能由向量组 $\boldsymbol{\alpha}_1,\boldsymbol{\alpha}_2,\cdots,\boldsymbol{\alpha}_r$ 线性表示,而由于

$$D=\begin{vmatrix}0&1&\cdots&1\\1&0&\cdots&1\\\vdots&\vdots&&\vdots\\1&1&\cdots&0\end{vmatrix}\neq0,$$

所以

$$\begin{bmatrix}\boldsymbol{\alpha}_1\\ \boldsymbol{\alpha}_2\\ \vdots\\ \boldsymbol{\alpha}_r\end{bmatrix}=\begin{bmatrix}0&1&\cdots&1\\1&0&\cdots&1\\ \vdots&\vdots&&\vdots\\1&1&\cdots&0\end{bmatrix}^{-1}\begin{bmatrix}\boldsymbol{\beta}_1\\ \boldsymbol{\beta}_2\\ \vdots\\ \boldsymbol{\beta}_r\end{bmatrix},$$

所以向量组 $\boldsymbol{\alpha}_1,\boldsymbol{\alpha}_2,\cdots,\boldsymbol{\alpha}_r$ 又能由向量组 $\boldsymbol{\beta}_1,\boldsymbol{\beta}_2,\cdots,\boldsymbol{\beta}_r$ 线性表示，从而向量组 $\boldsymbol{\alpha}_1,\boldsymbol{\alpha}_2,\cdots,\boldsymbol{\alpha}_r$ 与向量组 $\boldsymbol{\beta}_1,\boldsymbol{\beta}_2,\cdots,\boldsymbol{\beta}_r$ 等价，故它们的秩相同.

例 3.18　已知向量组 $\boldsymbol{\beta}_1=(0,1,-1)^{\mathrm{T}},\boldsymbol{\beta}_2=(a,2,1)^{\mathrm{T}},\boldsymbol{\beta}_3=(b,1,0)^{\mathrm{T}}$ 与向量组 $\boldsymbol{\alpha}_1=(1,2,-3)^{\mathrm{T}},\boldsymbol{\alpha}_2=(3,0,1)^{\mathrm{T}},\boldsymbol{\alpha}_3=(9,6,7)^{\mathrm{T}}$ 具有相同的秩，且 $\boldsymbol{\beta}_3$ 可由 $\boldsymbol{\alpha}_1,\boldsymbol{\alpha}_2,\boldsymbol{\alpha}_3$ 线性表示，求 a,b 的值.

解　因为 $\boldsymbol{\alpha}_1,\boldsymbol{\alpha}_2$ 线性无关，而由 $\boldsymbol{\alpha}_3=3\boldsymbol{\alpha}_1+2\boldsymbol{\alpha}_2$ 知 $\boldsymbol{\alpha}_1,\boldsymbol{\alpha}_2,\boldsymbol{\alpha}_3$ 线性相关，所以向量 $\boldsymbol{\alpha}_1,\boldsymbol{\alpha}_2,\boldsymbol{\alpha}_3$ 的秩为 2，$\boldsymbol{\alpha}_1,\boldsymbol{\alpha}_2$ 是它的一个极大无关组.

由于向量组 $\boldsymbol{\beta}_1,\boldsymbol{\beta}_2,\boldsymbol{\beta}_3$ 与向量组 $\boldsymbol{\alpha}_1,\boldsymbol{\alpha}_2,\boldsymbol{\alpha}_3$ 具有相同的秩，故 $\boldsymbol{\beta}_1,\boldsymbol{\beta}_2,\boldsymbol{\beta}_3$ 线性相关，从而有

$$|\boldsymbol{\beta}_1,\boldsymbol{\beta}_2,\boldsymbol{\beta}_3|=\begin{vmatrix}0&a&b\\1&2&1\\-1&1&0\end{vmatrix}=3b-a=0,$$

由此得 $a=3b$.

又 $\boldsymbol{\beta}_3$ 可由 $\boldsymbol{\alpha}_1,\boldsymbol{\alpha}_2,\boldsymbol{\alpha}_3$ 线性表示，从而可由 $\boldsymbol{\alpha}_1,\boldsymbol{\alpha}_2$ 线性表示，所以 $\boldsymbol{\alpha}_1,\boldsymbol{\alpha}_2,\boldsymbol{\beta}_3$ 线性相关，于是有

$$|\boldsymbol{\alpha}_1,\boldsymbol{\alpha}_2,\boldsymbol{\beta}_3|=\begin{vmatrix}1&3&b\\2&0&1\\-3&1&0\end{vmatrix}=2b-10=0,$$

解得 $b=5$，从而 $a=15$.

例 3.19　设

$$\boldsymbol{A}=(\boldsymbol{\alpha}_1,\boldsymbol{\alpha}_2,\boldsymbol{\alpha}_3)=\begin{bmatrix}0&1&1\\1&0&1\\1&1&0\end{bmatrix},\quad \boldsymbol{B}=(\boldsymbol{\beta}_1,\boldsymbol{\beta}_2)=\begin{bmatrix}1&4\\0&3\\-4&2\end{bmatrix},$$

验证 $\boldsymbol{\alpha}_1,\boldsymbol{\alpha}_2,\boldsymbol{\alpha}_3$ 是 $\mathbb{R}^3$ 的一个基，并把 $\boldsymbol{\beta}_1,\boldsymbol{\beta}_2$ 用这个线性表示.

分析　要证 $\boldsymbol{\alpha}_1,\boldsymbol{\alpha}_2,\boldsymbol{\alpha}_3$ 是 $\mathbb{R}^3$ 的一个基，只需验证 $\boldsymbol{A}\cong\boldsymbol{E}$ 即可，要将 $\boldsymbol{\beta}_1,\boldsymbol{\beta}_2$ 用 $\boldsymbol{\alpha}_1,\boldsymbol{\alpha}_2,\boldsymbol{\alpha}_3$ 线性表示，即要找一个 3×2 的矩阵 $\boldsymbol{X}=\boldsymbol{A}^{-1}\boldsymbol{B}$，这就启发我们，若将矩阵 $(\boldsymbol{A},\boldsymbol{B})$ 作初等行变换，当 $\boldsymbol{A}$ 变为 $\boldsymbol{E}$ 时，$\boldsymbol{B}$ 就变为 $\boldsymbol{A}^{-1}\boldsymbol{B}$，于是问题获得解决.

解　对矩阵 $(\boldsymbol{A},\boldsymbol{B})$ 施行初等行变换：

$$(\boldsymbol{A},\boldsymbol{B})=\left[\begin{array}{ccc:cc}0&1&1&1&4\\1&0&1&0&3\\1&1&0&-4&2\end{array}\right]\xrightarrow[r_2\leftrightarrow r_3]{r_1\leftrightarrow r_3}\left[\begin{array}{ccc:cc}1&1&0&-4&2\\0&1&1&1&4\\1&0&1&0&3\end{array}\right]$$

$$\xrightarrow[r_3\times\frac{1}{2}]{\substack{-r_1+r_3\\ r_2+r_3}}\left[\begin{array}{ccc:cc}1&1&0&-4&2\\0&1&1&1&4\\0&0&1&\frac{5}{2}&\frac{5}{2}\end{array}\right]\xrightarrow[-r_2+r_1]{-r_3+r_2}\left[\begin{array}{ccc:cc}1&0&0&-\frac{5}{2}&\frac{1}{2}\\0&1&0&-\frac{3}{2}&\frac{3}{2}\\0&0&1&\frac{5}{2}&\frac{5}{2}\end{array}\right],$$

显然$\boldsymbol{A}\cong\boldsymbol{E}$,故$\boldsymbol{\alpha}_1,\boldsymbol{\alpha}_2,\boldsymbol{\alpha}_3$为$\mathbb{R}^3$的一个基,且

$$(\boldsymbol{\beta}_1,\boldsymbol{\beta}_2)=(\boldsymbol{\alpha}_1,\boldsymbol{\alpha}_2,\boldsymbol{\alpha}_3)\begin{bmatrix}-\frac{5}{2}&\frac{1}{2}\\-\frac{3}{2}&\frac{3}{2}\\\frac{5}{2}&\frac{5}{2}\end{bmatrix}.$$

即

$$\boldsymbol{\beta}_1=-\frac{5}{2}\boldsymbol{\alpha}_1-\frac{3}{2}\boldsymbol{\alpha}_2+\frac{5}{2}\boldsymbol{\alpha}_3,$$

$$\boldsymbol{\beta}_2=\frac{1}{2}\boldsymbol{\alpha}_1+\frac{3}{2}\boldsymbol{\alpha}_2+\frac{5}{2}\boldsymbol{\alpha}_3.$$

***例 3.20**　已知四维实向量空间$\mathbb{R}^4$有两组基(Ⅰ)$\boldsymbol{\alpha}_1,\boldsymbol{\alpha}_2,\boldsymbol{\alpha}_3,\boldsymbol{\alpha}_4$;(Ⅱ)$\boldsymbol{\beta}_1=\boldsymbol{\alpha}_1+\boldsymbol{\alpha}_2,\boldsymbol{\beta}_2=\boldsymbol{\alpha}_3+\boldsymbol{\alpha}_3,\boldsymbol{\beta}_3=\boldsymbol{\alpha}_3+\boldsymbol{\alpha}_4,\boldsymbol{\beta}_4=\boldsymbol{\alpha}_4$.

(1) 写出由基(Ⅰ)到基(Ⅱ)的过渡矩阵;

(2) 已知向量$\boldsymbol{\alpha}$在基(Ⅰ)下的坐标为$(1,2,3,4)^{\mathrm{T}}$,求$\boldsymbol{\alpha}$在基(Ⅱ)下的坐标.

解　(1) 由已知

$$\begin{aligned}(\boldsymbol{\beta}_1,\boldsymbol{\beta}_2,\boldsymbol{\beta}_3,\boldsymbol{\beta}_4)&=(\boldsymbol{\alpha}_1+\boldsymbol{\alpha}_2,\boldsymbol{\alpha}_2+\boldsymbol{\alpha}_3,\boldsymbol{\alpha}_3+\boldsymbol{\alpha}_4,\boldsymbol{\alpha}_4)\\&=(\boldsymbol{\alpha}_1,\boldsymbol{\alpha}_2,\boldsymbol{\alpha}_3,\boldsymbol{\alpha}_4)\begin{bmatrix}1&0&0&0\\1&1&0&0\\0&1&1&0\\0&0&1&1\end{bmatrix}.\end{aligned}$$

由定义知,基(Ⅰ)到基(Ⅱ)的过渡矩阵为

$$\boldsymbol{C}=\begin{bmatrix}1&0&0&0\\1&1&0&0\\0&1&1&0\\0&0&1&1\end{bmatrix}.$$

(2) 设 $\boldsymbol{\alpha}$ 在基(Ⅱ)下和坐标为 $x=(x_1,x_2,x_3,x_4)^{\mathrm{T}}$，则由坐标变换公式，得

$$\boldsymbol{x}=\begin{bmatrix}x_1\\x_2\\x_3\\x_4\end{bmatrix}=\boldsymbol{C}^{-1}\begin{bmatrix}1\\2\\3\\4\end{bmatrix}=\begin{bmatrix}1&0&0&0\\-1&1&0&0\\1&-1&1&0\\-1&1&-1&1\end{bmatrix}\begin{bmatrix}1\\2\\3\\4\end{bmatrix}=\begin{bmatrix}1\\1\\2\\2\end{bmatrix}.$$

故 $\boldsymbol{\alpha}$ 在基(Ⅱ)下的坐标为$(1,1,2,2)^{\mathrm{T}}$.

四、疑难问题解答

1. 如果向量组 A：$\boldsymbol{\alpha}_1,\boldsymbol{\alpha}_2,\cdots,\boldsymbol{\alpha}_s$ 线性相关，那么是否对于任意不全为零的数 $k_1,k_2,\cdots,k_s$ 都有 $k_1\boldsymbol{\alpha}_1+k_2\boldsymbol{\alpha}_2+\cdots+k_s\boldsymbol{\alpha}_s=\boldsymbol{0}$.

答　不一定，因为按定义，向量组 A 线性相关是指存在 s 个不全为零的数 $k_1,k_2,\cdots,k_s$，使得 $k_1\boldsymbol{\alpha}_1+k_2\boldsymbol{\alpha}_2+\cdots+k_s\boldsymbol{\alpha}_s=\boldsymbol{0}$. 而不是对任意不全为零的数 $k_1,k_2,\cdots,k_s$ 都能使上式成立(否则将有 $\boldsymbol{\alpha}_1=\boldsymbol{0},\boldsymbol{\alpha}_2=\boldsymbol{0},\cdots,\boldsymbol{\alpha}_s=\boldsymbol{0}$).

例如　设 $\boldsymbol{\alpha}_1=(1,0,0)$，$\boldsymbol{\alpha}_2=(0,1,0)$，$\boldsymbol{\alpha}_3=(1,2,0)$，则 $\boldsymbol{\alpha}_1+2\boldsymbol{\alpha}_2-\boldsymbol{\alpha}_3=\boldsymbol{0}$，因而 $\boldsymbol{\alpha}_1,\boldsymbol{\alpha}_2,\boldsymbol{\alpha}_3$ 线性相关，而这 3 个数 $k_1=1,k_2=2,k_3=-1$ 并不是任意取的，若我们任取一组数 $k_1=1,k_2=1,k_3=1$，则 $k_1\boldsymbol{\alpha}_1+k_2\boldsymbol{\alpha}_2+k_3\alpha_3=\boldsymbol{\alpha}_1+\boldsymbol{\alpha}_2+\boldsymbol{\alpha}_3=(2,3,0)\neq(0,0,0)$，这说明并不是对任意不全为零的数 k_1,k_2,k_3 都能使

$$k_1\boldsymbol{\alpha}_1+k_2\boldsymbol{\alpha}_2+k_3\boldsymbol{\alpha}_3=\boldsymbol{0}$$

成立.

2. 如果在向量组 $\boldsymbol{\alpha}_1,\boldsymbol{\alpha}_2,\cdots,\boldsymbol{\alpha}_m(m\geqslant2)$中任取 $s(s<m)$个向量所组成的部分向量都线性无关，那么这个向量组是否线性无关？

答　不一定.

例如　设 $\boldsymbol{\alpha}_1=(1,0)$，$\boldsymbol{\alpha}_2=(0,1)$，$\boldsymbol{\alpha}_3=(1,1)$，在此向量组中任取一个向量 $\boldsymbol{\alpha}_1=(1,0)$，或 $\boldsymbol{\alpha}_2=(0,1)$，或 $\boldsymbol{\alpha}_3=(1,1)$都是线性无关的；任两个向量 $\boldsymbol{\alpha}_1,\boldsymbol{\alpha}_2$ 或 $\boldsymbol{\alpha}_1,\boldsymbol{\alpha}_3$ 或 $\boldsymbol{\alpha}_2,\boldsymbol{\alpha}_3$ 也都是线性无关的，但是向量组 $\boldsymbol{\alpha}_1,\boldsymbol{\alpha}_2,\boldsymbol{\alpha}_3$ 却是线性相关的.

又例如　设 $\boldsymbol{\beta}_1=(1,0,0)$，$\boldsymbol{\beta}_2=(0,1,0)$，$\boldsymbol{\beta}_3=(0,0,1)$，则在该向量组中任取一个或两个向量都是线性无关的，而 $\boldsymbol{\beta}_1,\boldsymbol{\beta}_2,\boldsymbol{\beta}_3$ 也是线性无关的.

3. 如果向量组 A：$\boldsymbol{\alpha}_1,\boldsymbol{\alpha}_2,\cdots,\boldsymbol{\alpha}_m(m>2)$是线性相关的，那么是否每一个向量都可由其余的 $m-1$ 个向量线性表示？

答　不一定. 因为按线性相关的定义，只要求至少有一个向量能由其余的向量线性表示，并不要求向量组中每一个向量都能表示为其余向量的线性组合.

例如　设向量组 $\boldsymbol{\alpha}_1=(0,0,0)$，$\boldsymbol{\alpha}_2=(1,1,0)$，显然 $\boldsymbol{\alpha}_1,\boldsymbol{\alpha}_2$ 线性相关，但 $\boldsymbol{\alpha}_2$ 不能由 $\boldsymbol{\alpha}_1$ 线性表示.

又如 设向量组 B:$\boldsymbol{\beta}_1=(1,0,0)$,$\boldsymbol{\beta}_2=(0,1,0)$,$\boldsymbol{\beta}_3=(1,1,0)$,显然 $\boldsymbol{\beta}_1,\boldsymbol{\beta}_2,\boldsymbol{\beta}_3$ 线性相关,即

$$\boldsymbol{\beta}_1+\boldsymbol{\beta}_2-\boldsymbol{\beta}_3=\mathbf{0},$$

此时 $\boldsymbol{\beta}_1,\boldsymbol{\beta}_2,\boldsymbol{\beta}_3$ 中的任何一个向量都能由其余的两个向量线性表示.

4. 设向量组 A:$\boldsymbol{\alpha}_1,\boldsymbol{\alpha}_2,\cdots,\boldsymbol{\alpha}_m$ 和向量组 B:$\boldsymbol{\beta}_1,\boldsymbol{\beta}_2,\cdots,\boldsymbol{\beta}_m$ 都线性相关,则有 m 个不全为零的数 $\lambda_1,\lambda_2,\cdots,\lambda_m$ 使

$$\lambda_1\boldsymbol{\alpha}_1+\lambda_2\boldsymbol{\alpha}_2+\cdots+\lambda_m\boldsymbol{\alpha}_m=\mathbf{0}$$

和

$$\lambda_1\boldsymbol{\beta}_1+\lambda_2\boldsymbol{\beta}_2+\cdots+\lambda_m\boldsymbol{\beta}_m=\mathbf{0},$$

从而有

$$\lambda_1(\boldsymbol{\alpha}_1+\boldsymbol{\beta}_1)+\lambda_2(\boldsymbol{\alpha}_2+\boldsymbol{\beta}_2)+\cdots+\lambda_m(\boldsymbol{\alpha}_m+\boldsymbol{\beta}_m)=\mathbf{0}.$$

所以 $\boldsymbol{\alpha}_1+\boldsymbol{\beta}_1,\boldsymbol{\alpha}_2+\boldsymbol{\beta}_2,\cdots,\boldsymbol{\alpha}_m+\boldsymbol{\beta}_m$ 也线性相关,这个结论正确吗?

答 不一定. 由 $\boldsymbol{\alpha}_1,\boldsymbol{\alpha}_2,\cdots,\boldsymbol{\alpha}_m$ 线性相关知,存在一组不全为零的数 $\lambda_1,\lambda_2,\cdots,\lambda_m$,使 $\lambda_1\boldsymbol{\alpha}_1+\lambda_2\boldsymbol{\alpha}_2+\cdots+\lambda_m\boldsymbol{\alpha}_m=\mathbf{0}$,但是这里的 $\lambda_1,\lambda_2,\cdots,\lambda_m$ 是对向量组 A 而言的,仅与该向量组有关,也就是说,使上式成立的 m 个不全为零的数 $\lambda_1,\lambda_2,\cdots,\lambda_m$,不一定能使 $\lambda_1\boldsymbol{\beta}_1+\lambda_2\boldsymbol{\beta}_2+\cdots+\lambda_m\boldsymbol{\beta}_m=\mathbf{0}$ 同时成立. 同样的,由 $\boldsymbol{\beta}_1,\boldsymbol{\beta}_2,\cdots,\boldsymbol{\beta}_m$ 线性相关,也存在一组不全为零的数 $\mu_1,\mu_2,\cdots,\mu_m$,使 $\mu_1\boldsymbol{\beta}_1+\mu_2\boldsymbol{\beta}_2+\cdots+\mu_m\boldsymbol{\beta}_m=\mathbf{0}$,而这一组数 $\mu_1,\mu_2,\cdots,\mu_m$ 也仅与向量组 B 有关,不一定能使 $\mu_1\boldsymbol{\alpha}_1+\mu_2\boldsymbol{\alpha}_2+\cdots+\mu_m\boldsymbol{\alpha}_m=\mathbf{0}$ 同时成立. 因而虽然使上面两式分别成立的不全为零的数组可能有很多,但不一定能找到一组公共的不全为零的 $k_1,k_2,\cdots,k_s$ 使 $k_1\boldsymbol{\alpha}_1+k_2\boldsymbol{\alpha}_2+\cdots+k_m\boldsymbol{\alpha}_m=\mathbf{0}$ 和 $k_1\boldsymbol{\beta}_1+k_2\boldsymbol{\beta}_2+\cdots+k_m\boldsymbol{\beta}_m=\mathbf{0}$ 同时成立,如能找到,上述结论成立,若找不到,结论就不正确.

例如 设有向量组 A:$\boldsymbol{\alpha}_1=(1,0,1)$,$\boldsymbol{\alpha}_2=(2,0,2)$;向量组 B:$\boldsymbol{\beta}_1=(0,3,0)$,$\boldsymbol{\beta}_2=(0,1,0)$.

对于向量组 A 与 B 来说,找不到一组公共的不全为零的数 k_1,k_2,使 $k_1\boldsymbol{\alpha}_1+k_2\boldsymbol{\alpha}_2=\mathbf{0}$ 和 $k_1\boldsymbol{\beta}_1+k_2\boldsymbol{\beta}_2=\mathbf{0}$ 同时成立,当然也就找不到不全为零的数 k_1,k_2,使 $k_1(\boldsymbol{\alpha}_1+\boldsymbol{\beta}_1)+k_2(\boldsymbol{\alpha}_2+\boldsymbol{\beta}_2)=\mathbf{0}$ 成立,事实上,$\boldsymbol{\alpha}_1+\boldsymbol{\beta}_1=(1,3,1)$ 与 $\boldsymbol{\alpha}_2+\boldsymbol{\beta}_2=(2,1,2)$ 是线性无关的.

又如 若取向量组 A:$\boldsymbol{\alpha}_1=(1,0,1)$,$\boldsymbol{\alpha}_2=(2,0,2)$ 和 B:$\boldsymbol{\beta}_1=(0,1,0)$,$\boldsymbol{\beta}_2=(0,2,0)$,则我们就可以找到一组公共的不全为零的数 $k_1=-2,k_2=1$,使得 $-2\boldsymbol{\alpha}_1+\boldsymbol{\alpha}_2=\mathbf{0}$,$-2\boldsymbol{\beta}_1+\boldsymbol{\beta}_2=\mathbf{0}$,从而有 $-2(\boldsymbol{\alpha}_1+\boldsymbol{\beta}_1)+(\boldsymbol{\alpha}_2+\boldsymbol{\beta}_2)=\mathbf{0}$,所以向量组 $\boldsymbol{\alpha}_1+\boldsymbol{\beta}_1=(1,1,1)$ 与 $\boldsymbol{\alpha}_2+\boldsymbol{\beta}_2=(2,2,2)$ 线性相关的.

五、常见错误类型分析

1. 若$\boldsymbol{\alpha}_1+\boldsymbol{\alpha}_2,\boldsymbol{\alpha}_2+\boldsymbol{\alpha}_3,\boldsymbol{\alpha}_3+\boldsymbol{\alpha}_1$线性无关，则必有$\boldsymbol{\alpha}_1,\boldsymbol{\alpha}_2,\boldsymbol{\alpha}_3$也线性无关.

错误证法　因为$\boldsymbol{\alpha}_1+\boldsymbol{\alpha}_2,\boldsymbol{\alpha}_2+\boldsymbol{\alpha}_3,\boldsymbol{\alpha}_3+\boldsymbol{\alpha}_1$线性无关，所以只有当$k_1=k_2=k_3=0$时，才有

$$k_1(\boldsymbol{\alpha}_1+\boldsymbol{\alpha}_2)+k_2(\boldsymbol{\alpha}_2+\boldsymbol{\alpha}_3)+k_3(\boldsymbol{\alpha}_3+\boldsymbol{\alpha}_1)=\boldsymbol{0}.$$

即

$$(k_1+k_3)\boldsymbol{\alpha}_1+(k_1+k_2)\boldsymbol{\alpha}_2+(k_2+k_3)\boldsymbol{\alpha}_3=\boldsymbol{0}.$$

由$k_1=k_2=k_3=0$知$k_1+k_3=0,k_1+k_2=0,k_2+k_3=0$，故$\boldsymbol{\alpha}_1,\boldsymbol{\alpha}_2,\boldsymbol{\alpha}_3$线性无关.

错因分析　上面证明错在什么地方呢？错在对向量组线性相关性的定义理解不深，根据定义，只有当$k_1=k_2=\cdots=k_m=0$时，才有$k_1\boldsymbol{\alpha}_1+k_2\boldsymbol{\alpha}_2+\cdots+k_m\boldsymbol{\alpha}_m=\boldsymbol{0}$成立，则称$\boldsymbol{\alpha}_1,\boldsymbol{\alpha}_2,\boldsymbol{\alpha}_3$是线性无关的. 而上面的证明，只是说有3个数$\lambda_1=k_1+k_3=0,\lambda_2=k_1+k_2=0,\lambda_3=k_2+k_3=0$，使$\lambda_1\boldsymbol{\alpha}_1+\lambda_2\boldsymbol{\alpha}_2+\lambda_3\boldsymbol{\alpha}_3=\boldsymbol{0}$，即$0\cdot\boldsymbol{\alpha}_1+0\cdot\boldsymbol{\alpha}_2+0\cdot\boldsymbol{\alpha}_3=\boldsymbol{0}$，这是显然的，但是没有解决对任何一组不全为零的数$\mu_1,\mu_2,\mu_3$，使$\mu_1\alpha_1+\mu_2\boldsymbol{\alpha}_2+\mu_3\boldsymbol{\alpha}_3\neq\boldsymbol{0}$，即只证明了有一组全为零的数使线性相关性的关系式成立，而没有解决只有一组全为零的数使线性相关性的关系式成立. 而后者才是证明的关键.

正确证法　由$\boldsymbol{\alpha}_1+\boldsymbol{\alpha}_2,\boldsymbol{\alpha}_2+\boldsymbol{\alpha}_3,\boldsymbol{\alpha}_3+\boldsymbol{\alpha}_1$线性无关，可知$\mathrm{R}(\boldsymbol{\alpha}_1+\boldsymbol{\alpha}_2,\boldsymbol{\alpha}_2+\boldsymbol{\alpha}_3,\boldsymbol{\alpha}_3+\boldsymbol{\alpha}_1)=3$，而向量组$\boldsymbol{\alpha}_1+\boldsymbol{\alpha}_2,\boldsymbol{\alpha}_2+\boldsymbol{\alpha}_3,\boldsymbol{\alpha}_3+\boldsymbol{\alpha}_1$能由$\boldsymbol{\alpha}_1,\boldsymbol{\alpha}_2,\boldsymbol{\alpha}_3$线性表示，所以有$\mathrm{R}(\boldsymbol{\alpha}_1+\boldsymbol{\alpha}_2,\boldsymbol{\alpha}_2+\boldsymbol{\alpha}_3,\boldsymbol{\alpha}_3+\boldsymbol{\alpha}_1)\leqslant\mathrm{R}(\boldsymbol{\alpha}_1,\boldsymbol{\alpha}_2,\boldsymbol{\alpha}_3)$，即$\mathrm{R}(\boldsymbol{\alpha}_1,\boldsymbol{\alpha}_2,\boldsymbol{\alpha}_3)\geqslant3$. 而$\boldsymbol{\alpha}_1,\boldsymbol{\alpha}_2,\boldsymbol{\alpha}_3$是一个由3个向量组成的向量组，故$\mathrm{R}(\boldsymbol{\alpha}_1,\boldsymbol{\alpha}_2,\boldsymbol{\alpha}_3)=3$. 因此，$\boldsymbol{\alpha}_1,\boldsymbol{\alpha}_2,\boldsymbol{\alpha}_3$线性无关.

2. 判断向量组$\boldsymbol{\alpha}_1=(1,1,0),\boldsymbol{\alpha}_2=(1,2,1),\boldsymbol{\alpha}_3=(1,0,-1)$的线性相关性.

错误解法　因为$\boldsymbol{\alpha}_1$与$\boldsymbol{\alpha}_2$对应的分量不成比例，所以$\boldsymbol{\alpha}_1$与$\boldsymbol{\alpha}_2$线性无关，同理$\boldsymbol{\alpha}_1$与$\boldsymbol{\alpha}_3$线性无关，$\boldsymbol{\alpha}_2$与$\boldsymbol{\alpha}_3$也线性无关，由此可得向量组$\boldsymbol{\alpha}_1,\boldsymbol{\alpha}_2,\boldsymbol{\alpha}_3$线性无关.

错因分析　按定义，若$\boldsymbol{\alpha}_1,\boldsymbol{\alpha}_2,\boldsymbol{\alpha}_3$线性无关，只需说明找不到一组不全为零的数$\lambda_1,\lambda_2,\lambda_3$，使

$$\lambda_1\boldsymbol{\alpha}_1+\lambda_2\boldsymbol{\alpha}_2+\lambda_3\boldsymbol{\alpha}_3=\boldsymbol{0}$$

成立，或者说当且仅当$\lambda_1=\lambda_2=\lambda_3=0$时，才有

$$\lambda_1\boldsymbol{\alpha}_1+\lambda_2\boldsymbol{\alpha}_2+\lambda_3\boldsymbol{\alpha}_3=\boldsymbol{0}$$

成立，而对于上面错误的解法，错误的根源是“部分组线性无关”，推不出“整组也线性无关”. 但是若“部分线性相关”，则可推出“整组必线性相关”. 反言之，“整组线性无关其部分组必然线性无关”.

正确解法　设有一组数k_1,k_2,k_3使

$$k_1\boldsymbol{\alpha}_1+k_2\boldsymbol{\alpha}_2+k_3\boldsymbol{\alpha}_3=\boldsymbol{0},$$

即

$$k_1(1,1,0)+k_2(1,2,1)+k_3(1,0,-1)=(0,0,0),$$

根据向量的加法和数乘的定义,可得方程组

$$\begin{cases}k_1+k_2+k_3=0,\\k_1+2k_2\qquad=0,\\\qquad k_2-k_3=0.\end{cases}$$

解得此方程组可得唯一非零解

$$\begin{cases}k_1=-2,\\k_2=1,\\k_3=1.\end{cases}$$

从而有

$$-2\boldsymbol{\alpha}_1+\boldsymbol{\alpha}_2+\boldsymbol{\alpha}_3=\mathbf{0}.$$

故向量组 $\boldsymbol{\alpha}_1,\boldsymbol{\alpha}_2,\boldsymbol{\alpha}_3$ 线性无关.

练习 3

1. 设 $\boldsymbol{\alpha}_1,\boldsymbol{\alpha}_2,\boldsymbol{\alpha}_3$ 线性无关,而 $m\boldsymbol{\alpha}_1-\boldsymbol{\alpha}_2,n\boldsymbol{\alpha}_2-\boldsymbol{\alpha}_3,t\boldsymbol{\alpha}_3-\boldsymbol{\alpha}_1$ 线性相关,则 m,n,t 应满足的条件是________.

2. 两向量 $\boldsymbol{\alpha}=(a_1,a_2),\boldsymbol{\beta}=(b_1,b_2)$ 线性相关的充分必要条件是________.

3. 向量组 $\boldsymbol{\alpha}_1=(1,-1,2,4),\boldsymbol{\alpha}_2=(0,3,1,2),\boldsymbol{\alpha}_3=(3,0,7,14),\boldsymbol{\alpha}_4=(1,-2,2,0),\boldsymbol{\alpha}_5=(2,1,5,10)$ 的秩是________,且一个极大无关组为________.

4. 下面说法正确的是(　　).

(A) 向量组 $\boldsymbol{\alpha}_1,\boldsymbol{\alpha}_2,\cdots,\boldsymbol{\alpha}_m$ 线性无关,则 $\boldsymbol{\alpha}_1$ 不能由 $\boldsymbol{\alpha}_2,\boldsymbol{\alpha}_3,\cdots,\boldsymbol{\alpha}_m$ 线性表示

(B) 向量组 $\boldsymbol{\alpha}_1,\boldsymbol{\alpha}_2,\cdots,\boldsymbol{\alpha}_m$ 线性相关,则 $\boldsymbol{\alpha}_1$ 能由 $\boldsymbol{\alpha}_2,\boldsymbol{\alpha}_3,\cdots,\boldsymbol{\alpha}_m$ 线性表示

(C) 向量组 $\boldsymbol{\alpha}_1,\boldsymbol{\alpha}_2,\cdots,\boldsymbol{\alpha}_m$ 线性无关,则减少分量后所得的向量组也线性无关

(D) 含有零向量的向量组必线性相关,而不含零向量的向量组必线性无关

5. 设 $\boldsymbol{\alpha}_1,\boldsymbol{\alpha}_2,\cdots,\boldsymbol{\alpha}_m$ 是 m 维向量组,下列说法正确的是(　　).

(A) 若 $\boldsymbol{\alpha}_m$ 不能用 $\boldsymbol{\alpha}_1,\boldsymbol{\alpha}_2,\cdots,\boldsymbol{\alpha}_m$ 线性表示,则 $\boldsymbol{\alpha}_1,\boldsymbol{\alpha}_2,\cdots,\boldsymbol{\alpha}_m$ 线性无关

(B) 若在 $\boldsymbol{\alpha}_1,\boldsymbol{\alpha}_2,\cdots,\boldsymbol{\alpha}_m$ 中,任意部分组都线性无关,则 $\boldsymbol{\alpha}_1,\boldsymbol{\alpha}_2,\cdots,\boldsymbol{\alpha}_m$ 线性无关

(C) 若 $\boldsymbol{\alpha}_1,\boldsymbol{\alpha}_2,\cdots,\boldsymbol{\alpha}_m$ 线性无关,则 $\boldsymbol{\alpha}_1+\boldsymbol{\alpha}_2,\boldsymbol{\alpha}_2+\boldsymbol{\alpha}_3,\cdots,\boldsymbol{\alpha}_{m-1}+\boldsymbol{\alpha}_m,\boldsymbol{\alpha}_m+\boldsymbol{\alpha}_1$ 线性无关

(D) 若向量组 $\boldsymbol{\alpha}_1,\boldsymbol{\alpha}_2,\cdots,\boldsymbol{\alpha}_m$ 与 $\boldsymbol{\beta}_1,\boldsymbol{\beta}_2,\cdots,\boldsymbol{\beta}_{m-1}$ 等价,则 $\boldsymbol{\alpha}_1,\boldsymbol{\alpha}_2,\cdots,\boldsymbol{\alpha}_m$ 线性相关

6. 若 $\boldsymbol{\alpha}_1,\boldsymbol{\alpha}_2,\cdots,\boldsymbol{\alpha}_r$ 是向量组 $\boldsymbol{\alpha}_1,\cdots,\boldsymbol{\alpha}_r,\boldsymbol{\alpha}_{r+1},\cdots,\boldsymbol{\alpha}_n$ 的极大无关组,则下面结论不正确的是(　　).

(A) $\boldsymbol{\alpha}_n$ 可由 $\boldsymbol{\alpha}_1,\boldsymbol{\alpha}_2,\cdots,\boldsymbol{\alpha}_r$ 线性表示

(B) $\boldsymbol{\alpha}_1$ 可由 $\boldsymbol{\alpha}_{r+1},\boldsymbol{\alpha}_{r+2},\cdots,\boldsymbol{\alpha}_n$ 线性表示

(C) $\boldsymbol{\alpha}_1$ 可由 $\boldsymbol{\alpha}_1,\boldsymbol{\alpha}_2,\cdots,\boldsymbol{\alpha}_r$ 线性表示

(D) $\boldsymbol{\alpha}_n$ 可由 $\boldsymbol{\alpha}_{r+1},\boldsymbol{\alpha}_{r+2},\cdots,\boldsymbol{\alpha}_n$ 线性表示

7. $\boldsymbol{\alpha},\boldsymbol{\beta},\boldsymbol{\gamma}$ 为某个向量空间中的向量，k,m,l 为实数，且 $km\neq 0$，$k\boldsymbol{\alpha}+l\boldsymbol{\beta}+m\boldsymbol{\gamma}=\mathbf{0}$，则有(　).

(A) $\boldsymbol{\alpha},\boldsymbol{\beta}$ 与 $\boldsymbol{\alpha},\boldsymbol{\gamma}$ 等价　　(B) $\boldsymbol{\alpha},\boldsymbol{\beta}$ 与 $\boldsymbol{\beta},\boldsymbol{\gamma}$ 等价

(C) $\boldsymbol{\alpha},\boldsymbol{\gamma}$ 与 $\boldsymbol{\beta},\boldsymbol{\gamma}$ 等价　　(D) $\boldsymbol{\beta}$ 与 $\boldsymbol{\gamma}$ 等价

8. 设 $\boldsymbol{\beta}_1=\boldsymbol{\alpha}_1,\boldsymbol{\beta}_2=\boldsymbol{\alpha}_1+\boldsymbol{\alpha}_2,\cdots,\boldsymbol{\beta}_r=\boldsymbol{\alpha}_1+\boldsymbol{\alpha}_2+\cdots+\boldsymbol{\alpha}_r$，且向量组 $\boldsymbol{\alpha}_1,\boldsymbol{\alpha}_2,\cdots,\boldsymbol{\alpha}_r$ 线性无关，试证向量组 $\boldsymbol{\beta}_1,\boldsymbol{\beta}_2,\cdots,\boldsymbol{\beta}_r$ 线性无关.

9. 利用初等行变换求矩阵 $\boldsymbol{A}$ 的秩及列向量组的一个极大无关组，其中

$$\boldsymbol{A}=\begin{bmatrix} 1 & 1 & 2 & 2 & 1 \\ 0 & 2 & 1 & 5 & -1 \\ 1 & -1 & 1 & -3 & 2 \\ -1 & -1 & 0 & -4 & 1 \end{bmatrix}.$$

10. 设向量组 $A:\boldsymbol{\alpha}_1,\boldsymbol{\alpha}_2,\cdots,\boldsymbol{\alpha}_s$ 的秩为 r_1，向量组 $B:\boldsymbol{\beta}_1,\boldsymbol{\beta}_2,\cdots,\boldsymbol{\beta}_t$ 的秩为 r_2，向量组 $C:\boldsymbol{\alpha}_1,\cdots,\boldsymbol{\alpha}_s,\boldsymbol{\beta}_1,\cdots,\boldsymbol{\beta}_t$ 的秩为 r_3，试证 $\max\{r_1,r_2\}\leqslant r_3\leqslant r_1+r_2$.

11. 试证 $\mathrm{R}(\boldsymbol{A}+\boldsymbol{B})\leqslant \mathrm{R}(\boldsymbol{A})+\mathrm{R}(\boldsymbol{B})$.

12. 设向量组 $\boldsymbol{\alpha}_1,\boldsymbol{\alpha}_2,\cdots,\boldsymbol{\alpha}_m$ 线性无关，且

$$\begin{aligned} \boldsymbol{\beta}_1 &= \boldsymbol{\alpha}_1, \\ \boldsymbol{\beta}_2 &= k_{21}\boldsymbol{\beta}_1+\boldsymbol{\alpha}_2, \\ \boldsymbol{\beta}_3 &= k_{31}\boldsymbol{\beta}_1+k_{32}\boldsymbol{\beta}_2+\boldsymbol{\alpha}_3, \\ &\vdots \\ \boldsymbol{\beta}_m &= k_{m1}\boldsymbol{\beta}_1+k_{m2}\boldsymbol{\beta}_2+\cdots+k_{m,m-1}\boldsymbol{\beta}_{m-1}+\boldsymbol{\alpha}_m, \end{aligned}$$

其中 k_{ij} 是数，试证 $\boldsymbol{\beta}_1,\boldsymbol{\beta}_2,\cdots,\boldsymbol{\beta}_m$ 线性无关.

13. 设 n 维向量组 $\boldsymbol{\alpha}_1,\boldsymbol{\alpha}_2,\cdots,\boldsymbol{\alpha}_n$ 线性无关，若 $\boldsymbol{\beta}=k_1\boldsymbol{\alpha}_1+k_2\boldsymbol{\alpha}_2+\cdots+k_n\boldsymbol{\alpha}_n$，且 $k_i\neq 0,i=1,2,\cdots,n$. 试证 $\boldsymbol{\alpha}_1,\cdots,\boldsymbol{\alpha}_{i-1},\boldsymbol{\beta},\boldsymbol{\alpha}_{i+1},\cdots,\boldsymbol{\alpha}_n$ 也线性无关.

14. 设 $\boldsymbol{A}$ 为 m 阶方阵，$\boldsymbol{\alpha}_1,\boldsymbol{\alpha}_2,\cdots,\boldsymbol{\alpha}_m$ 是一组 m 维向量，满足 $\boldsymbol{A}\boldsymbol{\alpha}_1=\boldsymbol{\alpha}_1,\boldsymbol{A}\boldsymbol{\alpha}_i=\boldsymbol{\alpha}_{i-1}+\boldsymbol{\alpha}_i,(i=2,3,\cdots,m)$，并且 $\boldsymbol{\alpha}_1\neq\mathbf{0}$，试证 $\boldsymbol{\alpha}_1,\boldsymbol{\alpha}_2,\cdots,\boldsymbol{\alpha}_m$ 线性无关.

练习3参考答案与提示

1. $mnt=1$，提示：设 k_1,k_2,k_3 不全为零，使

$$k_1(m\boldsymbol{\alpha}_1-\boldsymbol{\alpha}_2)+k_2(n\boldsymbol{\alpha}_2-\boldsymbol{\alpha}_3)+k_3(t\boldsymbol{\alpha}_3-\boldsymbol{\alpha}_1)=\mathbf{0},$$

即

$$(k_1m-k_3)\boldsymbol{\alpha}_1+(-k_1+k_2n)\boldsymbol{\alpha}_2+(-k_2+k_3t)\boldsymbol{\alpha}_3=\mathbf{0}.$$

由于 $\boldsymbol{\alpha}_1,\boldsymbol{\alpha}_2,\boldsymbol{\alpha}_3$ 线性无关,所以

$$\begin{cases} k_1m-k_3=0, \\ -k_1+k_2n=0, \\ -k_2+k_3t=0. \end{cases}$$

由于 k_1,k_2,k_3 是不全为零,即上面的方程组有非零解,则其系数行列式必为 0,即

$$\begin{vmatrix} m & 0 & -1 \\ -1 & n & 0 \\ 0 & -1 & t \end{vmatrix}=mnt-1=0,$$

从而 $mnt=1$.

2. 应填 $a_1b_2-a_2b_1=0$. 这是因为 $(a_1,a_2),(b_1,b_2)$ 线性相关,由定义,即存在不全为零的常数 k_1,k_2,使 $k_1(a_1,a_2)+k_2(b_1,b_2)=(0,0)$,即方程组

$$\begin{cases} a_1k_1+b_1k_2=0, \\ a_2k_1+b_2k_2=0 \end{cases}$$

有非零解,因此其系数行列式

$$\begin{vmatrix} a_1 & b_1 \\ a_2 & b_2 \end{vmatrix}=a_1b_2-a_2b_1=0.$$

3. 应填 3;$\boldsymbol{\alpha}_1,\boldsymbol{\alpha}_2,\boldsymbol{\alpha}_4$. 解法之一:

$$\boldsymbol{A}=\begin{bmatrix} 1 & -1 & 2 & 4 \\ 0 & 3 & 1 & 2 \\ 3 & 0 & 7 & 14 \\ 1 & -2 & 2 & 0 \\ 2 & 1 & 5 & 10 \end{bmatrix}\begin{matrix} \boldsymbol{\alpha}_1 \\ \boldsymbol{\alpha}_2 \\ \boldsymbol{\alpha}_3 \\ \boldsymbol{\alpha}_4 \\ \boldsymbol{\alpha}_5 \end{matrix} \xrightarrow[-2r_1+r_5]{\substack{-3r_1+r_3 \\ -r_1+r_4}} \begin{bmatrix} 1 & -1 & 2 & 4 \\ 0 & 3 & 1 & 2 \\ 0 & 3 & 1 & 2 \\ 0 & -1 & 0 & -4 \\ 0 & 3 & 1 & 2 \end{bmatrix}\begin{matrix} \boldsymbol{\alpha}_1 \\ \boldsymbol{\alpha}_2 \\ \boldsymbol{\alpha}_3-3\boldsymbol{\alpha}_1 \\ \boldsymbol{\alpha}_4-\boldsymbol{\alpha}_1 \\ \boldsymbol{\alpha}_5-2\boldsymbol{\alpha}_1 \end{matrix}$$

$$\xrightarrow[-r_2+r_5]{-r_2+r_3} \begin{bmatrix} 1 & -1 & 2 & 4 \\ 0 & 3 & 2 & 1 \\ 0 & 0 & 0 & 0 \\ 0 & -1 & 0 & -4 \\ 0 & 0 & 0 & 0 \end{bmatrix}\begin{matrix} \boldsymbol{\alpha}_1 \\ \boldsymbol{\alpha}_2 \\ \boldsymbol{\alpha}_3-3\boldsymbol{\alpha}_1-\boldsymbol{\alpha}_2 \\ \boldsymbol{\alpha}_4-\boldsymbol{\alpha}_1 \\ \boldsymbol{\alpha}_5-2\boldsymbol{\alpha}_1-\boldsymbol{\alpha}_2 \end{matrix}$$

$$\xrightarrow[3r_4+r_2]{-r_4+r_1} \begin{bmatrix} 1 & 0 & 2 & 8 \\ 0 & 0 & 1 & -10 \\ 0 & 0 & 0 & 0 \\ 0 & 1 & 0 & 4 \\ 0 & 0 & 0 & 0 \end{bmatrix}\begin{matrix} \boldsymbol{\alpha}_1-(\boldsymbol{\alpha}_4-\boldsymbol{\alpha}_1) \\ \boldsymbol{\alpha}_2+3(\boldsymbol{\alpha}_4-\boldsymbol{\alpha}_1) \\ \boldsymbol{\alpha}_3-3\boldsymbol{\alpha}_1-\boldsymbol{\alpha}_2 \\ \boldsymbol{\alpha}_4-\boldsymbol{\alpha}_1 \\ \boldsymbol{\alpha}_5-2\boldsymbol{\alpha}_1-\boldsymbol{\alpha}_2 \end{matrix}$$

显然 $2\boldsymbol{\alpha}_1-\boldsymbol{\alpha}_4,\boldsymbol{\alpha}_2-3\boldsymbol{\alpha}_1+3\boldsymbol{\alpha}_4,\boldsymbol{\alpha}_4-\boldsymbol{\alpha}_1$ 线性无关,则 $\boldsymbol{\alpha}_1,\boldsymbol{\alpha}_2,\boldsymbol{\alpha}_4$ 线性无关,而 $\boldsymbol{\alpha}_3-3\boldsymbol{\alpha}_1-\boldsymbol{\alpha}_2=\mathbf{0},\boldsymbol{\alpha}_5-2\boldsymbol{\alpha}_1-\boldsymbol{\alpha}_2=\mathbf{0}$,即知 $\boldsymbol{\alpha}_1,\boldsymbol{\alpha}_2,\boldsymbol{\alpha}_3$ 线性相关,$\boldsymbol{\alpha}_1,\boldsymbol{\alpha}_2,\boldsymbol{\alpha}_5$ 线性相关,易知 $\mathrm{R}(\boldsymbol{\alpha}_1,\boldsymbol{\alpha}_2,\boldsymbol{\alpha}_3,\boldsymbol{\alpha}_4,\boldsymbol{\alpha}_5)=3$,且 $\boldsymbol{\alpha}_1,\boldsymbol{\alpha}_2,\boldsymbol{\alpha}_4$ 为其一个极大无关组.

4. 选(A).

5. 选(D).

因为当 $\boldsymbol{\alpha}_m$ 不能用 $\boldsymbol{\alpha}_1,\boldsymbol{\alpha}_2,\cdots,\boldsymbol{\alpha}_{m-1}$ 线性表示时,并不能保证每一个向量 $\boldsymbol{\alpha}_i$ $(i=1,2,\cdots,m-1)$ 都不能用其余的向量线性表示.例如取 $\boldsymbol{\alpha}_1=(1,0,0),\boldsymbol{\alpha}_2=(2,0,0),\boldsymbol{\alpha}_3=(0,0,1)$,虽然 $\boldsymbol{\alpha}_3$ 不能用 $\boldsymbol{\alpha}_1,\boldsymbol{\alpha}_2$ 线性表示,但 $2\boldsymbol{\alpha}_1-2\boldsymbol{\alpha}_2+0\boldsymbol{\alpha}_3=\mathbf{0}$,故 $\boldsymbol{\alpha}_1,\boldsymbol{\alpha}_2,\boldsymbol{\alpha}_3$ 线性相关,因此(A)不正确.

如果 $\boldsymbol{\alpha}_1,\boldsymbol{\alpha}_2,\cdots,\boldsymbol{\alpha}_m$ 线性无关,则其任一部分组都线性无关,但任一部分组都线性无关并不能保证整个向量组线性无关.例如向量组 $(1,0),(0,1),(1,1)$,任一部分组都线性无关,但这个向量组却线性相关.所以答案(B)不正确.

可以证明,当 $m=2k$ 时,向量组 $\boldsymbol{\alpha}_1+\boldsymbol{\alpha}_2,\boldsymbol{\alpha}_2+\boldsymbol{\alpha}_3,\cdots,\boldsymbol{\alpha}_m+\boldsymbol{\alpha}_1$ 线性相关,而当 $m=2k+1$ 时,该向量组是线性无关的,因此(C)不正确.

最后可根据排除法,选择(D).事实上,向量组 $\boldsymbol{\alpha}_1,\boldsymbol{\alpha}_2,\cdots,\boldsymbol{\alpha}_m$ 与 $\boldsymbol{\beta}_1,\boldsymbol{\beta}_2,\cdots,\boldsymbol{\beta}_{m-1}$ 等价,则 $\mathrm{R}(\boldsymbol{\alpha}_1,\boldsymbol{\alpha}_2,\cdots,\boldsymbol{\alpha}_m)=\mathrm{R}(\boldsymbol{\beta}_1,\boldsymbol{\beta}_2,\cdots,\boldsymbol{\beta}_{m-1})\leqslant m-1<m$.故 $\boldsymbol{\alpha}_1,\boldsymbol{\alpha}_2,\cdots,\boldsymbol{\alpha}_m$ 线性相关.

6. 选(B).理由是:根据极大无关组的定义,向量组 $\boldsymbol{\alpha}_1,\boldsymbol{\alpha}_2,\cdots,\boldsymbol{\alpha}_n$ 中的任一向量都可由极大无关组 $\boldsymbol{\alpha}_1,\boldsymbol{\alpha}_2,\cdots,\boldsymbol{\alpha}_r$ 线性表示,故答案(A)、(C)正确,因而不合题意.答案(D)的说法也是正确的.因为 $\boldsymbol{\alpha}_n=0\cdot\boldsymbol{\alpha}_{r+1}+0\cdot\boldsymbol{\alpha}_{r+2}+\cdots+0\cdot\boldsymbol{\alpha}_{n-1}+1\cdot\boldsymbol{\alpha}_n$.即 $\boldsymbol{\alpha}_n$ 可由 $\boldsymbol{\alpha}_{r+1},\boldsymbol{\alpha}_{r+2},\cdots,\boldsymbol{\alpha}_n$ 线性表示.答案(B)不正确.例如取向量组 $\boldsymbol{\alpha}_1=(1,0),\boldsymbol{\alpha}_2=(0,1),\boldsymbol{\alpha}_3=(0,3),\boldsymbol{\alpha}_4=(0,4)$,$\boldsymbol{\alpha}_1,\boldsymbol{\alpha}_2$ 是其极大无关组,但 $\boldsymbol{\alpha}_1$ 显然不能由 $\boldsymbol{\alpha}_3,\boldsymbol{\alpha}_4$ 线性表示.

7. 选(B).由 $km\neq0$ 知 $k\neq0.m\neq0$,则 $k\boldsymbol{\alpha}+l\boldsymbol{\beta}-m\boldsymbol{\gamma}=\mathbf{0}$,可变形为

$$k\boldsymbol{\alpha}=-l\boldsymbol{\beta}-m\boldsymbol{\gamma},\quad 即\quad \boldsymbol{\alpha}=-\frac{1}{k}\boldsymbol{\beta}-\frac{m}{k}\boldsymbol{\gamma}$$

或

$$m\boldsymbol{\gamma}=-k\boldsymbol{\alpha}-l\boldsymbol{\beta},\quad 即\quad \boldsymbol{\gamma}=-\frac{k}{m}\boldsymbol{\alpha}-\frac{l}{m}\boldsymbol{\beta}.$$

又 $$\boldsymbol{\beta}=\boldsymbol{\beta}+0\cdot\boldsymbol{\gamma},\quad \boldsymbol{\beta}=0\cdot\boldsymbol{\alpha}+\boldsymbol{\beta}.$$

由上式知向量组 $\boldsymbol{\alpha},\boldsymbol{\beta}$ 可由向量组 $\boldsymbol{\beta},\boldsymbol{\gamma}$ 线性表示,而向量组 $\boldsymbol{\beta},\boldsymbol{\gamma}$ 可由向量组 $\boldsymbol{\alpha},\boldsymbol{\beta}$ 线性表示,从而向量组 $\boldsymbol{\alpha},\boldsymbol{\beta}$ 与向量组 $\boldsymbol{\beta},\boldsymbol{\gamma}$ 等价.

8. 用定义法可直接证明.

9. $\mathrm{R}(\boldsymbol{A})=3$;$\boldsymbol{A}$ 的第1,2,3列是 $\boldsymbol{A}$ 的列向量组的一个极大无关组.

10. **证明** 显然向量组 A,B 都能由向量组 C 线性表示，于是

$$\mathrm{R}(\boldsymbol{A})\leqslant\mathrm{R}(\boldsymbol{C}),\quad \mathrm{R}(\boldsymbol{B})\leqslant\mathrm{R}(\boldsymbol{C}),$$

即

$$r_1\leqslant r_3,\quad r_2\leqslant r_3.$$

所以

$$\max\{r_1,r_2\}\leqslant r_3.$$

设向量组 A,B 的最大无关组分别为 A_0,B_0，A_0,B_0 合并而成的向量组为 (A_0,B_0)，则向量组 A,B 均可由 (A_0,B_0) 组线性表示，即 C 组可由 (A_0,B_0) 组线性表示，于是

$$r_3=\mathrm{R}(C)\leqslant\mathrm{R}(A_0,B_0),$$

因 (A_0,B_0) 组含有 r_1+r_2 个列向量，故 $\mathrm{R}(A_0,B_0)\leqslant r_1+r_2$，则

$$r_3\leqslant r_1+r_2.$$

综合得

$$\max\{r_1+r_2\}\leqslant r_3\leqslant r_1+r_2.$$

11. **证明** 设

$$\boldsymbol{A}=(\boldsymbol{\alpha}_1,\boldsymbol{\alpha}_2,\cdots,\boldsymbol{\alpha}_n),\quad \mathrm{R}(\boldsymbol{A})=s,$$
$$\boldsymbol{B}=(\boldsymbol{\beta}_1,\boldsymbol{\beta}_2,\cdots,\boldsymbol{\beta}_n),\quad \mathrm{R}(\boldsymbol{B})=t,$$

$\boldsymbol{A}$ 的一个极大无关组为 $\boldsymbol{\alpha}_1,\boldsymbol{\alpha}_2,\cdots,\boldsymbol{\alpha}_s$，$\boldsymbol{B}$ 的一个极大无关组为 $(\boldsymbol{\beta}_1,\boldsymbol{\beta}_2,\cdots,\boldsymbol{\beta}_t)$. 令

$$\boldsymbol{C}=(\boldsymbol{\alpha}_1,\boldsymbol{\alpha}_2,\cdots,\boldsymbol{\alpha}_s,\boldsymbol{\beta}_1,\boldsymbol{\beta}_2,\cdots,\boldsymbol{\beta}_t),$$

则有

$$\mathrm{R}(\boldsymbol{C})\leqslant s+t=\mathrm{R}(\boldsymbol{A})+\mathrm{R}(\boldsymbol{B}).$$

又设

$$\boldsymbol{D}=(\boldsymbol{\alpha}_1,\boldsymbol{\alpha}_2,\cdots,\boldsymbol{\alpha}_s,\boldsymbol{\beta}_1,\boldsymbol{\beta}_2,\cdots,\boldsymbol{\beta}_t)$$

则向量组 $\boldsymbol{D}$ 可由向量组 $\boldsymbol{C}$ 线性表示，所以

$$\mathrm{R}(\boldsymbol{D})\leqslant\mathrm{R}(\boldsymbol{C})\leqslant\mathrm{R}(\boldsymbol{A})+\mathrm{R}(\boldsymbol{B}).$$

又由于

$$\boldsymbol{A}+\boldsymbol{B}=(\boldsymbol{\alpha}_1+\boldsymbol{\beta}_1,\boldsymbol{\alpha}_2+\boldsymbol{\beta}_2,\cdots,\boldsymbol{\alpha}_1,\boldsymbol{\alpha}_2,\cdots,\boldsymbol{\alpha}_n+\boldsymbol{\beta}_n),$$

能由向量组 $\boldsymbol{D}$ 线性表示，所以

$$\mathrm{R}(\boldsymbol{A}+\boldsymbol{B})\leqslant\mathrm{R}(\boldsymbol{D}).$$

从而可得

$$\mathrm{R}(\boldsymbol{A}+\boldsymbol{B})\leqslant\mathrm{R}(\boldsymbol{A})+\mathrm{R}(\boldsymbol{B}).$$

12. **证明** 由题设

$$\boldsymbol{\beta}_1=\boldsymbol{\alpha}_1,$$
$$\boldsymbol{\beta}_2=k_{21}\boldsymbol{\beta}_1+\boldsymbol{\alpha}_2,$$

$$\boldsymbol{\beta}_3 = k_{31}\boldsymbol{\beta}_1 + k_{32}\boldsymbol{\beta}_2 + \boldsymbol{\alpha}_3,$$
$$\vdots$$
$$\boldsymbol{\beta}_m = k_{m1}\boldsymbol{\beta}_1 + k_{m2}\boldsymbol{\beta}_2 + \cdots + k_{m,m-1}\boldsymbol{\beta}_{m-1} + \boldsymbol{\alpha}_m$$

知向量组 $\boldsymbol{\beta}_1,\boldsymbol{\beta}_2,\cdots,\boldsymbol{\beta}_m$ 可由向量组 $\boldsymbol{\alpha}_1,\boldsymbol{\alpha}_2,\cdots,\boldsymbol{\alpha}_m$ 线性表示. 又可解得

$$\boldsymbol{\alpha}_1 = -\boldsymbol{\beta}_1,$$
$$\boldsymbol{\alpha}_2 = -k_{21}\boldsymbol{\beta}_1 + \boldsymbol{\beta}_2,$$
$$\boldsymbol{\alpha}_3 = -k_{31}\boldsymbol{\beta}_1 - k_{32}\boldsymbol{\beta}_2 + \boldsymbol{\beta}_3,$$
$$\vdots$$
$$\boldsymbol{\alpha}_m = -k_{m1}\boldsymbol{\beta}_1 - k_{m2}\boldsymbol{\beta}_2 - \cdots - k_{m,m-1}\boldsymbol{\beta}_{m-1} + \boldsymbol{\beta}_m.$$

可见向量组 $\boldsymbol{\alpha}_1,\boldsymbol{\alpha}_2,\cdots,\boldsymbol{\alpha}_m$ 又能由 $\boldsymbol{\beta}_1,\boldsymbol{\beta}_2,\cdots,\boldsymbol{\beta}_m$ 线性表示,从而向量组 $\boldsymbol{\alpha}_1,\boldsymbol{\alpha}_2,\cdots,\boldsymbol{\alpha}_m$ 与向量组 $\boldsymbol{\beta}_1,\boldsymbol{\beta}_2,\cdots,\boldsymbol{\beta}_m$ 等价,因此有相同的线性相关性,故 $\boldsymbol{\beta}_1,\boldsymbol{\beta}_2,\cdots,\boldsymbol{\beta}_m$ 线性无关.

13. **证明** 方法 1 用定义证明. 设

$$\lambda_1\boldsymbol{\alpha}_1+\lambda_2\boldsymbol{\alpha}_2+\cdots+\lambda_{i-1}\boldsymbol{\alpha}_{i-1}+\lambda\boldsymbol{\beta}+\lambda_{i+1}\boldsymbol{\alpha}_{i+1}+\cdots+\lambda_n\boldsymbol{\alpha}_n=\mathbf{0},$$

则 $\lambda=0$,否则

$$\boldsymbol{\beta}=-\frac{\lambda_1}{\lambda}\boldsymbol{\alpha}_1-\frac{\lambda_2}{\lambda}\boldsymbol{\alpha}_2-\cdots-\frac{\lambda_{i-1}}{\lambda}\boldsymbol{\alpha}_{i-1}-\frac{\lambda_{i+1}}{\lambda}\boldsymbol{\alpha}_{i+1}-\cdots-\frac{\lambda_n}{\lambda}\boldsymbol{\alpha}_n,$$

显然得到 $\boldsymbol{\alpha}_i$ 的系数为 0,这与题设

$$\boldsymbol{\beta}=k_1\boldsymbol{\alpha}_1+\cdots+k_i\boldsymbol{\alpha}_i+\cdots+k_n\boldsymbol{\alpha}_n \text{ 且 } k_i\neq 0(i=1,2,\cdots,n)$$

矛盾,故 $\lambda=0$. 第一式变成

$$\lambda_1\boldsymbol{\alpha}_1+\cdots+\lambda_{i-1}\boldsymbol{\alpha}_{i-1}+\lambda_{i+1}\boldsymbol{\alpha}_{i+1}+\cdots+\lambda_n\boldsymbol{\alpha}_n=\mathbf{0},$$

又由于 $\boldsymbol{\alpha}_1,\cdots,\boldsymbol{\alpha}_{i-1},\boldsymbol{\alpha}_i,\boldsymbol{\alpha}_{i+1},\cdots,\boldsymbol{\alpha}_n$ 线性无关,知 $\boldsymbol{\alpha}_1,\cdots,\boldsymbol{\alpha}_{i-1},\boldsymbol{\alpha}_{i+1},\cdots,\boldsymbol{\alpha}_n$ 也线性无关,得 $\lambda_1=\cdots=\lambda_{i-1}=\lambda_{i+1}=\cdots=\lambda_n=0$,又 $\lambda=0$,再由第一式知 $\boldsymbol{\alpha}_1,\cdots,\boldsymbol{\alpha}_{i-1},\boldsymbol{\beta},\boldsymbol{\alpha}_{i+1},\cdots,\boldsymbol{\alpha}_n$ 线性无关.

方法 2 令

$$\boldsymbol{B}=\begin{bmatrix}\boldsymbol{\alpha}_1\\ \vdots\\ \boldsymbol{\alpha}_{i-1}\\ \boldsymbol{\beta}\\ \boldsymbol{\alpha}_{i+1}\\ \vdots\\ \boldsymbol{\alpha}_n\end{bmatrix}=\begin{bmatrix}1&\cdots&0&0&0&\cdots&0\\ \vdots&&\vdots&\vdots&\vdots&&\vdots\\ 0&\cdots&1&0&0&\cdots&0\\ k_1&\cdots&k_{i-1}&k_i&k_{i+1}&\cdots&k_n\\ 0&\cdots&0&0&1&\cdots&0\\ \vdots&&\vdots&\vdots&\vdots&&\vdots\\ 0&\cdots&0&0&0&\cdots&1\end{bmatrix}\begin{bmatrix}\boldsymbol{\alpha}_1\\ \vdots\\ \boldsymbol{\alpha}_{i-1}\\ \boldsymbol{\alpha}_i\\ \boldsymbol{\alpha}_{i+1}\\ \vdots\\ \boldsymbol{\alpha}_n\end{bmatrix}=\boldsymbol{CA},$$

由于

$$|\boldsymbol{C}|=\begin{vmatrix}1&\cdots&0&0&0&\cdots&0\\\vdots&&\vdots&\vdots&\vdots&&\vdots\\0&\cdots&1&0&0&\cdots&0\\k_1&\cdots&k_{i-1}&k_i&k_{i+1}&\cdots&k_n\\0&\cdots&0&0&1&\cdots&0\\\vdots&&\vdots&\vdots&\vdots&&\vdots\\0&\cdots&0&0&0&\cdots&1\end{vmatrix}=k_i\neq 0,$$

则

$$\mathrm{R}(\boldsymbol{B})=\mathrm{R}(\boldsymbol{CA})=\mathrm{R}(\boldsymbol{A}).$$

由已知 $\boldsymbol{\alpha}_1,\boldsymbol{\alpha}_2,\cdots,\boldsymbol{\alpha}_n$ 线性无关,得 $\mathrm{R}(\boldsymbol{A})=n$,从而 $\mathrm{R}(\boldsymbol{B})=n$,故 $\boldsymbol{\alpha}_1,\boldsymbol{\alpha}_2,\cdots,\boldsymbol{\alpha}_n$ 线性无关.

14. **证明** 由已知

$$\boldsymbol{A\alpha}_1=\boldsymbol{\alpha}_1,\boldsymbol{A\alpha}_i=\boldsymbol{\alpha}_{i-1}+\boldsymbol{\alpha}_i\quad(i=2,3,\cdots,m).$$

则有

$$(\boldsymbol{A}-\boldsymbol{E})\boldsymbol{\alpha}_1=\boldsymbol{0},(\boldsymbol{A}-\boldsymbol{E})\boldsymbol{\alpha}_i=\boldsymbol{\alpha}_{i-1}\quad(i=2,3,\cdots,m).$$

从而有

$$\begin{aligned}&(\boldsymbol{A}-\boldsymbol{E})\boldsymbol{\alpha}_2=\boldsymbol{\alpha}_1,\quad(\boldsymbol{A}-\boldsymbol{E})\boldsymbol{\alpha}_1=\boldsymbol{0},\\&(\boldsymbol{A}-\boldsymbol{E})^2\boldsymbol{\alpha}_3=(\boldsymbol{A}-\boldsymbol{E})\boldsymbol{\alpha}_2=\boldsymbol{\alpha}_1,\\&(\boldsymbol{A}-\boldsymbol{E})^2\boldsymbol{\alpha}_2=(\boldsymbol{A}-\boldsymbol{E})(\boldsymbol{A}-\boldsymbol{E})\boldsymbol{\alpha}_2=(\boldsymbol{A}-\boldsymbol{E})\boldsymbol{\alpha}_1=\boldsymbol{0},\\&(\boldsymbol{A}-\boldsymbol{E})^3\boldsymbol{\alpha}_4=(\boldsymbol{A}-\boldsymbol{E})^2(\boldsymbol{A}-\boldsymbol{E})\boldsymbol{\alpha}_4=(\boldsymbol{A}-\boldsymbol{E})^2\boldsymbol{\alpha}_3=\boldsymbol{\alpha}_1,\\&(\boldsymbol{A}-\boldsymbol{E})^3\boldsymbol{\alpha}_3=(\boldsymbol{A}-\boldsymbol{E})^2(\boldsymbol{A}-\boldsymbol{E})\boldsymbol{\alpha}_3=(\boldsymbol{A}-\boldsymbol{E})^2\boldsymbol{\alpha}_2=\boldsymbol{0},\\&\qquad\vdots\\&(\boldsymbol{A}-\boldsymbol{E})^{m-1}\boldsymbol{\alpha}_m=\boldsymbol{\alpha}_1,\quad(\boldsymbol{A}-\boldsymbol{E})^m\boldsymbol{\alpha}_m=\boldsymbol{0}.\end{aligned}$$

于是对任意 $i(i=1,2,\cdots,m)$,都有

$$(\boldsymbol{A}-\boldsymbol{E})^{i-1}\boldsymbol{\alpha}_i=\boldsymbol{\alpha}_1,\quad(\boldsymbol{A}-\boldsymbol{E})^i\boldsymbol{\alpha}_i=\boldsymbol{0}.$$

令

$$k_1\boldsymbol{\alpha}_1+k_2\boldsymbol{\alpha}_2+\cdots+k_m\boldsymbol{\alpha}_m=\boldsymbol{0},$$

用 $(\boldsymbol{A}-\boldsymbol{E})^{m-1}$ 左乘上式两端,得 $k_m\boldsymbol{\alpha}_1=\boldsymbol{0}$,由于 $\boldsymbol{\alpha}_1\neq\boldsymbol{0}$,故 $k_m=0$,于是有

$$k_1\boldsymbol{\alpha}_1+k_2\boldsymbol{\alpha}_2+\cdots+k_{m-1}\boldsymbol{\alpha}_{m-1}=\boldsymbol{0}.$$

用 $(\boldsymbol{A}-\boldsymbol{E})^{m-2}$ 左乘上式,得 $k_{m-1}=0$,依次类推,得 $k_1,k_2,\cdots,k_m$ 都为 0,则 $\boldsymbol{\alpha}_1,\boldsymbol{\alpha}_2,\cdots,\boldsymbol{\alpha}_m$ 线性无关.

综合练习3

1. 填空题

(1) 设向量组 $\boldsymbol{\alpha}_1=(1,1,1)$，$\boldsymbol{\alpha}_2=(1,2,1)$，$\boldsymbol{\alpha}_3=(1,3,t)$线性相关，则 $t=$ ________.

(2) 已知 $\boldsymbol{\alpha}_1,\boldsymbol{\alpha}_2,\boldsymbol{\alpha}_3$ 线性无关. $\boldsymbol{\beta}_1=(m-1)\boldsymbol{\alpha}_1+\boldsymbol{\alpha}_2+\boldsymbol{\alpha}_3$，$\boldsymbol{\beta}_2=\boldsymbol{\alpha}_1+(m+1)\boldsymbol{\alpha}_2+\boldsymbol{\alpha}_3$，$\boldsymbol{\beta}_3=-\boldsymbol{\alpha}_1-(1-m)\boldsymbol{\alpha}_2+(1-m)\boldsymbol{\alpha}_3$，则 $\mathrm{R}(\boldsymbol{\beta}_1,\boldsymbol{\beta}_2,\boldsymbol{\beta}_3)$ 与 m 之间的关系为________.

(3) 设 $\boldsymbol{A}$ 是 4×3 矩阵，且 $\mathrm{R}(\boldsymbol{A})=2$，而

$$\boldsymbol{B}=\begin{bmatrix}1&0&2\\0&2&0\\-1&0&3\end{bmatrix}$$

则 $\mathrm{R}(\boldsymbol{AB})=$ ________.

(4) 已知 $\mathrm{R}(\boldsymbol{\alpha}_1,\boldsymbol{\alpha}_2,\cdots,\boldsymbol{\alpha}_s,\boldsymbol{\beta})=\mathrm{R}(\boldsymbol{\alpha}_1,\boldsymbol{\alpha}_2,\cdots,\boldsymbol{\alpha}_s)=k$，$\mathrm{R}(\boldsymbol{\alpha}_1,\boldsymbol{\alpha}_2,\cdots,\boldsymbol{\alpha}_s,\boldsymbol{\gamma})=k+1$，则 $\mathrm{R}(\boldsymbol{\alpha}_1,\cdots,\boldsymbol{\alpha}_s,\boldsymbol{\beta},\boldsymbol{\gamma})=$ ________.

(5) 设向量组 $\boldsymbol{\alpha}_1=(1,3,-1)$，$\boldsymbol{\alpha}_2=(-1,0,2)$，$\boldsymbol{\alpha}_3=(3,k,-4)$，当 $k=$ ________时，$\boldsymbol{\alpha}_1,\boldsymbol{\alpha}_2,\boldsymbol{\alpha}_3$ 线性相关，此时它的一个极大无关组为________.

2. 选择题

(1) 设矩阵 $\boldsymbol{A}_{m\times n}$ 的秩 $\mathrm{R}(\boldsymbol{A})=m<n$，$\boldsymbol{D}$ 为可逆矩阵，下列结论正确的是(　　).

(A) $\boldsymbol{A}$ 的任意 m 个列向量线性无关

(B) $\boldsymbol{A}$ 的任意 m 阶子式都不等于零

(C) $\mathrm{R}(\boldsymbol{DA})=m$

(D) 存在 $m+1$ 个列向量线性无关

(2) 不是向量组 $\boldsymbol{\alpha}_1,\boldsymbol{\alpha}_2,\cdots,\boldsymbol{\alpha}_m$ 线性无关的充分必要条件是(　　).

(A) $\boldsymbol{\alpha}_1,\boldsymbol{\alpha}_2,\cdots,\boldsymbol{\alpha}_m$ 中任意两个向量都线性无关

(B) $\boldsymbol{\alpha}_1,\boldsymbol{\alpha}_2,\cdots,\boldsymbol{\alpha}_m$ 中没有一个向量能由其余的向量线性表示

(C) $\mathrm{R}(\boldsymbol{\alpha}_1,\boldsymbol{\alpha}_2,\cdots,\boldsymbol{\alpha}_m)=m$

(D) 任何一组不全为0的数 $k_1,k_2,\cdots,k_m$ 都使 $k_1\boldsymbol{\alpha}_1+k_2\boldsymbol{\alpha}_2+\cdots+k_m\boldsymbol{\alpha}_m\neq\boldsymbol{0}$

(3) 设 $\boldsymbol{\beta},\boldsymbol{\alpha}_1,\boldsymbol{\alpha}_2,\boldsymbol{\alpha}_3$ 线性相关，$\boldsymbol{\beta},\boldsymbol{\alpha}_1,\boldsymbol{\alpha}_2,\boldsymbol{\alpha}_3,\boldsymbol{\alpha}_4$ 线性无关，则下面结论正确的是(　　).

(A) $\boldsymbol{\alpha}_1,\boldsymbol{\alpha}_2,\boldsymbol{\alpha}_3,\boldsymbol{\alpha}_4$ 线性相关

(B) $\boldsymbol{\alpha}_1,\boldsymbol{\alpha}_2,\boldsymbol{\alpha}_3,\boldsymbol{\alpha}_4$ 线性无关

(C) $\boldsymbol{\alpha}_1$ 能由 $\boldsymbol{\beta},\boldsymbol{\alpha}_2,\boldsymbol{\alpha}_3,\boldsymbol{\alpha}_4$ 线性表示

(D) $\boldsymbol{\beta}$ 能由 $\boldsymbol{\alpha}_2,\boldsymbol{\alpha}_3,\boldsymbol{\alpha}_4$ 线性表示

(4) 设向量组(Ⅰ):$\boldsymbol{\alpha}_1,\boldsymbol{\alpha}_2,\cdots,\boldsymbol{\alpha}_r$ 能由向量组(Ⅱ):$\boldsymbol{\beta}_1,\boldsymbol{\beta}_2,\cdots,\boldsymbol{\beta}_s$ 线性表示,则下面结论正确的是(　　).

(A) $r<s$ 时,向量组(Ⅱ)线性无关

(B) $r>s$ 时,向量组(Ⅱ)线性相关

(C) $r<s$ 时,向量组(Ⅰ)线性无关

(D) $r>s$ 时,向量组(Ⅰ)线性相关

(5) 设向量组 $\boldsymbol{\alpha}_1,\boldsymbol{\alpha}_2,\boldsymbol{\alpha}_3$ 线性无关,向量 $\boldsymbol{\beta}_1$ 可由 $\boldsymbol{\alpha}_1,\boldsymbol{\alpha}_2,\boldsymbol{\alpha}_3$ 线性表示,而向量 $\boldsymbol{\beta}_2$ 不能由 $\boldsymbol{\alpha}_1,\boldsymbol{\alpha}_2,\boldsymbol{\alpha}_3$ 线性表示,则对于任意数 k.必有(　　).

(A) $\boldsymbol{\alpha}_1,\boldsymbol{\alpha}_2,\boldsymbol{\alpha}_3,k\boldsymbol{\beta}_1+\boldsymbol{\beta}_2$ 线性相关

(B) $\boldsymbol{\alpha}_1,\boldsymbol{\alpha}_2,\boldsymbol{\alpha}_3,k\boldsymbol{\beta}_1+\boldsymbol{\beta}_2$ 线性无关

(C) $\boldsymbol{\alpha}_1,\boldsymbol{\alpha}_2,\boldsymbol{\alpha}_3,\boldsymbol{\beta}_1+k\boldsymbol{\beta}_2$ 线性无关

(D) $\boldsymbol{\alpha}_1,\boldsymbol{\alpha}_2,\boldsymbol{\alpha}_3,\boldsymbol{\beta}_1+k\boldsymbol{\beta}_2$ 线性相关

3. 解答题

(1) 设向量组 $\boldsymbol{\alpha}_1=(1,0,2,1),\boldsymbol{\alpha}_2=(1,2,0,1),\boldsymbol{\alpha}_3=(2,1,3,0),\boldsymbol{\alpha}_4=(2,5,-1,4)$,求 $\mathrm{R}(\boldsymbol{\alpha}_1,\boldsymbol{\alpha}_2,\boldsymbol{\alpha}_3,\boldsymbol{\alpha}_4)$和该向量组的一个极大无关组.

(2) 求单位向量 $\boldsymbol{\beta}_3$,使向量组 $\boldsymbol{\beta}_1=(1,1,0)^{\mathrm{T}},\boldsymbol{\beta}_2=(1,1,1)^{\mathrm{T}},\boldsymbol{\beta}_3$ 与向量组 $\boldsymbol{\alpha}_1=(0,1,1)^{\mathrm{T}},\boldsymbol{\alpha}_2=(1,2,1)^{\mathrm{T}},\boldsymbol{\alpha}_3=(1,0,-1)^{\mathrm{T}}$ 的秩相同,且 $\boldsymbol{\beta}_3$ 可由 $\boldsymbol{\alpha}_1,\boldsymbol{\alpha}_2,\boldsymbol{\alpha}_3$ 线性表示.

(3) 设向量组 $\boldsymbol{\alpha}_1=(1,0,2,3)^{\mathrm{T}},\boldsymbol{\alpha}_2=(-1,-2,2,1)^{\mathrm{T}},\boldsymbol{\alpha}_3=(3,-1,1,p+2)^{\mathrm{T}},\boldsymbol{\alpha}_4=(-2,-6,4,p)^{\mathrm{T}}$, ①$p$ 为何值时,该向量组线性无关?并在此时将向量 $\boldsymbol{\alpha}=(4,-3,7,10)^{\mathrm{T}}$ 用 $\boldsymbol{\alpha}_1,\boldsymbol{\alpha}_2,\boldsymbol{\alpha}_3,\boldsymbol{\alpha}_4$ 线性表示;②p 为何值时,该向量组线性相关?并在此时求出它的秩的一个极大无关组.

(4) 已知四维向量空间$\mathbb{R}^4$的向量 $\boldsymbol{\alpha}$ 在基 $\boldsymbol{\alpha}_1,\boldsymbol{\alpha}_2,\boldsymbol{\alpha}_3,\boldsymbol{\alpha}_4$ 下的表达式为 $\boldsymbol{\alpha}=4\boldsymbol{\alpha}_1-2\boldsymbol{\alpha}_2+4\boldsymbol{\alpha}_3+\boldsymbol{\alpha}_4$,又设$\mathbb{R}^4$的另一个基为 $\boldsymbol{\beta}_1=\boldsymbol{\alpha}_1,\boldsymbol{\beta}_2=2\boldsymbol{\alpha}_1+\boldsymbol{\alpha}_2,\boldsymbol{\beta}_3=-3\boldsymbol{\alpha}_1-2\boldsymbol{\alpha}_2+\boldsymbol{\alpha}_3,\boldsymbol{\beta}_4=4\boldsymbol{\alpha}_1-\boldsymbol{\alpha}_2+3\boldsymbol{\alpha}_3+\boldsymbol{\alpha}_4$. ①求由基 $\boldsymbol{\beta}_1,\boldsymbol{\beta}_2,\boldsymbol{\beta}_3,\boldsymbol{\beta}_4$ 到基 $\boldsymbol{\alpha}_1,\boldsymbol{\alpha}_2,\boldsymbol{\alpha}_3,\boldsymbol{\alpha}_4$ 的过渡矩阵;②求向量 $\boldsymbol{\alpha}$ 在基$\boldsymbol{\beta}_1,\boldsymbol{\beta}_2,\boldsymbol{\beta}_3,\boldsymbol{\beta}_4$ 下的坐标.

综合练习3参考答案与提示

1. (1) $t=1$.

(2) 当 $m=2$ 或 $m=\pm\sqrt{2}$时,$\mathrm{R}(\boldsymbol{\beta}_1,\boldsymbol{\beta}_2,\boldsymbol{\beta}_3)=2$;当 $m\neq 2$ 且当 $m\neq\pm\sqrt{2}$ 时,$\mathrm{R}(\boldsymbol{\beta}_1,\boldsymbol{\beta}_2,\boldsymbol{\beta}_3)=3$.

(3) 2.

(4) $k+1$. 提示:

因为 $R(\boldsymbol{\alpha}_1,\boldsymbol{\alpha}_2,\cdots,\boldsymbol{\alpha}_s)=k$，不妨设 $\boldsymbol{\alpha}_1,\boldsymbol{\alpha}_2,\cdots,\boldsymbol{\alpha}_k(k\leqslant s)$ 为向量组 $\boldsymbol{\alpha}_1,\boldsymbol{\alpha}_2,\cdots,\boldsymbol{\alpha}_s$ 的一个极大无关组，则由 $R(\boldsymbol{\alpha}_1,\boldsymbol{\alpha}_2,\cdots,\boldsymbol{\alpha}_s,\boldsymbol{\beta})=k$ 知 $\boldsymbol{\alpha}_1,\boldsymbol{\alpha}_2,\cdots,\boldsymbol{\alpha}_k$ 也是 $\boldsymbol{\alpha}_1,\boldsymbol{\alpha}_2,\cdots,\boldsymbol{\alpha}_s,\boldsymbol{\beta}$ 的一个极大无关组，于是 $\boldsymbol{\beta}$ 能由 $\boldsymbol{\alpha}_1,\boldsymbol{\alpha}_2,\cdots,\boldsymbol{\alpha}_k$ 线性表示，因此 $\boldsymbol{\alpha}_1,\boldsymbol{\alpha}_2,\cdots,\boldsymbol{\alpha}_s$ 与 $\boldsymbol{\alpha}_1,\boldsymbol{\alpha}_2,\cdots,\boldsymbol{\alpha}_s,\boldsymbol{\beta}$ 可以互相线性表示，从而等价，故 $\boldsymbol{\alpha}_1,\boldsymbol{\alpha}_2,\cdots,\boldsymbol{\alpha}_s,\boldsymbol{\beta},\boldsymbol{\gamma}$ 与 $\boldsymbol{\alpha}_1,\boldsymbol{\alpha}_2,\cdots,\boldsymbol{\alpha}_s,\boldsymbol{\gamma}$ 等价. 因而 $R(\boldsymbol{\alpha}_1,\boldsymbol{\alpha}_2,\cdots,\boldsymbol{\alpha}_s,\boldsymbol{\beta},\boldsymbol{\gamma})=R(\boldsymbol{\alpha}_1,\boldsymbol{\alpha}_2,\cdots,\boldsymbol{\alpha}_s,\boldsymbol{\gamma})=k+1$.

(5) $k=6$；$\boldsymbol{\alpha}_1,\boldsymbol{\alpha}_2$.

2. (1) (C)；　(2) (A)；　(3) (C)；　(4) (D)；　(5) (B).

3. (1) $R(\boldsymbol{\alpha}_1,\boldsymbol{\alpha}_2,\boldsymbol{\alpha}_3,\boldsymbol{\alpha}_4)=3$，极大无关组为 $\boldsymbol{\alpha}_1,\boldsymbol{\alpha}_2,\boldsymbol{\alpha}_3$.

(2) $\boldsymbol{\beta}_3=\left(\frac{1}{\sqrt{2}},\frac{1}{\sqrt{2}},0\right)^{\mathrm{T}}$ 或 $\boldsymbol{\beta}_3=\left(-\frac{1}{\sqrt{2}},\frac{1}{\sqrt{2}},0\right)^{\mathrm{T}}$.

(3) ① 当 $p\neq 2$ 时，向量组 $\boldsymbol{\alpha}_1,\boldsymbol{\alpha}_2,\boldsymbol{\alpha}_3,\boldsymbol{\alpha}_4$ 线性无关，且

$$\boldsymbol{\alpha}=2\boldsymbol{\alpha}_1+\frac{3P-4}{P-2}\boldsymbol{\alpha}_2+\boldsymbol{\alpha}_3+\frac{1-P}{P-2}\boldsymbol{\alpha}_4.$$

② 当 $P=2$ 时，向量组 $\boldsymbol{\alpha}_1,\boldsymbol{\alpha}_2,\boldsymbol{\alpha}_3,\boldsymbol{\alpha}_4$ 线性相关，$R(\boldsymbol{\alpha}_1,\boldsymbol{\alpha}_2,\boldsymbol{\alpha}_3,\boldsymbol{\alpha}_4)=3$. 且 $\boldsymbol{\alpha}_1,\boldsymbol{\alpha}_2,\boldsymbol{\alpha}_3$ 是一个极大无关组.

(4) ① $P=\begin{bmatrix}1 & -2 & -1 & -3\\ 0 & 1 & 2 & -5\\ 0 & 0 & 1 & -3\\ 0 & 0 & 0 & 1\end{bmatrix}$，　② $\begin{bmatrix}y_1\\ y_2\\ y_3\\ y_4\end{bmatrix}=\begin{bmatrix}-8\\ -11\\ 7\\ 1\end{bmatrix}$.

第4章 线性方程组

线性方程组的理论是线性代数的重要内容之一，在科学技术的许多分支，如网络理论，结构分析，最优化方法和经济管理中的许多计算问题都可归结为线性方程组的求解问题，特别是它在经济预测和经济管理中有着十分广泛的应用.

本章重点　线性方程组有解的充分必要条件；齐次线性方程组的基础解系；齐次、非齐次线性方程组通解的结构；用初等变换法求线性方程组的解及线性方程在经济领域中的应用.

本章难点　齐次线性方程组的基础解系；非齐次线性方程组解的存在性，解的结构及求解的方法.

一、主要内容

本章主要讨论齐次线性方程组和非齐次线性方程组解的存在性，解的结构及解的求法，线性方程组在经济预测和经济管理中的应用.

二、教学要求

1. 正确理解齐次线性方程组有非零解的充分必要条件和非齐次线性方程组有解的充分必要条件.

2. 深刻理解齐次线性方程组与其对应的非齐次线性方程组解的关系及解的结构.

3. 熟练掌握用初等行变换求解线性方程组的方法.

三、例题选讲

例 4.1　设 $\boldsymbol{A}=(a_{ij})$ 为 n 阶矩阵，且 $|\boldsymbol{A}|=0$，a_{kj} 代数余子式 $A_{kj}\neq 0$，则 $\boldsymbol{Ax}=\boldsymbol{0}$ 的通解为________.

解　由于 $|\boldsymbol{A}|=0$，而 $A_{kj}\neq 0(j=1,2,\cdots,n)$ 得 $\mathrm{R}(\boldsymbol{A})=n-1$，于是 $\boldsymbol{Ax}=\boldsymbol{0}$ 的基础解系含解向量的个数为 $n-\mathrm{R}(\boldsymbol{A})=1$. 又由

$$a_{i1}A_{k1}+a_{i2}A_{k2}+\cdots+a_{in}A_{kn}=\begin{cases}0, & i\neq k,\\ |\boldsymbol{A}|=0, & i=k\end{cases}$$

知，向量 $(A_{k1},A_{k2},\cdots,A_{kn})^{\mathrm{T}}$ 是 $\boldsymbol{Ax}=\boldsymbol{0}$ 的非零解，可作为 $\boldsymbol{Ax}=\boldsymbol{0}$ 的基础解系，故 $\boldsymbol{Ax}=\boldsymbol{0}$ 的通解为 $k(A_{k1},A_{k2},\cdots,A_{kn})^{\mathrm{T}}$，$k$ 为任意常数. 所以，应填 $k(A_{k1},A_{k2},\cdots,$

$A_{kn})^T$，k 为任意常数.

例 4.2　设四元线性方程组 $\boldsymbol{Ax}=\boldsymbol{b}$，且 $R(\boldsymbol{A})=3$，已知 $\boldsymbol{\alpha}_1,\boldsymbol{\alpha}_2,\boldsymbol{\alpha}_3$ 是其 3 个解向量，其中 $\boldsymbol{\alpha}_1=(2,0,0,5)^T$，$\boldsymbol{\alpha}_2+\boldsymbol{\alpha}_3=(2,0,0,6)^T$，则方程组 $\boldsymbol{Ax}=\boldsymbol{b}$ 的通解为________.

解　方法 1　由已知，方程组 $\boldsymbol{Ax}=\boldsymbol{0}$ 的基础解系含 $4-R(\boldsymbol{A})=1$ 个解向量，而由

$$\begin{aligned}\boldsymbol{A}[2\boldsymbol{\alpha}_1-(\boldsymbol{\alpha}_2+\boldsymbol{\alpha}_3)]&=2\boldsymbol{A\alpha}_1-\boldsymbol{A\alpha}_2-\boldsymbol{A\alpha}_3\\&=2\boldsymbol{b}-\boldsymbol{b}-\boldsymbol{b}=\boldsymbol{0}\end{aligned}$$

知，$\boldsymbol{\xi}=2\boldsymbol{\alpha}_1-(\boldsymbol{\alpha}_2+\boldsymbol{\alpha}_3)$ 是 $\boldsymbol{Ax}=\boldsymbol{0}$ 的解，即

$$\boldsymbol{\xi}=\begin{bmatrix}4\\0\\0\\10\end{bmatrix}-\begin{bmatrix}2\\0\\0\\6\end{bmatrix}=\begin{bmatrix}2\\0\\0\\4\end{bmatrix},$$

由于 $\boldsymbol{\xi}\neq\boldsymbol{0}$，故可作为 $\boldsymbol{Ax}=\boldsymbol{0}$ 的基础解系，从而 $\boldsymbol{Ax}=\boldsymbol{b}$ 的通解为

$$\boldsymbol{x}=k\begin{bmatrix}1\\0\\0\\2\end{bmatrix}+\begin{bmatrix}2\\0\\0\\5\end{bmatrix},\quad \text{其中 } k \text{ 为任意常数.}$$

故应填 $k(1,0,0,2)^T+(2,0,0,5)^T$，k 为任意常数.

方法 2　由已知，方程组 $\boldsymbol{Ax}=\boldsymbol{0}$ 的基础解系有 1 个解向量，再由齐次线性方程组和其对应的非齐次线性方程组解的性质可知

$$\boldsymbol{\xi}=\boldsymbol{\alpha}_1-\frac{\boldsymbol{\alpha}_2+\boldsymbol{\alpha}_3}{2}=\begin{bmatrix}2\\0\\0\\5\end{bmatrix}-\begin{bmatrix}1\\0\\0\\3\end{bmatrix}=\begin{bmatrix}1\\0\\0\\2\end{bmatrix}$$

为 $\boldsymbol{Ax}=\boldsymbol{0}$ 的一个非零解，可作为 $\boldsymbol{Ax}=0$ 的基础解系，从而 $\boldsymbol{Ax}=\boldsymbol{b}$ 的通解为

$$\boldsymbol{x}=k\begin{bmatrix}1\\0\\0\\2\end{bmatrix}+\begin{bmatrix}2\\0\\0\\5\end{bmatrix},\quad \text{其中 } k \text{ 为任意常数.}$$

故应填 $\boldsymbol{x}=k(1,0,0,2)^T+(2,0,0,5)^T$，$k$ 为任意常数.

例 4.3　设 $\boldsymbol{\eta}_1,\boldsymbol{\eta}_2,\cdots,\boldsymbol{\eta}_s$ 是非齐次线性方程组 $\boldsymbol{Ax}=\boldsymbol{b}$ 的解，$k_1\boldsymbol{\eta}_1+k_2\boldsymbol{\eta}_2+\cdots+k_s\boldsymbol{\eta}_s$ 也是 $\boldsymbol{Ax}=\boldsymbol{b}$ 的解，则 $k_1,k_2,\cdots,k_s$ 应满足的关系为________.

解　由已知有 $\boldsymbol{A\eta}_1=\boldsymbol{b},\boldsymbol{A\eta}_2=\boldsymbol{b},\cdots,\boldsymbol{A\eta}_s=\boldsymbol{b}$，于是有

$$A(k_1\boldsymbol{\eta}_1+k_2\boldsymbol{\eta}_2+\cdots+k_s\boldsymbol{\eta}_s)=k_1\boldsymbol{b}+k_2\boldsymbol{b}+\cdots+k_s\boldsymbol{b}$$
$$=(k_1+k_2+\cdots+k_s)\boldsymbol{b}=\boldsymbol{b}.$$

故 $k_1+k_2+\cdots+k_s=1$. 因此应填 $k_1+k_2+\cdots+k_s=1$.

例 4.4 设线性方程组

$$\begin{cases}x_1-2x_2+2x_3=0,\\2x_1-x_2+\lambda x_3=0,\\x_1+2x_2-x_3=0\end{cases}$$

的系数矩阵为 $\boldsymbol{A}$,且存在三阶矩阵 $\boldsymbol{B}\neq\boldsymbol{0}$,使得 $\boldsymbol{AB}=\boldsymbol{0}$,则 $\lambda=$________.

解 由题设条件知存在三阶矩阵 $\boldsymbol{B}\neq\boldsymbol{0}$,使 $\boldsymbol{AB}=\boldsymbol{0}$,这说明方程组 $\boldsymbol{Ax}=\boldsymbol{0}$ 有非零解,根据齐次线性方程组有非零解的充分必要条件得

$$|\boldsymbol{A}|=\begin{vmatrix}1&-2&2\\2&-1&\lambda\\1&2&-1\end{vmatrix}=-4\lambda+7=0,$$

得 $\lambda=\frac{7}{4}$. 故应填 $\frac{7}{4}$.

例 4.5 已知线性方程组

$$\begin{cases}x_1+2x_2+x_3=1,\\2x_1+3x_2+(a+2)x_3=3,\\x_1+ax_2-2x_3=0\end{cases}$$

无解,则 $a=$________.

解 对方程组的增广矩阵 $\boldsymbol{B}$ 施以初等行变换,得

$$\boldsymbol{B}=\begin{bmatrix}1&2&1&1\\2&3&a+2&3\\1&a&-2&0\end{bmatrix}\xrightarrow[-r_1+r_3]{-2r_1+r_2}\begin{bmatrix}1&2&1&1\\0&-1&a&1\\1&a-2&-3&-1\end{bmatrix}$$

$$\xrightarrow{(a-2)r_2+r_3}\begin{bmatrix}1&2&1&1\\0&-1&a&1\\0&0&(a-3)(a+1)&a-3\end{bmatrix}.$$

显然,当 $a=-1$ 时,系数矩阵 $\boldsymbol{A}$ 的秩 $R(\boldsymbol{A})=2$,而增广矩阵 $\boldsymbol{B}$ 的秩为 $R(\boldsymbol{B})=3$,此时方程组无解. 故应填 $a=-1$.

例 4.6 设 $\boldsymbol{A}$ 为 $m\times n$ 矩阵,且 $R(\boldsymbol{A})=n-1$,$\boldsymbol{\alpha}_1,\boldsymbol{\alpha}_2$ 是 $\boldsymbol{Ax}=\boldsymbol{0}$ 的两个不同的解向量,k 为任意的常数,则 $\boldsymbol{Ax}=\boldsymbol{0}$ 的通解为(　　).

(A) $k\boldsymbol{\alpha}_1$　　(B) $k\boldsymbol{\alpha}_2$　　(C) $k(\boldsymbol{\alpha}_1-\boldsymbol{\alpha}_2)$　　(D) $k(\boldsymbol{\alpha}_1+\boldsymbol{\alpha}_2)$

解 根据齐次线性方程组解的性质可知(A)、(B)、(C)、(D)表示的都是 $\boldsymbol{Ax}=\boldsymbol{0}$ 的解,再根据齐次线性方程组通解的结构,其通解为基础解系的线性组合. 由于 $R(\boldsymbol{A})=n-1$,所以,其基础解系应有一个解向量,再由一个向量是线性

无关的充分必要条件是它不是零向量，而 $\boldsymbol{\alpha}_1$ 与 $\boldsymbol{\alpha}_2$ 是两个不同的解，所以，$\boldsymbol{\alpha}_1-\boldsymbol{\alpha}_2\neq\boldsymbol{0}$，可作为 $\boldsymbol{A}\boldsymbol{x}=\boldsymbol{0}$ 的基础解系，故 $\boldsymbol{A}\boldsymbol{x}=\boldsymbol{0}$ 的通解为 $k(\boldsymbol{\alpha}_1-\boldsymbol{\alpha}_2)$. 因此，应选(C).

例 4.7　设 $\boldsymbol{\beta}_1,\boldsymbol{\beta}_2$ 是 $\boldsymbol{A}\boldsymbol{x}=\boldsymbol{b}$ 的两个不同的解，$\boldsymbol{\alpha}_1,\boldsymbol{\alpha}_2$ 是其对应的齐次线性方程组 $\boldsymbol{A}\boldsymbol{x}=\boldsymbol{0}$ 的基础解系，k_1,k_2 是任意的常数，则 $\boldsymbol{A}\boldsymbol{x}=\boldsymbol{b}$ 的通解为(　　).

(A) $k_1\boldsymbol{\alpha}_1+k_2(\boldsymbol{\alpha}_1+\boldsymbol{\alpha}_2)+\dfrac{\boldsymbol{\beta}_1-\boldsymbol{\beta}_2}{2}$　　(B) $k_1\boldsymbol{\alpha}_1+k_2(\boldsymbol{\beta}_1-\boldsymbol{\beta}_2)+\dfrac{\boldsymbol{\beta}_1+\boldsymbol{\beta}_2}{2}$

(C) $k_1\boldsymbol{\alpha}_1+k_2(\boldsymbol{\beta}_1-\boldsymbol{\beta}_2)+\boldsymbol{\alpha}_1+\boldsymbol{\beta}_1$　　(D) $k_1\boldsymbol{\alpha}_1+k_2(\boldsymbol{\alpha}_1-\boldsymbol{\alpha}_2)+\dfrac{\boldsymbol{\beta}_1+\boldsymbol{\beta}_2}{2}$

解　由于 $\dfrac{\boldsymbol{\beta}_1-\boldsymbol{\beta}_2}{2}$ 是 $\boldsymbol{A}\boldsymbol{x}=\boldsymbol{0}$ 的解，根据齐次线性方程组解的性质，(A)是 $\boldsymbol{A}\boldsymbol{x}=\boldsymbol{0}$ 的解，所以不能选择(A). 虽然 $\dfrac{\boldsymbol{\beta}_1+\boldsymbol{\beta}_2}{2}$，$\boldsymbol{\alpha}_1+\boldsymbol{\beta}_1$ 都是 $\boldsymbol{A}\boldsymbol{x}=\boldsymbol{b}$ 的解，且 $\boldsymbol{\beta}_1-\boldsymbol{\beta}_2$ 和 $\boldsymbol{\alpha}_1-\boldsymbol{\alpha}_2$ 都是 $\boldsymbol{A}\boldsymbol{x}=\boldsymbol{0}$ 的解，但是 $\boldsymbol{\alpha}_1$ 与 $\boldsymbol{\beta}_1-\boldsymbol{\beta}_2$ 是否线性无关不能确定，因而排除(B)和(C). 对于(D)，由于 $\dfrac{\boldsymbol{\beta}_1+\boldsymbol{\beta}_2}{2}$ 是 $\boldsymbol{A}\boldsymbol{x}=\boldsymbol{b}$ 的解，且可以证明 $\boldsymbol{\alpha}_1$ 与 $\boldsymbol{\alpha}_1-\boldsymbol{\alpha}_2$ 线性无关，可作为 $\boldsymbol{A}\boldsymbol{x}=\boldsymbol{0}$ 的基础解系，从而(D) 是 $\boldsymbol{A}\boldsymbol{x}=\boldsymbol{b}$ 的通解，故选(D).

例 4.8　n 元非齐次线性方程组 $\boldsymbol{A}\boldsymbol{x}=\boldsymbol{b}$ 与其对应的齐次线性方程组 $\boldsymbol{A}\boldsymbol{x}=\boldsymbol{0}$ 满足(　　).

(A) 若 $\boldsymbol{A}\boldsymbol{x}=\boldsymbol{0}$ 有唯一解，则 $\boldsymbol{A}\boldsymbol{x}=\boldsymbol{b}$ 也有唯一解

(B) 若 $\boldsymbol{A}\boldsymbol{x}=\boldsymbol{b}$ 有无穷多个解，则 $\boldsymbol{A}\boldsymbol{x}=\boldsymbol{0}$ 也有无穷多个解

(C) 若 $\boldsymbol{A}\boldsymbol{x}=\boldsymbol{0}$ 有无穷多个解，则 $\boldsymbol{A}\boldsymbol{x}=\boldsymbol{b}$ 也有无穷多个解

(D) 若 $\boldsymbol{A}\boldsymbol{x}=\boldsymbol{0}$ 有唯一解，则 $\boldsymbol{A}\boldsymbol{x}=\boldsymbol{b}$ 无解

解　因当 $\boldsymbol{A}\boldsymbol{x}=\boldsymbol{b}$ 有无穷多个解，则必有 $\mathrm{R}(\boldsymbol{A})=\mathrm{R}(\boldsymbol{A},\boldsymbol{b})<n$，从而 $\boldsymbol{A}\boldsymbol{x}=\boldsymbol{0}$ 有无穷多个解，故选(B). 而(A)、(C)、(D)均不成立.

例 4.9　设 $\boldsymbol{A}$ 是 $m\times n$ 矩阵，$\boldsymbol{B}$ 是 $n\times m$ 矩阵，则方程组 $(\boldsymbol{AB})\boldsymbol{x}=\boldsymbol{0}$ (　　).

(A) 当 $n>m$ 时仅有零解　　(B) 当 $n>m$ 时必有非零解

(C) 当 $m>n$ 时仅有零解　　(D) 当 $m>n$ 时必有非零解

解　因为 $\boldsymbol{AB}$ 是 m 阶矩阵，所以方程组 $(\boldsymbol{AB})\boldsymbol{x}=\boldsymbol{0}$ 有非零解的充要条件是 $\mathrm{R}(\boldsymbol{AB})<m$. 而

$$\mathrm{R}(\boldsymbol{AB})\leqslant\mathrm{R}(\boldsymbol{A})\leqslant\min\{m,n\}\leqslant n,$$

所以，当 $n<m$ 时，有 $\mathrm{R}(\boldsymbol{AB})<m$，此时方程组 $(\boldsymbol{AB})\boldsymbol{x}=\boldsymbol{0}$ 必有非零解. 故(D)正确，选(D).

例 4.10　设 $\boldsymbol{A}$ 是 n 阶矩阵，$\boldsymbol{\alpha}$ 是 n 维列向量，若 $\mathrm{R}\begin{bmatrix}\boldsymbol{A} & \boldsymbol{\alpha}\\ \boldsymbol{\alpha}^{\mathrm{T}} & 0\end{bmatrix}=\mathrm{R}(\boldsymbol{A})$，则线性

方程组(　　).

(A) $\boldsymbol{A}\boldsymbol{x}=\boldsymbol{\alpha}$ 必有无穷多解　　(B) $\boldsymbol{A}\boldsymbol{x}=\boldsymbol{\alpha}$ 必有唯一解

(C) $\begin{bmatrix}\boldsymbol{A} & \boldsymbol{\alpha}\\ \boldsymbol{\alpha}^{\mathrm{T}} & 0\end{bmatrix}\begin{bmatrix}\boldsymbol{x}\\ y\end{bmatrix}=\boldsymbol{0}$ 仅有零解　　(D) $\begin{bmatrix}\boldsymbol{A} & \boldsymbol{\alpha}\\ \boldsymbol{\alpha}^{\mathrm{T}} & 0\end{bmatrix}\begin{bmatrix}\boldsymbol{x}\\ y\end{bmatrix}=\boldsymbol{0}$ 必有非零解.

解　由

$$\mathrm{R}(\boldsymbol{A})\leqslant \mathrm{R}(\boldsymbol{A},\boldsymbol{\alpha})\leqslant \mathrm{R}\begin{bmatrix}\boldsymbol{A} & \boldsymbol{\alpha}\\ \boldsymbol{\alpha}^{\mathrm{T}} & 0\end{bmatrix}=\mathrm{R}(\boldsymbol{A}),$$

得 $\mathrm{R}(\boldsymbol{A})=\mathrm{R}(\boldsymbol{A},\boldsymbol{\alpha})$. 由此知方程组 $\boldsymbol{A}\boldsymbol{x}=\boldsymbol{\alpha}$ 有解,但无法确定出唯一解还是无穷多解,不能选择(A)、(B). 而 $\begin{bmatrix}\boldsymbol{A} & \boldsymbol{\alpha}\\ \boldsymbol{\alpha}^{\mathrm{T}} & 0\end{bmatrix}$ 是 $n+1$ 阶矩阵,且 $\mathrm{R}\begin{bmatrix}\boldsymbol{A} & \boldsymbol{\alpha}\\ \boldsymbol{\alpha}^{\mathrm{T}} & 0\end{bmatrix}\leqslant n<n+1$. 所以方程组 $\begin{bmatrix}\boldsymbol{A} & \boldsymbol{\alpha}\\ \boldsymbol{\alpha}^{\mathrm{T}} & 0\end{bmatrix}\begin{bmatrix}\boldsymbol{x}\\ y\end{bmatrix}=\boldsymbol{0}$ 有非零解,故排除(C). 因此选(D).

例 4.11　求解线性方程组

$$\begin{cases}x_1+x_2+x_3+x_4+x_5=0,\\ 3x_1+2x_2+x_3+x_4-3x_5=0,\\ x_2+2x_3+2x_4+6x_5=0,\\ 5x_1+4x_2+3x_3+3x_4-x_5=0.\end{cases}$$

解　对方程组的系数矩阵 $\boldsymbol{A}$ 施以初等行变换,得

$$\boldsymbol{A}=\begin{bmatrix}1&1&1&1&1\\3&2&1&1&-3\\0&1&2&2&6\\5&4&3&3&-1\end{bmatrix}\xrightarrow[-5r_1+r_4]{-3r_1+r_2}\begin{bmatrix}1&1&1&1&1\\0&-1&-2&-2&-6\\0&1&2&2&6\\0&-1&-2&-2&-6\end{bmatrix}$$

$$\xrightarrow[r_3\leftrightarrow r_2]{\substack{r_3+r_2\\ r_3+r_4}}\begin{bmatrix}1&1&1&1&1\\0&1&2&2&6\\0&0&0&0&0\\0&0&0&0&0\end{bmatrix}\xrightarrow{-r_2+r_1}\begin{bmatrix}1&0&-1&-1&-5\\0&1&2&2&6\\0&0&0&0&0\\0&0&0&0&0\end{bmatrix}.$$

显然,$\mathrm{R}(\boldsymbol{A})=2<5$,方程组有无穷多个解,且等价于下面的方程组:

$$\begin{cases}x_1-x_3-x_4-5x_5=0,\\ x_2+2x_3+2x_4+6x_5=0.\end{cases}$$

解得

$$\begin{cases}x_1=x_3+x_4+5x_5,\\ x_2=-2x_3-2x_4-6x_5,\\ x_3=x_3,\\ x_4=x_4,\\ x_5=x_5,\end{cases}$$

由此得方程组的通解为

$$\begin{bmatrix}x_1\\x_2\\x_3\\x_4\\x_5\end{bmatrix}=k_1\begin{bmatrix}1\\-2\\1\\0\\0\end{bmatrix}+k_2\begin{bmatrix}1\\-2\\0\\1\\0\end{bmatrix}+k_3\begin{bmatrix}5\\-6\\0\\0\\1\end{bmatrix},\quad \text{其中 } k_1,k_2,k_3 \text{ 为任意常数.}$$

例 4.12 求解线性方程组

$$\begin{cases}x_1+x_2+x_3+x_4+x_5=1,\\3x_1+2x_2+x_3+x_4-3x_5=6,\\x_2+2x_3+2x_4+6x_5=-3,\\5x_1+4x_2+3x_3+3x_4-x_5=8.\end{cases}$$

解 对方程组的增广矩阵 $\boldsymbol{B}$ 施以初等行变换,得

$$\boldsymbol{B}=\begin{bmatrix}1&1&1&1&1&1\\3&2&1&1&-3&6\\0&1&2&2&6&-3\\5&4&3&3&-1&8\end{bmatrix}\xrightarrow[-5r_1+r_4]{-3r_1+r_2}\begin{bmatrix}1&1&1&1&1&1\\0&-1&-2&-2&-6&3\\0&1&2&2&6&-3\\0&-1&-2&-2&-6&3\end{bmatrix}$$

$$\xrightarrow[r_3\leftrightarrow r_2]{\substack{r_3+r_2\\r_3+r_4}}\begin{bmatrix}1&1&1&1&1&1\\0&1&2&2&6&-3\\0&0&0&0&0&0\\0&0&0&0&0&0\end{bmatrix}\xrightarrow{-r_2+r_1}\begin{bmatrix}1&0&-1&-1&-5&4\\0&1&2&2&6&-3\\0&0&0&0&0&0\\0&0&0&0&0&0\end{bmatrix}.$$

显然,$R(\boldsymbol{A})=R(\boldsymbol{B})=2<5$,方程组有无穷多个解,且等价于下面的方程组:

$$\begin{cases}x_1-x_3-x_4-5x_5=4,\\x_2+2x_3+2x_4+6x_5=-3.\end{cases}$$

解得

$$\begin{cases}x_1=x_3+x_4+5x_5+4,\\x_2=-2x_3-2x_4-6x_5-3,\\x_3=x_3,\\x_4=x_4,\\x_5=x_5,\end{cases}$$

由此得方程组的通解为

$$\begin{bmatrix}x_1\\x_2\\x_3\\x_4\\x_5\end{bmatrix}=k_1\begin{bmatrix}1\\-2\\1\\0\\0\end{bmatrix}+k_2\begin{bmatrix}1\\-2\\0\\1\\0\end{bmatrix}+k_3\begin{bmatrix}5\\-6\\0\\6\\1\end{bmatrix}+\begin{bmatrix}4\\-3\\0\\0\\0\end{bmatrix},$$

其中 k_1,k_2,k_3 为任意常数.

由例 4.10 和例 4.11,我们可以看出非齐次线性方程组解的结构是其对应的齐次线性方程组的通解加上非齐次线性方程组的一个特解.

例 4.13 当 λ 取何值时,非齐次线性方程组

$$\begin{cases}\lambda x_1+x_2+x_3=1,\\x_1+\lambda x_2+x_3=\lambda,\\x_1+x_2+\lambda x_3=\lambda^2\end{cases}$$

(1)有唯一解;(2)无解;(3)有无穷多个解?并求其解.

解 方法1 对增广矩阵 $\boldsymbol{B}$ 施以初等行变换得

$$\boldsymbol{B}=\begin{bmatrix}\lambda&1&1&1\\1&\lambda&1&\lambda\\1&1&\lambda&\lambda^2\end{bmatrix}\xrightarrow{r_1\leftrightarrow r_3}\begin{bmatrix}1&1&\lambda&\lambda^2\\1&\lambda&1&\lambda\\\lambda&1&1&1\end{bmatrix}$$

$$\xrightarrow[-\lambda r_1+r_3]{-r_1+r_2}\begin{bmatrix}1&1&\lambda&\lambda^2\\0&\lambda-1&1-\lambda&\lambda(1-\lambda)\\0&1-\lambda&1-\lambda^2&1-\lambda^3\end{bmatrix}$$

$$\xrightarrow{r_2+r_3}\begin{bmatrix}1&1&\lambda&\lambda^2\\0&\lambda-1&1-\lambda&\lambda(1-\lambda)\\0&0&(1-\lambda)(2+\lambda)&(1-\lambda)(1+\lambda)^2\end{bmatrix}.$$

由此可知:

(1)当 $\lambda_1\neq1$ 且 $\lambda\neq-2$ 时,$R(\boldsymbol{A})=R(\boldsymbol{B})=3$,方程组有唯一解;(2)当 $\lambda=-2$ 时,$R(\boldsymbol{A})=2$,$R(\boldsymbol{B})=3$,方组无解;(3)当 $\lambda=1$ 时,$R(\boldsymbol{A})=R(\boldsymbol{B})=1$,方程组有无穷多个解.此时

$$\boldsymbol{B}\longrightarrow\begin{bmatrix}1&1&1&1\\0&0&0&0\\0&0&0&0\\0&0&0&0\end{bmatrix},$$

解得当 $\lambda=1$ 时,方程组的通解为

$$\begin{bmatrix}x_1\\x_2\\x_3\end{bmatrix}=k_1\begin{bmatrix}-1\\1\\0\end{bmatrix}+k_2\begin{bmatrix}-1\\0\\1\end{bmatrix}+\begin{bmatrix}1\\0\\0\end{bmatrix},\quad 其中 k_1,k_2 为任意常数.$$

方法2 (1) 非齐次线性方程组的系数行列式

$$D=\begin{vmatrix}\lambda & 1 & 1\\1 & \lambda & 1\\1 & 1 & \lambda\end{vmatrix}=(\lambda-1)^2(\lambda+2).$$

由 Cramer 法则知,当$\lambda\neq1,\lambda\neq-2$时,方程组有唯一解.

(2) 当$\lambda=-2$时,将非齐次线性方程组的3个方程两边相加.得$0=3$,所以,此时方程组无解.

(3) 当$\lambda=1$时,齐次线性方程组的3个方程相同,均为$x_1+x_2+x_3=1$,此时方程组有无穷多个解,即

$$\begin{bmatrix}x_1\\x_2\\x_3\end{bmatrix}=k_1\begin{bmatrix}-1\\1\\0\end{bmatrix}+k_2\begin{bmatrix}-1\\0\\1\end{bmatrix}+\begin{bmatrix}1\\0\\0\end{bmatrix},\quad 其中 k_1,k_2 为任意常数.$$

例 4.14 设线性方程组

$$\begin{cases}x_1+x_2-2x_3+3x_4=0,\\2x_1+x_2-6x_3+4x_4=-1,\\3x_1+2x_2+ax_3+7x_4=-1,\\x_1-x_2-6x_3-x_4=b.\end{cases}$$

讨论当参数a,b为何值时,方程组有解,无解;当有解时,试求出其解.

解 对方程组的增广矩阵$\boldsymbol{B}$施以初等行变换,得

$$\boldsymbol{B}=\begin{bmatrix}1&1&-2&3&0\\2&1&-6&4&-1\\3&2&a&7&-1\\1&-1&-6&-1&b\end{bmatrix}\xrightarrow[-r_1+r_4]{\substack{-2r_1+r_2\\-3r_1+r_3}}\begin{bmatrix}1&1&-2&3&0\\0&-1&-2&-2&-1\\0&-1&a+6&-2&-1\\0&-2&-4&-4&b\end{bmatrix}$$

$$\xrightarrow[-2r_2+r_4]{\substack{r_2+r_1\\-r_2+r_3}}\begin{bmatrix}1&0&-4&1&-1\\0&-1&-2&-2&-1\\0&0&a+8&0&0\\0&0&0&0&b+2\end{bmatrix}.$$

由此可得,当$b\neq-2$时,$\mathrm{R}(\boldsymbol{A})\neq\mathrm{R}(\boldsymbol{B})$,方程组无解;当$b=-2$时,$\mathrm{R}(\boldsymbol{A})=\mathrm{R}(\boldsymbol{B})$,方程组有解;当$b=-2$,且$a=-8$时,原方程组的同解方程组为

$$\begin{cases}x_1-4x_3+x_4=-1,\\x_2+2x_3+2x_4=1.\end{cases}$$

解之得方程组的通解为

$$\begin{bmatrix}x_1\\x_2\\x_3\\x_4\end{bmatrix}=k_1\begin{bmatrix}4\\-2\\1\\0\end{bmatrix}+k_2\begin{bmatrix}-1\\-2\\0\\1\end{bmatrix}+\begin{bmatrix}-1\\1\\0\\0\end{bmatrix},\quad 其中\ k_1,k_2\ 为任意常数.$$

当 $b=-2,a\neq-8$ 时,原方程组的增广矩阵

$$\boldsymbol{B}\longrightarrow\begin{bmatrix}1&0&-4&1&-1\\0&1&2&2&1\\0&0&1&0&0\\0&0&0&0&0\end{bmatrix}\xrightarrow[4r_3+r_1]{-2r_3+r_2}\begin{bmatrix}1&0&0&1&-1\\0&1&0&2&1\\0&0&1&0&0\\0&0&0&0&0\end{bmatrix},$$

显然,$\mathrm{R}(\boldsymbol{A})=\mathrm{R}(\boldsymbol{B})=3<4$,所以原方程组有无穷多个解,其同解方程组为

$$\begin{cases}x_1 \quad\quad\quad +x_4=-1,\\ \quad x_2 \quad\quad +2x_4=1,\\ \quad\quad x_3 \quad\quad\quad =0.\end{cases}$$

解之得原方程组的通解为

$$\begin{bmatrix}x_1\\x_2\\x_3\\x_4\end{bmatrix}=k\begin{bmatrix}-1\\-2\\0\\1\end{bmatrix}+\begin{bmatrix}-1\\1\\0\\0\end{bmatrix},\quad 其中\ k_1,k_2\ 为任意常数.$$

例 4.15 设 $\boldsymbol{\alpha}_1=(1,0,0,3)^{\mathrm{T}},\boldsymbol{\alpha}_2=(1,1,-1,2)^{\mathrm{T}},\boldsymbol{\alpha}_3=(1,2,a-3,1)^{\mathrm{T}},\boldsymbol{\alpha}_4=(1,2,-2,a)^{\mathrm{T}},\boldsymbol{\beta}=(0,1,b,-1)^{\mathrm{T}}$,问 a,b 取何值时,

(1) $\boldsymbol{\beta}$ 能由 $\boldsymbol{\alpha}_1,\boldsymbol{\alpha}_2,\boldsymbol{\alpha}_3,\boldsymbol{\alpha}_4$ 线性表示,且表示式是唯一的;

(2) $\boldsymbol{\beta}$ 不能由 $\boldsymbol{\alpha}_1,\boldsymbol{\alpha}_2,\boldsymbol{\alpha}_3,\boldsymbol{\alpha}_4$ 线性表示;

(3) $\boldsymbol{\beta}$ 能由 $\boldsymbol{\alpha}_1,\boldsymbol{\alpha}_2,\boldsymbol{\alpha}_3,\boldsymbol{\alpha}_4$ 线性表示,但表示式不唯一,并写出一般的表达式.

解 设有 x_1,x_2,x_3,x_4 使

$$x_1\boldsymbol{\alpha}_1+x_2\boldsymbol{\alpha}_2+x_3\boldsymbol{\alpha}_3+x_4\boldsymbol{\alpha}_4=\boldsymbol{\beta},$$

即

$$(\boldsymbol{\alpha}_1,\boldsymbol{\alpha}_2,\boldsymbol{\alpha}_3,\boldsymbol{\alpha}_4)\begin{bmatrix}x_1\\x_2\\x_3\\x_4\end{bmatrix}=\boldsymbol{\beta}.$$

上式是关于 x_1,x_2,x_3,x_4 的非齐次线性方程组,对其增广矩阵 $\boldsymbol{B}=(\boldsymbol{\alpha}_1,\boldsymbol{\alpha}_2,\boldsymbol{\alpha}_3,\boldsymbol{\alpha}_4,\boldsymbol{\beta})$ 施以初等行变换,得

$$\boldsymbol{B}=\begin{bmatrix}1&1&1&1&0\\0&1&2&2&1\\0&-1&a-3&-2&b\\3&2&1&a&-1\end{bmatrix}\xrightarrow{-3r_1+r_4}\begin{bmatrix}1&1&1&1&0\\0&1&2&2&1\\0&-1&a-3&-2&b\\0&-1&-2&a-3&-1\end{bmatrix}$$

$$\xrightarrow[r_2+r_4]{r_2+r_3}\begin{bmatrix}1&1&1&1&0\\0&1&2&2&1\\0&0&a-1&0&b+1\\0&0&0&a-1&0\end{bmatrix}=\boldsymbol{B}_1.$$

(1) 当 $a\neq1,b\in\mathbb{R}$ 时，$\mathrm{R}(\boldsymbol{A})=\mathrm{R}(\boldsymbol{B})$，方程组有唯一解，此时 $\boldsymbol{\beta}$ 可由 $\boldsymbol{\alpha}_1,\boldsymbol{\alpha}_2,\boldsymbol{\alpha}_3,\boldsymbol{\alpha}_4$ 线性表示，且表示式唯一.

(2) $a=1,b\neq-1$ 时，$\mathrm{R}(\boldsymbol{A})=2,\mathrm{R}(\boldsymbol{B})=3$，此时 $\mathrm{R}(\boldsymbol{A})\neq\mathrm{R}(\boldsymbol{B})$，因此，方程组无解，故 $\boldsymbol{\beta}$ 不能由 $\boldsymbol{\alpha}_1,\boldsymbol{\alpha}_2,\boldsymbol{\alpha}_3,\boldsymbol{\alpha}_4$ 线性表示.

(3) 当 $a=1,b=-1$ 时，则 $\mathrm{R}(\boldsymbol{A})=\mathrm{R}(\boldsymbol{B})=2$，因此方程组有无穷多个解，此时 $\boldsymbol{\beta}$ 能由 $\boldsymbol{\alpha}_1,\boldsymbol{\alpha}_2,\boldsymbol{\alpha}_3,\boldsymbol{\alpha}_4$ 线性表示，但表示式不唯一.

由 $\boldsymbol{B}_1$ 得原方程组的解为

$$\begin{cases}x_1=x_3+x_4-1,\\x_2=-2x_3-2x_4+1.\end{cases}$$

即

$$\begin{bmatrix}x_1\\x_2\\x_3\\x_4\end{bmatrix}=k_1\begin{bmatrix}1\\-2\\1\\0\end{bmatrix}+k_2\begin{bmatrix}1\\-2\\0\\1\end{bmatrix}+\begin{bmatrix}-1\\1\\0\\0\end{bmatrix},$$

从而

$$\boldsymbol{\beta}=(k_1+k_2-1)\boldsymbol{\alpha}_1-(2k_1+2k_2-1)\boldsymbol{\alpha}_2+k_1\boldsymbol{\alpha}_3+k_2\boldsymbol{\alpha}_4.$$

其中 k_1,k_2 为任意常数.

例 4.16 设向量组 $\boldsymbol{\alpha}_1=(1,1,1,3)^{\mathrm{T}},\boldsymbol{\alpha}_2=(-1,-3,5,1)^{\mathrm{T}},\boldsymbol{\alpha}_3=(3,2,-1,p+2)^{\mathrm{T}},\boldsymbol{\alpha}_4=(-2,-6,10,p)^{\mathrm{T}}$.

(1) p 为何值时，该向量组线性无关？并在此时将向量 $\boldsymbol{\alpha}=(4,1,6,10)^{\mathrm{T}}$ 用 $\boldsymbol{\alpha}_1,\boldsymbol{\alpha}_2,\boldsymbol{\alpha}_3,\boldsymbol{\alpha}_4$ 线性表示；

(2) p 为何值时，该向量组线性相关？并在此时求出它的秩和极大无关组.

解 方法1 (1) 设 x_1,x_2,x_3,x_4，使

$$x_1\boldsymbol{\alpha}_1+x_2\boldsymbol{\alpha}_2+x_3\boldsymbol{\alpha}_3+x_4\boldsymbol{\alpha}_4=\boldsymbol{\alpha},$$

即

$$(\boldsymbol{\alpha}_1,\boldsymbol{\alpha}_2,\boldsymbol{\alpha}_3,\boldsymbol{\alpha}_4)\begin{bmatrix}x_1\\x_2\\x_3\\x_4\end{bmatrix}=\boldsymbol{\alpha}.$$

上式是关于未知数 x_1,x_2,x_3,x_4 的非齐次线性方程组,对其增广矩阵 $\boldsymbol{B}=(\boldsymbol{\alpha}_1,\boldsymbol{\alpha}_2,\boldsymbol{\alpha}_3,\boldsymbol{\alpha}_4,\boldsymbol{\alpha})$ 施以初等行变换,得

$$\boldsymbol{B}=\begin{bmatrix}1&-1&3&-2&4\\1&-3&2&-6&1\\1&5&-1&10&6\\3&1&p+2&p&10\end{bmatrix}\xrightarrow[-3r_1+r_4]{\substack{-r_1+r_2\\-r_1+r_3}}\begin{bmatrix}1&-1&3&-2&4\\0&-2&-1&-4&-3\\0&6&-4&12&2\\0&4&p-7&p+6&-2\end{bmatrix}$$

$$\xrightarrow[2r_2+r_4]{3r_2+r_3}\begin{bmatrix}1&-1&3&-2&4\\0&-2&-1&-4&-3\\0&0&-7&0&-7\\0&0&p-9&p-2&-8\end{bmatrix}$$

$$\xrightarrow[\substack{\left(-\frac{1}{7}\right)\times r_3\\(9-p)r_3+r_4}]{(-1)\times r_2}\begin{bmatrix}1&-1&3&-2&4\\0&2&1&4&3\\0&0&1&0&1\\0&0&0&p-2&1-p\end{bmatrix}=\boldsymbol{B}_1.$$

显然,当 $p\neq-2$ 时,$\boldsymbol{\alpha}_1,\boldsymbol{\alpha}_2,\boldsymbol{\alpha}_3,\boldsymbol{\alpha}_4$ 线性无关,$\boldsymbol{\alpha}$ 可用 $\boldsymbol{\alpha}_1,\boldsymbol{\alpha}_2,\boldsymbol{\alpha}_3,\boldsymbol{\alpha}_4$ 线性表示.再对 $\boldsymbol{B}_1$ 施以初等行变换,得

$$\boldsymbol{B}_1\xrightarrow[\frac{1}{p-2}\times r_4]{\substack{-r_3+r_2\\-3r_3+r_1}}\begin{bmatrix}1&-1&0&-2&1\\0&2&0&4&2\\0&0&1&0&1\\0&0&0&1&\frac{1-p}{p-2}\end{bmatrix}\xrightarrow[\substack{r_2+r_1\\-2r_4+r_2}]{\frac{1}{2}\times r_2}\begin{bmatrix}1&0&0&0&2\\0&1&0&0&\frac{3p-4}{p-2}\\0&0&1&0&1\\0&0&0&1&\frac{1-p}{p-2}\end{bmatrix}.$$

从而得

$$\boldsymbol{\alpha}=2\boldsymbol{\alpha}_1+\frac{3p-4}{p-2}\boldsymbol{\alpha}_2+\boldsymbol{\alpha}_3+\frac{1-p}{p-2}\boldsymbol{\alpha}_4.$$

(2) 由 $\boldsymbol{B}_1$ 知,当 $p=2$ 时,$\boldsymbol{\alpha}_1,\boldsymbol{\alpha}_2,\boldsymbol{\alpha}_3,\boldsymbol{\alpha}_4$ 线性相关,此时向量组 $\boldsymbol{\alpha}_1,\boldsymbol{\alpha}_2,\boldsymbol{\alpha}_3,\boldsymbol{\alpha}_4$ 的秩为 3,$\boldsymbol{\alpha}_1,\boldsymbol{\alpha}_2,\boldsymbol{\alpha}_3$ 是其一个极大无关组.

方法 2 (1) 对 $\boldsymbol{\alpha}_1^{\mathrm{T}},\boldsymbol{\alpha}_2^{\mathrm{T}},\boldsymbol{\alpha}_3^{\mathrm{T}},\boldsymbol{\alpha}_4^{\mathrm{T}},\boldsymbol{\alpha}^{\mathrm{T}}$ 组成的矩阵施以初等行变换,得

$$\begin{bmatrix}1&1&1&3\\-1&-3&5&1\\3&2&-1&p+2\\-2&-6&10&p\\4&1&6&10\end{bmatrix}\begin{matrix}\boldsymbol{\alpha}_1^{\mathrm{T}}\\\boldsymbol{\alpha}_2^{\mathrm{T}}\\\boldsymbol{\alpha}_3^{\mathrm{T}}\\\boldsymbol{\alpha}_4^{\mathrm{T}}\\\boldsymbol{\alpha}^{\mathrm{T}}\end{matrix}\longrightarrow\begin{bmatrix}1&1&1&3\\0&-2&6&4\\0&-1&-4&p-7\\0&-4&12&p+6\\0&-3&2&-2\end{bmatrix}\begin{matrix}\boldsymbol{\alpha}_1^{\mathrm{T}}\\\boldsymbol{\alpha}_1^{\mathrm{T}}+\boldsymbol{\alpha}_2^{\mathrm{T}}\\-3\boldsymbol{\alpha}_1^{\mathrm{T}}+\boldsymbol{\alpha}_3^{\mathrm{T}}\\2\boldsymbol{\alpha}_1^{\mathrm{T}}+\boldsymbol{\alpha}_4^{\mathrm{T}}\\-4\boldsymbol{\alpha}_1^{\mathrm{T}}+\boldsymbol{\alpha}^{\mathrm{T}}\end{matrix}$$

$$
\longrightarrow\left[\begin{array}{cccc}
1 & 1 & 1 & 3 \\
0 & 1 & -3 & -2 \\
0 & -1 & -4 & p-7 \\
0 & -4 & 12 & p+6 \\
0 & -3 & 2 & -2
\end{array}\right]\begin{array}{l}
\boldsymbol{\alpha}_1^{\mathrm{T}} \\
-\dfrac{1}{2}(\boldsymbol{\alpha}_1^{\mathrm{T}}+\boldsymbol{\alpha}_2^{\mathrm{T}}) \\
-3\boldsymbol{\alpha}_1^{\mathrm{T}}+\boldsymbol{\alpha}_3^{\mathrm{T}} \\
2\boldsymbol{\alpha}_1^{\mathrm{T}}+\boldsymbol{\alpha}_4^{\mathrm{T}} \\
-4\boldsymbol{\alpha}_1^{\mathrm{T}}+\boldsymbol{\alpha}^{\mathrm{T}}
\end{array}
$$

$$
\longrightarrow\left[\begin{array}{cccc}
1 & 0 & 4 & 5 \\
0 & 1 & -3 & -2 \\
0 & 0 & -7 & p-9 \\
0 & 0 & 0 & p-2 \\
0 & 0 & -7 & -8
\end{array}\right]\begin{array}{l}
\dfrac{1}{2}(\boldsymbol{\alpha}_1^{\mathrm{T}}+\boldsymbol{\alpha}_2^{\mathrm{T}})+\boldsymbol{\alpha}_1^{\mathrm{T}} \\
-\dfrac{1}{2}(\boldsymbol{\alpha}_1^{\mathrm{T}}+\boldsymbol{\alpha}_2^{\mathrm{T}}) \\
-\dfrac{1}{2}(\boldsymbol{\alpha}_1^{\mathrm{T}}+\boldsymbol{\alpha}_2^{\mathrm{T}})-3\boldsymbol{\alpha}_1^{\mathrm{T}}+\boldsymbol{\alpha}_3^{\mathrm{T}} \\
-\dfrac{4}{2}(\boldsymbol{\alpha}_1^{\mathrm{T}}+\boldsymbol{\alpha}_2^{\mathrm{T}})+2\boldsymbol{\alpha}_1^{\mathrm{T}}+\boldsymbol{\alpha}_4^{\mathrm{T}} \\
-\dfrac{3}{2}(\boldsymbol{\alpha}_1^{\mathrm{T}}+\boldsymbol{\alpha}_2^{\mathrm{T}})-4\boldsymbol{\alpha}_1^{\mathrm{T}}+\boldsymbol{\alpha}^{\mathrm{T}}
\end{array}
$$

由上面矩阵的第 4 行可知，当 $p\neq 2$ 时，$\boldsymbol{\alpha}_1^{\mathrm{T}},\boldsymbol{\alpha}_2^{\mathrm{T}},\boldsymbol{\alpha}_3^{\mathrm{T}},\boldsymbol{\alpha}_4^{\mathrm{T}}$ 线性无关，从而 $\boldsymbol{\alpha}_1,\boldsymbol{\alpha}_2,\boldsymbol{\alpha}_3,\boldsymbol{\alpha}_4$ 也线性无关.

为了得到 $\boldsymbol{\alpha}^{\mathrm{T}}$ 用 $\boldsymbol{\alpha}_1^{\mathrm{T}},\boldsymbol{\alpha}_2^{\mathrm{T}},\boldsymbol{\alpha}_3^{\mathrm{T}},\boldsymbol{\alpha}_4^{\mathrm{T}}$ 线性表示，我们对上面的矩阵继续施以初等行变换，得

$$
\left[\begin{array}{cccc}
1 & 0 & 4 & 5 \\
0 & 1 & -3 & -2 \\
0 & 0 & -7 & p-9 \\
0 & 0 & 0 & p-2 \\
0 & 0 & 0 & -p+1
\end{array}\right]\begin{array}{l}
\dfrac{3}{2}\boldsymbol{\alpha}_1^{\mathrm{T}}+\dfrac{1}{2}\boldsymbol{\alpha}_2^{\mathrm{T}} \\
-\dfrac{1}{2}\boldsymbol{\alpha}_1^{\mathrm{T}}-\dfrac{1}{2}\boldsymbol{\alpha}_2^{\mathrm{T}} \\
-\dfrac{7}{2}\boldsymbol{\alpha}_1^{\mathrm{T}}-\dfrac{1}{2}\boldsymbol{\alpha}_2^{\mathrm{T}}+\boldsymbol{\alpha}_3^{\mathrm{T}} \\
-2\boldsymbol{\alpha}_2^{\mathrm{T}}+\boldsymbol{\alpha}_4^{\mathrm{T}} \\
-2\boldsymbol{\alpha}_1^{\mathrm{T}}-\boldsymbol{\alpha}_2^{\mathrm{T}}-\boldsymbol{\alpha}_3^{\mathrm{T}}+\boldsymbol{\alpha}^{\mathrm{T}}
\end{array}
$$

$$
\longrightarrow\left[\begin{array}{cccc}
1 & 0 & 4 & 5 \\
0 & 1 & -3 & -2 \\
0 & 0 & -7 & p-9 \\
0 & 0 & 0 & p-2 \\
0 & 0 & 0 & 0
\end{array}\right]\begin{array}{l}
\dfrac{3}{2}\boldsymbol{\alpha}_1^{\mathrm{T}}+\dfrac{1}{2}\boldsymbol{\alpha}_2^{\mathrm{T}} \\
-\dfrac{1}{2}\boldsymbol{\alpha}_1^{\mathrm{T}}-\dfrac{1}{2}\boldsymbol{\alpha}_2^{\mathrm{T}} \\
-\dfrac{7}{2}\boldsymbol{\alpha}_1^{\mathrm{T}}-\dfrac{1}{2}\boldsymbol{\alpha}_2^{\mathrm{T}}+\boldsymbol{\alpha}_3^{\mathrm{T}} \\
-2\boldsymbol{\alpha}_2^{\mathrm{T}}+\boldsymbol{\alpha}_4^{\mathrm{T}} \\
-2\boldsymbol{\alpha}_1^{\mathrm{T}}-\dfrac{3p-4}{p-2}\boldsymbol{\alpha}_2^{\mathrm{T}}-\boldsymbol{\alpha}_3^{\mathrm{T}}+\dfrac{p-1}{p-2}\boldsymbol{\alpha}_4^{\mathrm{T}}+\boldsymbol{\alpha}^{\mathrm{T}}
\end{array}
$$

由 $-2\boldsymbol{\alpha}_1^{\mathrm{T}}-\dfrac{3p-4}{p-2}\boldsymbol{\alpha}_2^{\mathrm{T}}-\boldsymbol{\alpha}_3^{\mathrm{T}}+\dfrac{p-1}{p-2}\boldsymbol{\alpha}_4^{\mathrm{T}}+\boldsymbol{\alpha}^{\mathrm{T}}=\mathbf{0}$,得

$$\boldsymbol{\alpha}^{\mathrm{T}}=2\boldsymbol{\alpha}_1^{\mathrm{T}}+\frac{3p-4}{p-2}\boldsymbol{\alpha}_2^{\mathrm{T}}+\boldsymbol{\alpha}_3^{\mathrm{T}}+\frac{1-p}{p-2}\boldsymbol{\alpha}_4,$$

故 $\boldsymbol{\alpha}=2\boldsymbol{\alpha}_1+\dfrac{3p-4}{p-2}\boldsymbol{\alpha}_2+\boldsymbol{\alpha}_3+\dfrac{1-p}{p-2}\boldsymbol{\alpha}_4$.

(2) 当 $p=2$ 时,有

$$\left[\begin{array}{cccc|l}1&0&4&5&\frac{3}{2}\boldsymbol{\alpha}_1^{\mathrm{T}}+\frac{1}{2}\boldsymbol{\alpha}_2^{\mathrm{T}}\\0&1&-3&-2&-\frac{1}{2}\boldsymbol{\alpha}_1^{\mathrm{T}}-\frac{1}{2}\boldsymbol{\alpha}_2^{\mathrm{T}}\\0&0&-7&-7&-\frac{7}{2}\boldsymbol{\alpha}_1^{\mathrm{T}}-\frac{1}{2}\boldsymbol{\alpha}_2^{\mathrm{T}}+\boldsymbol{\alpha}_3^{\mathrm{T}}\\0&0&0&0&-2\boldsymbol{\alpha}_2^{\mathrm{T}}+\boldsymbol{\alpha}_4^{\mathrm{T}}\end{array}\right]$$

由此可见 $\boldsymbol{\alpha}_1^{\mathrm{T}},\boldsymbol{\alpha}_2^{\mathrm{T}},\boldsymbol{\alpha}_3^{\mathrm{T}},\boldsymbol{\alpha}_4^{\mathrm{T}}$ 线性相关.

若记

$$\boldsymbol{\beta}_1^{\mathrm{T}}=\frac{3}{2}\boldsymbol{\alpha}_1^{\mathrm{T}}+\frac{1}{2}\boldsymbol{\alpha}_2^{\mathrm{T}},$$

$$\boldsymbol{\beta}_2^{\mathrm{T}}=-\frac{1}{2}\boldsymbol{\alpha}_1^{\mathrm{T}}-\frac{1}{2}\boldsymbol{\alpha}_2^{\mathrm{T}},$$

$$\boldsymbol{\beta}_3^{\mathrm{T}}=-\frac{7}{2}\boldsymbol{\alpha}_1^{\mathrm{T}}-\frac{1}{2}\boldsymbol{\alpha}_2^{\mathrm{T}}+\boldsymbol{\alpha}_3^{\mathrm{T}},$$

则有

$$(\boldsymbol{\beta}_1^{\mathrm{T}},\boldsymbol{\beta}_2^{\mathrm{T}},\boldsymbol{\beta}_3^{\mathrm{T}})=(\boldsymbol{\alpha}_1^{\mathrm{T}},\boldsymbol{\alpha}_2^{\mathrm{T}},\boldsymbol{\alpha}_3^{\mathrm{T}})\begin{bmatrix}\frac{3}{2}&-\frac{1}{2}&-\frac{7}{2}\\\frac{1}{2}&-\frac{1}{2}&-\frac{1}{2}\\0&0&1\end{bmatrix}.$$

因为

$$\begin{vmatrix}\frac{3}{2}&-\frac{1}{2}&-\frac{7}{2}\\\frac{1}{2}&-\frac{1}{2}&-\frac{1}{2}\\0&0&1\end{vmatrix}=-\frac{1}{2}\neq 0,$$

所以 $\boldsymbol{\beta}_1^{\mathrm{T}},\boldsymbol{\beta}_2^{\mathrm{T}},\boldsymbol{\beta}_3^{\mathrm{T}}$ 与 $\boldsymbol{\alpha}_1^{\mathrm{T}},\boldsymbol{\alpha}_2^{\mathrm{T}},\boldsymbol{\alpha}_3^{\mathrm{T}}$ 是等价的向量组,于是由 $\boldsymbol{\beta}_1^{\mathrm{T}},\boldsymbol{\beta}_2^{\mathrm{T}},\boldsymbol{\beta}_3^{\mathrm{T}}$ 的线性相关性知 $\boldsymbol{\alpha}_1^{\mathrm{T}},\boldsymbol{\alpha}_2^{\mathrm{T}},\boldsymbol{\alpha}_3^{\mathrm{T}}$ 线性无关,即 $\boldsymbol{\alpha}_1,\boldsymbol{\alpha}_2,\boldsymbol{\alpha}_3$ 线性无关.

又因为

$$\boldsymbol{\alpha}_4^{\mathrm{T}}=2\boldsymbol{\alpha}_2^{\mathrm{T}}=0\boldsymbol{\alpha}_1^{\mathrm{T}}+2\boldsymbol{\alpha}_2^{\mathrm{T}}+0\boldsymbol{\alpha}_3^{\mathrm{T}},$$

所以 $\boldsymbol{\alpha}_4^{\mathrm{T}}$ 可由 $\boldsymbol{\alpha}_1^{\mathrm{T}},\boldsymbol{\alpha}_2^{\mathrm{T}},\boldsymbol{\alpha}_3^{\mathrm{T}}$ 线性表示，故 $\boldsymbol{\alpha}_1,\boldsymbol{\alpha}_2,\boldsymbol{\alpha}_3,\boldsymbol{\alpha}_4$ 线性相关，由此得 $\boldsymbol{\alpha}_1,\boldsymbol{\alpha}_2,\boldsymbol{\alpha}_3$ 是 $\boldsymbol{\alpha}_1,\boldsymbol{\alpha}_2,\boldsymbol{\alpha}_3,\boldsymbol{\alpha}_4$ 的一个极大无关组.

例 4.17　已知三阶矩阵 $\boldsymbol{B}\neq\boldsymbol{0}$，且 $\boldsymbol{B}$ 的每一个列向量都是线性方程组

$$\begin{cases}x_1+2x_2-2x_3=0,\\2x_1-x_2+\lambda x_3=0,\\3x_1+x_2-x_3=0\end{cases}$$

的解.(1)求 λ 的值；(2)证明 $|\boldsymbol{B}|=0$.

解　(1) 方程组的系数矩阵

$$\boldsymbol{A}=\begin{bmatrix}1&2&-2\\2&-1&\lambda\\3&1&-1\end{bmatrix},$$

由 $\boldsymbol{B}\neq\boldsymbol{0}$，且 $\boldsymbol{AB}=\boldsymbol{0}$，知方程组 $\boldsymbol{Ax}=\boldsymbol{0}$ 有非零解，所以其系数行列式

$$|\boldsymbol{A}|=\begin{vmatrix}1&2&-2\\2&-1&\lambda\\3&1&-1\end{vmatrix}=\begin{vmatrix}1&2&-2\\0&-5&\lambda+4\\0&-5&5\end{vmatrix}$$

$$=\begin{vmatrix}-5&\lambda+4\\-5&5\end{vmatrix}=-5\begin{vmatrix}1&\lambda+4\\1&5\end{vmatrix}$$

$$=-5(1-\lambda)=0.$$

故 $\lambda=1$.

(2) 由 $\lambda=1$ 知，$\mathrm{R}(\boldsymbol{A})=2$，由 $\boldsymbol{AB}=\boldsymbol{0}$ 知 $R(\boldsymbol{A})+\mathrm{R}(\boldsymbol{B})\leqslant3$，则 $\mathrm{R}(\boldsymbol{B})\leqslant1$，而由已知有 $\mathrm{R}(\boldsymbol{B})\geqslant1$. 从而 $\mathrm{R}(\boldsymbol{B})=1$，故 $|\boldsymbol{B}|=0$.

例 4.18　设 $\boldsymbol{\alpha}_1,\boldsymbol{\alpha}_2,\boldsymbol{\alpha}_3,\boldsymbol{\alpha}_4$ 均为四维列向量，且 $\boldsymbol{\alpha}_2,\boldsymbol{\alpha}_3,\boldsymbol{\alpha}_4$ 线性无关，$\boldsymbol{\alpha}_1=2\boldsymbol{\alpha}_2-3\boldsymbol{\alpha}_3$，如果 $\boldsymbol{A}=(\boldsymbol{\alpha}_1,\boldsymbol{\alpha}_2,\boldsymbol{\alpha}_3,\boldsymbol{\alpha}_4)$，$\boldsymbol{\beta}=\boldsymbol{\alpha}_1+2\boldsymbol{\alpha}_2+3\boldsymbol{\alpha}_3+4\boldsymbol{\alpha}_4$，求线性方程组 $\boldsymbol{Ax}=\boldsymbol{\beta}$ 的通解.

解　方法 1　令 $\boldsymbol{x}=(x_1,x_2,x_3,x_4)^{\mathrm{T}}$，则由

$$\boldsymbol{Ax}=(\boldsymbol{\alpha}_1,\boldsymbol{\alpha}_2,\boldsymbol{\alpha}_3,\boldsymbol{\alpha}_4)\begin{bmatrix}x_1\\x_2\\x_3\\x_4\end{bmatrix}=\boldsymbol{\beta},$$

得

$$x_1\boldsymbol{\alpha}_1+x_2\boldsymbol{\alpha}_2+x_3\boldsymbol{\alpha}_3+x_4\boldsymbol{\alpha}_4=\boldsymbol{\alpha}_1+2\boldsymbol{\alpha}_2+3\boldsymbol{\alpha}_3+4\boldsymbol{\alpha}_4.$$

将 $\boldsymbol{\alpha}_1=2\boldsymbol{\alpha}_2-3\boldsymbol{\alpha}_3$ 代入后整理得

$$\begin{cases}2x_1+x_2 \qquad =4,\\3x_1 \qquad -x_3 =0,\\ \qquad\qquad x_4=4.\end{cases}$$

解方程组得

$$\boldsymbol{x}=k\begin{bmatrix}1\\-2\\3\\0\end{bmatrix}+\begin{bmatrix}0\\4\\0\\4\end{bmatrix},\quad k \text{ 为任意常数.}$$

方法 2　由 $\boldsymbol{\alpha}_2,\boldsymbol{\alpha}_3,\boldsymbol{\alpha}_4$ 线性无关及 $\boldsymbol{\alpha}_1=2\boldsymbol{\alpha}_2-3\boldsymbol{\alpha}_3$ 知矩阵 $\boldsymbol{A}$ 的秩为 3,因此 $\boldsymbol{Ax}=\boldsymbol{0}$ 的基础解系仅含有一个解向量.

由 $\boldsymbol{\alpha}_1-2\boldsymbol{\alpha}_2+3\boldsymbol{\alpha}_3+0\boldsymbol{\alpha}_4=\boldsymbol{0}$,得

$$(\boldsymbol{\alpha}_1,\boldsymbol{\alpha}_2,\boldsymbol{\alpha}_3,\boldsymbol{\alpha}_4)\begin{bmatrix}1\\-2\\3\\0\end{bmatrix}=\boldsymbol{0},$$

知 $\boldsymbol{Ax}=\boldsymbol{0}$ 的一个解为

$$\boldsymbol{\xi}=\begin{bmatrix}1\\-2\\3\\0\end{bmatrix}.$$

再由 $\boldsymbol{\alpha}_1+2\boldsymbol{\alpha}_2+3\boldsymbol{\alpha}_3+4\boldsymbol{\alpha}_4=\boldsymbol{\beta}$,得

$$(\boldsymbol{\alpha}_1,\boldsymbol{\alpha}_2,\boldsymbol{\alpha}_3,\boldsymbol{\alpha}_4)\begin{bmatrix}1\\2\\3\\4\end{bmatrix}=\boldsymbol{\beta},$$

知线性方程组 $\boldsymbol{Ax}=\boldsymbol{\beta}$ 的一个特解为

$$\boldsymbol{\eta}^*=\begin{bmatrix}1\\2\\3\\4\end{bmatrix}.$$

于是线性方程组的通解为

$$\boldsymbol{x}=k\begin{bmatrix}1\\-2\\3\\0\end{bmatrix}+\begin{bmatrix}1\\2\\3\\4\end{bmatrix},\quad k \text{ 为任意常数.}$$

例 4.19　设四元齐次线性方程组(Ⅰ)为

$$(\text{Ⅰ})\begin{cases}2x_1+3x_2-x_3=0,\\ x_1+2x_2+x_3-x_4=0.\end{cases}$$

且另一个四元齐次线性方程组(Ⅱ)的一个基础解为

$$(\text{Ⅱ})\ \boldsymbol{\alpha}_1=\begin{bmatrix}2\\-1\\a+2\\1\end{bmatrix},\quad \boldsymbol{\alpha}_2=\begin{bmatrix}-1\\2\\4\\a+8\end{bmatrix}.$$

(1) 求方程组(Ⅰ)的一个基础解系；

(2) 当 a 为何值时，方程组(Ⅰ)与(Ⅱ)有非零的公共解？在有非零公共解时，求出全部非零公共解.

解　(1) 对方程组的系数矩阵施以初等行变换，得

$$\begin{bmatrix}2&3&-1&0\\1&2&1&-1\end{bmatrix}\xrightarrow[(-1)\times r_2]{\substack{r_1+r_2\\(-1)\times r_1}}\begin{bmatrix}-2&-3&1&0\\-3&-5&0&1\end{bmatrix}.$$

解得方程组(Ⅰ)的基础解系为

$$\boldsymbol{\beta}_1=\begin{bmatrix}1\\0\\2\\3\end{bmatrix},\quad \boldsymbol{\beta}_2=\begin{bmatrix}0\\1\\3\\5\end{bmatrix}.$$

(2) 设方程组(Ⅰ)和(Ⅱ)的公共解为 $\boldsymbol{\eta}$，令

$$\boldsymbol{\eta}=k_3\boldsymbol{\alpha}_1+k_4\boldsymbol{\alpha}_2=k_1\boldsymbol{\beta}_1+k_2\boldsymbol{\beta}_2,$$

由此得方程组

$$(\text{Ⅲ})\begin{cases}k_1-2k_3+k_4=0,\\ k_2+k_3-2k_4=0,\\ 2k_1+3k_2-(a+2)k_3-4k_4=0,\\ 3k_1+5k_2-k_3-(a+8)k_4=0.\end{cases}$$

对方程组(Ⅲ)的系数矩阵施以初等行变换，得

$$\begin{bmatrix}1&0&-2&1\\0&1&1&-2\\2&3&-a-2&-4\\3&5&-1&-a-8\end{bmatrix}$$

$$\xrightarrow[-3r_1+r_4]{-2r_1+r_3}\begin{bmatrix}1&0&-2&1\\0&1&1&-2\\0&3&-a+2&-6\\0&5&5&-a-11\end{bmatrix}$$

$$\xrightarrow[-5r_2+r_4]{-3r_2+r_3}\begin{bmatrix}1&0&-2&1\\0&1&1&-2\\0&0&-a-1&0\\0&0&0&-a-1\end{bmatrix}.$$

显然当 $a=-1$ 时,方程组(Ⅲ)有非零解,方程组(Ⅲ)的同解方程组为

$$\begin{cases}k_1=2k_3-k_4,\\k_2=-k_3+2k_4.\end{cases}$$

令 $k_3=c_1,k_4=c_2$,得方程组(Ⅰ)与(Ⅱ)的非零公共解为

$$\boldsymbol{\eta}=c_1\begin{bmatrix}2\\-1\\1\\1\end{bmatrix}+c_2\begin{bmatrix}-1\\2\\4\\7\end{bmatrix},\quad c_1,c_2\text{ 为不全为零的任意常数.}$$

例 4.20 已知下列两个非齐次线性方程组

$$(\text{Ⅰ})\begin{cases}x_1+x_2-2x_4=-6,\\4x_1-x_2-x_3-x_4=1,\\3x_1-x_2-x_3=3.\end{cases}$$

$$(\text{Ⅱ})\begin{cases}x_1+mx_2-x_3-x_4=-5,\\nx_2-x_3-2x_4=-11,\\x_3-2x_4=1-t.\end{cases}$$

(1) 求出方程组(Ⅰ)通解;

(2) 当方程组(Ⅱ)中的参数 m,n,t 为何值时,方程组(Ⅰ)与(Ⅱ)同解.

解 (1) 对线性方程组(Ⅰ)的增广矩阵施以初等行变换

$$\boldsymbol{B}=\begin{bmatrix}1&1&0&-2&-6\\4&-1&-1&-1&1\\3&-1&-1&0&3\end{bmatrix}$$

$$\xrightarrow[-3r_1+r_3]{-4r_1+r_2}\begin{bmatrix}1&1&0&-2&-6\\0&-5&1&7&25\\0&-4&-1&6&21\end{bmatrix}\xrightarrow{-r_3+r_2}\begin{bmatrix}1&1&0&-2&-6\\0&-1&0&1&4\\0&-4&-1&6&21\end{bmatrix}$$

$$\xrightarrow[(-1)\times r_2]{\substack{r_2+r_1\\ -4r_2+r_3}}\begin{bmatrix}1&0&0&-1&-2\\0&1&0&-1&-4\\0&0&-1&2&5\end{bmatrix}\xrightarrow{(-1)\times r_3}\begin{bmatrix}1&0&0&-1&-2\\0&1&0&-1&-4\\0&0&1&-2&-5\end{bmatrix}.$$

解得(Ⅰ)的通解为

$$\boldsymbol{x}=k\begin{bmatrix}1\\1\\2\\1\end{bmatrix}+\begin{bmatrix}-2\\-4\\-5\\0\end{bmatrix},\quad k\text{ 为任意常数}.$$

(2) 若方程组(Ⅰ)与(Ⅱ)为同解方程组，则它们的解应该完全相同. 把方程组(Ⅰ)的解代入方程组(Ⅱ)，得

$$\begin{cases}(-2+k)+m(-4+k)-(-5+2k)-k=-5,\\ n(-4+k)-(-5+2k)-2k=-11,\\ 2k-5-2k=1-t.\end{cases}$$

注意 k 的任意性，取 $k=0$，得

$$\begin{cases}m=2,\\ n=4,\\ t=6.\end{cases}$$

由此可知，当方程组(Ⅱ)的参数 $m=2,n=4,t=6$ 时，方程组(Ⅰ)的全部解都是方程组(Ⅱ)的解，这时方程组(Ⅱ)为

$$\begin{cases}x_1+2x_2-x_3-x_4=-5,\\ 4x_2-x_3-2x_4=-11,\\ x_3-2x_4=-5.\end{cases}$$

对其增广矩阵施以初等行变换

$$\begin{bmatrix}1&2&-1&-1&-5\\0&4&-1&-2&-11\\0&0&1&-2&-5\end{bmatrix}\xrightarrow[r_3+r_1]{r_3+r_2}\begin{bmatrix}1&2&0&-3&-10\\0&4&0&-4&-16\\0&0&1&-2&-5\end{bmatrix}$$

$$\xrightarrow[-2r_2+r_1]{\frac{1}{4}\times r_2}\begin{bmatrix}1&0&0&-1&-2\\0&1&0&-1&-4\\0&0&1&-2&-5\end{bmatrix}.$$

解得方程组(Ⅱ)的通解为

$$\boldsymbol{x}=k\begin{bmatrix}1\\1\\2\\1\end{bmatrix}+\begin{bmatrix}-2\\-4\\-5\\0\end{bmatrix},\quad k\text{ 为任意常数}.$$

由此可见,方程组(Ⅰ)与(Ⅱ)的解相同,故方程组(Ⅰ)与(Ⅱ)为同解方程组.

注　求两个齐次线性方程有非零的公共解的方法有:

(1) 联立法,即将两个齐次线性方程组联立求解,若有非零解,则该解应满足两个方程组的所有方程,即为两个齐次线性方程组的非零公共解.

(2) 相等法,即将两个齐次线性方程组的通解求出后,令其相等,解得以其基础解系为新方程组的系数矩阵,以其参数为未知数的齐次线性方程组,若有非零解,则可求得两个齐次线性方程组的非零公共解.

四、疑难问题解答

1. 怎样判断 n 元齐次线性方程组 $\boldsymbol{A}_{m\times n}\boldsymbol{x}=\boldsymbol{0}$ 仅有零解或有非零解?

解　由于齐次线性方程组 $\boldsymbol{A}_{m\times n}\boldsymbol{x}=\boldsymbol{0}$ 总是有解的,可做如下讨论:

(1) $\boldsymbol{A}_{m\times n}\boldsymbol{x}=\boldsymbol{0}$ 仅有零解$\Leftrightarrow\begin{cases}①m\neq n,\ \mathrm{R}(\boldsymbol{A})=n,\\ ②m=n,\ |\boldsymbol{A}|\neq 0.\end{cases}$

(2) $\boldsymbol{A}_{m\times n}\boldsymbol{x}=\boldsymbol{0}$ 有非零解$\Leftrightarrow\begin{cases}①m\neq n,\ \mathrm{R}(\boldsymbol{A})<n,\\ ②m=n,\ |\boldsymbol{A}|=0.\end{cases}$

2. n 元非齐次线性方程组 $\boldsymbol{Ax}=\boldsymbol{b}$ ($\boldsymbol{A}=\boldsymbol{A}_{m\times n},\boldsymbol{b}\neq\boldsymbol{0}$)是否恰有 k 个解(k 是大于1的有限整数)?

解　根据非齐次线性方程组 $\boldsymbol{Ax}=\boldsymbol{b}$ 解的存在性知:

(1) 若 $\mathrm{R}(\boldsymbol{A})\neq\mathrm{R}(\boldsymbol{A},\boldsymbol{b})$,则 $\boldsymbol{Ax}=\boldsymbol{b}$ 无解;

(2) 若 $\mathrm{R}(\boldsymbol{A})=\mathrm{R}(\boldsymbol{A},\boldsymbol{b})=n$,则 $\boldsymbol{Ax}=\boldsymbol{b}$ 有唯一解;

(3) 若 $\mathrm{R}(\boldsymbol{A})=\mathrm{R}(\boldsymbol{A},\boldsymbol{b})<n$,则 $\boldsymbol{Ax}=\boldsymbol{b}$ 有无穷多个解.

由此可知 $\boldsymbol{Ax}=\boldsymbol{b}$ 一定没有大于1的有限个整数解.

3. 非齐次线性方程组 $\boldsymbol{Ax}=\boldsymbol{b}$ 与其对应的齐次线性方程组 $\boldsymbol{Ax}=\boldsymbol{0}$ 的解之间有什么关系?

解　(1) 若 $\boldsymbol{Ax}=\boldsymbol{b}$ 有唯一解,则其对应的齐次方程组 $\boldsymbol{Ax}=\boldsymbol{0}$ 仅有零解.

(2) 若 $\boldsymbol{Ax}=\boldsymbol{b}$ 有无穷多个解,则其对应的齐次方程组 $\boldsymbol{Ax}=\boldsymbol{0}$ 必有非零解.

这是因为:若 $\boldsymbol{Ax}=\boldsymbol{b}$ 有唯一解,则 $\mathrm{R}(\boldsymbol{A})=\mathrm{R}(\boldsymbol{B})=n$,故 $\boldsymbol{Ax}=\boldsymbol{0}$ 仅有零解;若 $\boldsymbol{Ax}=\boldsymbol{b}$ 有无穷多个解,则 $\mathrm{R}(\boldsymbol{A})=\mathrm{R}(\boldsymbol{B})<n$,故 $\boldsymbol{Ax}=\boldsymbol{0}$ 有非零解.

(3) 非齐次线性方程组 $\boldsymbol{Ax}=\boldsymbol{b}$ 的一个解与其对应的齐次线性方程组 $\boldsymbol{Ax}=\boldsymbol{0}$ 的一个解之和仍是非齐次线性方程组的解.

注意下列两种说法是不对的.

① 若 $\boldsymbol{Ax}=\boldsymbol{0}$ 仅有零解,则 $\boldsymbol{Ax}=\boldsymbol{b}$ 有唯一解;

② 若 $\boldsymbol{Ax}=\boldsymbol{0}$ 有非零解,则 $\boldsymbol{Ax}=\boldsymbol{b}$ 有无穷多个解.

这是因为 $\boldsymbol{Ax}=\boldsymbol{0}$ 仅有零解,只能推出 $\mathrm{R}(\boldsymbol{A})=n$,但不能推出 $\mathrm{R}(\boldsymbol{A})=\mathrm{R}(\boldsymbol{B})$.

同理,由 $\boldsymbol{Ax}=\boldsymbol{0}$ 有非零解,只能推出 $R(\boldsymbol{A})<n$,但不能推出 $R(\boldsymbol{A})=R(\boldsymbol{B})$. 因为对 $\boldsymbol{Ax}=\boldsymbol{0}$ 仅有零解(有非零解),对 $\boldsymbol{Ax}=\boldsymbol{b}$ 却可能没有解.

五、常见错误类型分析

1. 解线性方程组

$$\begin{cases} x_1+x_2+x_3=-1, \\ \lambda x_1+2x_2+4x_3=2, \\ \lambda x_1+2x_2+x_3=5. \end{cases}$$

错误解法　对方程组的增广矩阵 $\boldsymbol{B}$ 施以初等行变换得

$$\boldsymbol{B}=\begin{bmatrix} 1 & 1 & 1 & -1 \\ \lambda & 2 & 4 & 2 \\ \lambda & 2 & 1 & 5 \end{bmatrix} \xrightarrow[\substack{-r_2+r_3 \\ -r_1+r_2}]{\lambda\times r_1} \begin{bmatrix} \lambda & \lambda & \lambda & \lambda \\ 0 & 2-\lambda & 4-\lambda & 2+\lambda \\ 0 & 0 & -3 & 3 \end{bmatrix}=\boldsymbol{B}_1.$$

显然当 $\lambda\neq 0,\lambda\neq 2$ 时,$R(\boldsymbol{A})=R(\boldsymbol{B})=3$,方程组有唯一解,再对 $\boldsymbol{B}_1$ 作初等行变换,得

$$\boldsymbol{B}_1 \xrightarrow[-\frac{1}{3}\times r_3]{\frac{1}{\lambda}\times r_1} \begin{bmatrix} 1 & 1 & 1 & -1 \\ 0 & 2-\lambda & 4-\lambda & 2+\lambda \\ 0 & 0 & 1 & -1 \end{bmatrix} \xrightarrow[(\lambda-4)r_3+r_2]{-r_3+r_1} \begin{bmatrix} 1 & 1 & 0 & 0 \\ 0 & 2-\lambda & 0 & 6 \\ 0 & 0 & 1 & -1 \end{bmatrix}$$

$$\xrightarrow[-r_2+r_1]{\frac{1}{2-\lambda}\times r_2} \begin{bmatrix} 1 & 0 & 0 & -\dfrac{6}{2-\lambda} \\ 0 & 1 & 0 & \dfrac{6}{2-\lambda} \\ 0 & 0 & 1 & -1 \end{bmatrix}.$$

于是得方程组的解为

$$\begin{cases} x_1=-\dfrac{6}{2-\lambda}, \\ x_2=\dfrac{6}{2-\lambda}, \\ x_3=-1. \end{cases}$$

当 $\lambda=0$ 时,由 $\boldsymbol{B}_1$ 知 $R(\boldsymbol{A})=R(\boldsymbol{B})=2$,方程组有无穷多个解. 对 $\boldsymbol{B}_1$ 作初等行变换得

$$\boldsymbol{B}_1=\begin{bmatrix} 0 & 0 & 0 & 0 \\ 0 & 2 & 4 & 2 \\ 0 & 0 & -3 & 3 \end{bmatrix} \xrightarrow[-\frac{1}{3}\times r_3]{\frac{1}{2}\times r_2} \begin{bmatrix} 0 & 0 & 0 & 0 \\ 0 & 1 & 2 & 1 \\ 0 & 0 & 1 & -1 \end{bmatrix}$$

$$\xrightarrow{-2r_3+r_2}\begin{bmatrix}0&0&0&0\\0&1&0&3\\0&0&1&-1\end{bmatrix}\xrightarrow[r_3\leftrightarrow r_2]{r_2\leftrightarrow r_1}\begin{bmatrix}0&1&0&3\\0&0&1&-1\\0&0&0&0\end{bmatrix}.$$

于是得方程组的解为

$$\boldsymbol{x}=k\begin{bmatrix}1\\0\\0\end{bmatrix}+\begin{bmatrix}0\\3\\-1\end{bmatrix},\quad k\text{ 为任意常数}.$$

当 $\lambda=2$ 时,由 $\boldsymbol{B}_1$ 知 $\mathrm{R}(\boldsymbol{A})=2,\mathrm{R}(\boldsymbol{B})=3$. 此时方程组无解.

错因分析　显然在上面的计算中,为消去增广矩阵 $\boldsymbol{B}$ 的第一列中的 λ,首先对 $\boldsymbol{B}$ 的第一行乘 λ,忽略了 λ 是否为 0 的情况. 若当 $\lambda=0$ 时,将 $\boldsymbol{B}$ 的第 1 行 λ 倍后得到的矩阵与矩阵 $\boldsymbol{B}$ 根本不等价,进而导致了下面进行的初等行变换所得的一系列的矩阵均不等价,因此解法是错误的,需要指出的是,对矩阵作初等行变换时,乘数 λ 不能为零.

正确解法　对方程组的增广矩阵 $\boldsymbol{B}$ 施以初等行变换,得

$$\boldsymbol{B}=\begin{bmatrix}1&1&1&-1\\\lambda&2&4&2\\\lambda&2&1&5\end{bmatrix}\xrightarrow[(-\lambda)\times r_1+r_2]{-r_2+r_3}\begin{bmatrix}1&1&1&-1\\0&2-\lambda&4-\lambda&2+\lambda\\0&0&-3&3\end{bmatrix}$$

$$\xrightarrow[(\lambda-4)r_3+r_2]{\left(-\frac{1}{3}\right)\times r_3}\begin{bmatrix}1&1&0&0\\0&2-\lambda&0&6\\0&0&1&-1\end{bmatrix}=\boldsymbol{B}_1.$$

显然,当 $\lambda=2$ 时,$\mathrm{R}(\boldsymbol{A})=2.\ \mathrm{R}(\boldsymbol{B})=3$,方程组无解.

当 $\lambda\neq2$ 时,$\mathrm{R}(\boldsymbol{A})=\mathrm{R}(\boldsymbol{B})=3$,此时方程组有唯一解,对 $\boldsymbol{B}_1$ 再作初等行变换,得

$$\boldsymbol{B}_1=\begin{bmatrix}1&1&0&0\\0&2-\lambda&0&6\\0&0&1&-1\end{bmatrix}\xrightarrow{\left(\frac{1}{2-\lambda}\right)\times r_2}\begin{bmatrix}1&0&0&-\frac{6}{2-\lambda}\\0&1&0&\frac{6}{2-\lambda}\\0&0&1&-1\end{bmatrix}.$$

于是得方程组的唯一解

$$\begin{cases}x_1=-\dfrac{6}{2-\lambda},\\x_2=\dfrac{6}{2-\lambda},\\x_3=-1.\end{cases}$$

2. 求齐次线性方程组

$$\begin{cases} x_1 + x_2 - 3x_3 - x_4 = 0, \\ 2x_1 - 2x_2 + 5x_4 = 0, \\ x_1 - 7x_2 + 9x_3 + 13x_4 = 0 \end{cases}$$

的基础解系和通解.

错误解法　对方程组的系数矩阵 $\boldsymbol{A}$ 施以初等行变换,得

$$\boldsymbol{A} = \begin{bmatrix} 1 & 1 & -3 & -1 \\ 2 & -2 & 0 & 5 \\ 1 & -7 & 9 & 13 \end{bmatrix} \xrightarrow[-r_1+r_3]{-2r_1+r_2} \begin{bmatrix} 1 & 1 & -3 & -2 \\ 0 & -4 & 6 & 7 \\ 0 & -8 & 12 & 14 \end{bmatrix}$$

$$\xrightarrow[\left(-\frac{1}{4}\right)\times r_2]{-2r_2+r_3} \begin{bmatrix} 1 & 1 & -3 & -1 \\ 0 & 1 & -\frac{3}{2} & -\frac{7}{4} \\ 0 & 0 & 0 & 0 \end{bmatrix} \xrightarrow{-r_2+r_1} \begin{bmatrix} 1 & 0 & -\frac{3}{2} & \frac{3}{4} \\ 0 & 1 & -\frac{3}{2} & -\frac{7}{4} \\ 0 & 0 & 0 & 0 \end{bmatrix}.$$

由于 $R(\boldsymbol{A})=2<4$,所以原方程有无穷多个解,其等价的方程组为

$$\begin{cases} x_1 - \frac{3}{2}x_3 + \frac{3}{4}x_4 = 0, \\ x_2 - \frac{3}{2}x_3 - \frac{7}{4}x_4 = 0. \end{cases}$$

解方程组,得

$$\begin{cases} x_1 = \frac{3}{2}x_3 - \frac{3}{4}x_4, \\ x_2 = \frac{3}{2}x_3 + \frac{7}{4}x_4. \end{cases}$$

若取

$$\begin{bmatrix} x_3 \\ x_4 \end{bmatrix} = \begin{bmatrix} 1 \\ 2 \end{bmatrix}, \begin{bmatrix} 2 \\ 4 \end{bmatrix},$$

则对应的

$$\begin{bmatrix} x_1 \\ x_2 \end{bmatrix} = \begin{bmatrix} 0 \\ 5 \end{bmatrix}, \begin{bmatrix} 0 \\ 10 \end{bmatrix},$$

于是得一个基础解系为

$$\boldsymbol{\xi}_1 = \begin{bmatrix} 0 \\ 5 \\ 1 \\ 2 \end{bmatrix}, \quad \boldsymbol{\xi}_2 = \begin{bmatrix} 0 \\ 10 \\ 2 \\ 4 \end{bmatrix}.$$

故方程组的通解为

$$\boldsymbol{x}=k_1\begin{bmatrix}0\\5\\1\\2\end{bmatrix}+k_2\begin{bmatrix}0\\10\\2\\4\end{bmatrix},\quad k_1,k_2\text{ 为任意常数.}$$

错因分析 结论显然是错误的,因为解向量

$$\boldsymbol{\xi}_1=\begin{bmatrix}0\\5\\1\\2\end{bmatrix}\quad\text{与}\quad\boldsymbol{\xi}_2=\begin{bmatrix}0\\10\\2\\4\end{bmatrix}$$

是线性相关的,它们不能构成基础解系.为什么会出现这种错误呢?原因是 $\begin{bmatrix}x_3\\x_4\end{bmatrix}$ 的两组取值:$\begin{bmatrix}1\\2\end{bmatrix}$ 与 $\begin{bmatrix}2\\4\end{bmatrix}$ 是线性相关的,为了得到基础解系,$\begin{bmatrix}x_3\\x_4\end{bmatrix}$ 应分别取两组线性无关的解,这样才能保证 $\boldsymbol{\xi}_1$ 与 $\boldsymbol{\xi}_2$ 是线性无关的.

正确解法 令 $\begin{bmatrix}x_3\\x_4\end{bmatrix}=\begin{bmatrix}1\\0\end{bmatrix}$ 及 $\begin{bmatrix}0\\1\end{bmatrix}$,则对应的

$$\begin{bmatrix}x_1\\x_2\end{bmatrix}=\begin{bmatrix}\frac{3}{2}\\\frac{3}{2}\end{bmatrix},\begin{bmatrix}-\frac{3}{4}\\\frac{7}{4}\end{bmatrix},$$

于是得方程组的一个基础解系为

$$\boldsymbol{\xi}_1=\begin{bmatrix}\frac{3}{2}\\\frac{3}{2}\\1\\0\end{bmatrix},\quad\boldsymbol{\xi}_2=\begin{bmatrix}-\frac{3}{4}\\\frac{7}{4}\\0\\1\end{bmatrix}.$$

故方程组的通解为

$$\boldsymbol{x}=k_1\begin{bmatrix}\frac{3}{2}\\\frac{3}{2}\\1\\0\end{bmatrix}+k_2\begin{bmatrix}-\frac{3}{4}\\\frac{7}{4}\\0\\1\end{bmatrix},\quad k_1,k_2\text{ 为任意常数.}$$

练习 4

1. 设3元线性方程组$\boldsymbol{Ax}=\boldsymbol{b}$的系数矩阵$\boldsymbol{A}$的秩为2，$\boldsymbol{\alpha}_1,\boldsymbol{\alpha}_2,\boldsymbol{\alpha}_3$是其3个解向量，且$\boldsymbol{\alpha}_1+\boldsymbol{\alpha}_2+\boldsymbol{\alpha}_3=(3,6,9)^{\mathrm{T}}$，$\boldsymbol{\alpha}_2-\boldsymbol{\alpha}_3=(1,1,1)^{\mathrm{T}}$，则$\boldsymbol{Ax}=\boldsymbol{b}$的通解为________.

2. 设齐次线性方程组

$$\begin{cases}\lambda x_1+x_2+x_3=0,\\ x_1+\lambda x_2+x_3=0,\\ x_1+x_2+x_3=0\end{cases}$$

仅有零解，则λ应满足的条件是________.

3. 设$\boldsymbol{A}$为四阶方阵，$\mathrm{R}(\boldsymbol{A})=3$，则$\boldsymbol{A}^*\boldsymbol{x}=\boldsymbol{0}$的基础解系所含解向量的个数为________.

4. 设$\boldsymbol{\alpha}$为n维列向量，且$\boldsymbol{\alpha}^{\mathrm{T}}\boldsymbol{\alpha}=1$，令$\boldsymbol{A}=\boldsymbol{E}-\boldsymbol{\alpha}\boldsymbol{\alpha}^{\mathrm{T}}$，若$\mathrm{R}(\boldsymbol{A})=n-1$，则$\boldsymbol{Ax}=\boldsymbol{0}$的通解为________.

5. 设矩阵

$$\boldsymbol{A}=\begin{bmatrix}2&1&0\\1&2&0\\0&0&1\end{bmatrix}.$$

且满足$\boldsymbol{ABA}^*=2\boldsymbol{BA}^*+\boldsymbol{E}$，则$\boldsymbol{Bx}=\boldsymbol{0}$的解为________.

6. 设n元方程组$\boldsymbol{Ax}=\boldsymbol{0}$的系数矩阵$\boldsymbol{A}$的秩为$n-3$，且$\boldsymbol{\alpha}_1,\boldsymbol{\alpha}_2,\boldsymbol{\alpha}_3$为方程组$\boldsymbol{Ax}=\boldsymbol{0}$的3个线性无关的解向量，则方程组的另一基础解系为(　　).

(A) $\boldsymbol{\alpha}_1+\boldsymbol{\alpha}_2,\boldsymbol{\alpha}_2+\boldsymbol{\alpha}_3,\boldsymbol{\alpha}_3+\boldsymbol{\alpha}_1$

(B) $\boldsymbol{\alpha}_2-\boldsymbol{\alpha}_1,\boldsymbol{\alpha}_3-\boldsymbol{\alpha}_2,\boldsymbol{\alpha}_1+\boldsymbol{\alpha}_3$

(C) $2\boldsymbol{\alpha}_2-\boldsymbol{\alpha}_1,\frac{1}{2}\boldsymbol{\alpha}_3-\boldsymbol{\alpha}_2,\boldsymbol{\alpha}_1+\boldsymbol{\alpha}_3$

(D) $\boldsymbol{\alpha}_1+\boldsymbol{\alpha}_2+\boldsymbol{\alpha}_3,\boldsymbol{\alpha}_3-\boldsymbol{\alpha}_2,-\boldsymbol{\alpha}_1-2\boldsymbol{\alpha}_3$

7. 设$\boldsymbol{A}$为n阶方阵，$\boldsymbol{A}^*$为$\boldsymbol{A}$的伴随矩阵，若对任意n维向量$\boldsymbol{\alpha}$，均有$\boldsymbol{A}^*\boldsymbol{\alpha}=\boldsymbol{0}$，则齐次线性方程组$\boldsymbol{Ax}=\boldsymbol{0}$的基础解系中所含解向量个数$k$为(　　).

(A) $k=0$　　(B) $k=1$　　(C) $k>1$　　(D) $k=n$

8. 设$\boldsymbol{A}$为n阶方阵，齐次线性方程组$\boldsymbol{Ax}=\boldsymbol{0}$的基础解系有两个解向量，$\boldsymbol{A}^*$是$\boldsymbol{A}$的伴随矩阵，则有(　　).

(A) $\boldsymbol{A}^*\boldsymbol{x}=\boldsymbol{0}$的解均为$\boldsymbol{Ax}=\boldsymbol{0}$的解

(B) $\boldsymbol{Ax}=\boldsymbol{0}$的解均为$\boldsymbol{A}^*\boldsymbol{x}=\boldsymbol{0}$的解

(C) $\boldsymbol{Ax}=\mathbf{0}$ 与 $\boldsymbol{A}^*\boldsymbol{x}=\mathbf{0}$ 无非零的公共解

(D) $\boldsymbol{Ax}=\mathbf{0}$ 与 $\boldsymbol{A}^*\boldsymbol{x}=\mathbf{0}$ 恰好有1个非零公共解

9. 设 n 阶矩阵 $\boldsymbol{A}$ 的伴随矩阵 $\boldsymbol{A}^*\neq\mathbf{0}$,若 $\boldsymbol{\eta}_1,\boldsymbol{\eta}_2,\boldsymbol{\eta}_3,\boldsymbol{\eta}_4$ 是非齐次线性方程组 $\boldsymbol{Ax}=\boldsymbol{b}$ 的不相等的解,则 $\boldsymbol{Ax}=\mathbf{0}$ 的基础解系(　　).

(A) 不存在

(B) 含有1个非零的解向量

(C) 含有2个线性无关的解向量

(D) 含有3个线性无关的解向量

10. 设向量 $\boldsymbol{\xi}_1=(1,0,2)^{\mathrm{T}},\boldsymbol{\xi}_2=(0,1,-1)^{\mathrm{T}}$ 都是线性方程组 $\boldsymbol{Ax}=\mathbf{0}$ 的解,则系数矩阵 $\boldsymbol{A}$ 应为(　　).

(A) $\begin{bmatrix}2 & 0 & -1\\ 0 & 1 & 1\end{bmatrix}$　　(B) $\begin{bmatrix}0 & 1 & -1\\ 4 & -2 & -2\\ 0 & 1 & 1\end{bmatrix}$

(C) $\begin{bmatrix}-1 & 0 & 2\\ 0 & 1 & -1\end{bmatrix}$　　(D) $(-2,1,1)$

11. 求解方程组

$$\begin{cases}x_1+8x_2+6x_3-3x_4=0,\\ 2x_1-3x_2-2x_3+x_4=0,\\ 3x_1+5x_2+4x_3-2x_4=0.\end{cases}$$

12. 求解方程组

$$\begin{cases}x_1+x_3+2x_4=-4,\\ 2x_1+x_2+x_3+2x_4=1,\\ 2x_1+x_2+x_3+x_4=-1.\end{cases}$$

13. 设齐次线性方程组

$$\begin{cases}(1+a)x_1+x_2+\cdots+x_n=0,\\ 2x_1+(2+a)x_2+\cdots+2x_n=0,\\ \qquad\vdots\\ nx_1+nx_2+\cdots+(n+a)x_n=0.\end{cases}$$

问 a 为何值时,该方程组有非零解,并求出其通解.

14. 已知向量组

$$\boldsymbol{\alpha}_1=\begin{bmatrix}a\\ 2\\ 10\end{bmatrix},\quad \boldsymbol{\alpha}_2=\begin{bmatrix}-2\\ 1\\ 5\end{bmatrix},\quad \boldsymbol{\alpha}_3=\begin{bmatrix}-1\\ 1\\ 4\end{bmatrix},\quad \boldsymbol{\beta}=\begin{bmatrix}1\\ b\\ c\end{bmatrix}.$$

试问当 a,b,c 满足什么条件时,

(1) $\boldsymbol{\beta}$ 可由 $\boldsymbol{\alpha}_1,\boldsymbol{\alpha}_2,\boldsymbol{\alpha}_3$ 线性表示，且表示式唯一？

(2) $\boldsymbol{\beta}$ 不能由 $\boldsymbol{\alpha}_1,\boldsymbol{\alpha}_2,\boldsymbol{\alpha}_3$ 线性表示？

(3) $\boldsymbol{\beta}$ 可由 $\boldsymbol{\alpha}_1,\boldsymbol{\alpha}_2,\boldsymbol{\alpha}_3$ 线性表示，但表示式不唯一？并求出一般表示式.

15. 设有两个四元线性方程组

$$(\text{I})\begin{cases}x_1+x_2=0,\\x_2-x_4=0;\end{cases}\qquad(\text{II})\begin{cases}x_1-x_2+x_3=0,\\x_2-x_3+x_4=0.\end{cases}$$

试问方程组(Ⅰ)与(Ⅱ)是否有非零公共解？若有，求出所有的非零公共解.

16. 设方程组

$$(\text{I})\begin{cases}x_1+2x_2-x_3+x_4=r,\\3x_1+px_2+3x_3+2x_4=-11,\\2x_1+2x_2+qx_3+x_4=14.\end{cases}$$

与方程组

$$(\text{II})\begin{cases}x_1+3x_3=-2,\\x_1+x_2+x_3=3,\\x_2-2x_3+x_4=-5.\end{cases}$$

同解，试确定方程组(Ⅰ)中的参数 p,q,r 的值.

17. 设矩阵 $\boldsymbol{A}=(\boldsymbol{\alpha}_1,\boldsymbol{\alpha}_2,\boldsymbol{\alpha}_3,\boldsymbol{\alpha}_4)$，$\boldsymbol{\alpha}_1,\boldsymbol{\alpha}_2,\boldsymbol{\alpha}_3,\boldsymbol{\alpha}_4$ 均为 n 维列向量，其中 $\boldsymbol{\alpha}_2,\boldsymbol{\alpha}_3,\boldsymbol{\alpha}_4$ 线性无关，$\boldsymbol{\alpha}_1=2\boldsymbol{\alpha}_2-\boldsymbol{\alpha}_3$.

(1) 若 $\boldsymbol{\alpha}_2,\boldsymbol{\alpha}_3,\boldsymbol{\alpha}_4,\boldsymbol{\beta}_1$（$\boldsymbol{\beta}_1$ 是 n 维列向量）线性无关，问方程组 $\boldsymbol{Ax}=\boldsymbol{\beta}_1$ 是否有解？并说明理由.

(2) 若 $\boldsymbol{\alpha}_1+2\boldsymbol{\alpha}_2+3\boldsymbol{\alpha}_3+4\boldsymbol{\alpha}_4=\boldsymbol{\beta}_2$，求方程组 $\boldsymbol{Ax}=\boldsymbol{\beta}_2$ 的通解.

18. 设有向量组

$$(\text{I})\ \boldsymbol{\alpha}_1=\begin{bmatrix}1\\0\\2\end{bmatrix},\quad\boldsymbol{\alpha}_2=\begin{bmatrix}1\\1\\3\end{bmatrix},\quad\boldsymbol{\alpha}_3=\begin{bmatrix}1\\-1\\a+2\end{bmatrix};$$

$$(\text{II})\ \boldsymbol{\beta}_1=\begin{bmatrix}1\\2\\a+3\end{bmatrix},\quad\boldsymbol{\beta}_2=\begin{bmatrix}2\\1\\a+6\end{bmatrix},\quad\boldsymbol{\beta}_3=\begin{bmatrix}2\\1\\a+4\end{bmatrix},$$

试问当 a 为何值时，向量组(Ⅰ)与(Ⅱ)等价？当 a 为何值时向量组(Ⅰ)与(Ⅱ)不等价？

19. 已知三阶矩阵 $\boldsymbol{A}$ 的第1行 (a,b,c) 不全为零，矩阵 $\boldsymbol{B}=\begin{bmatrix}1&2&3\\2&4&6\\3&6&k\end{bmatrix}$，$k$ 为常数，且 $\boldsymbol{AB}=\boldsymbol{0}$，求线性方程组 $\boldsymbol{Ax}=\boldsymbol{0}$ 的解.

20. 设 $\boldsymbol{\alpha}_j=(a_{j1},a_{j2},\cdots,a_{jn})^{\mathrm{T}}(j=1,2,\cdots,r,r<n)$ 是 n 维列向量,且 $\boldsymbol{\alpha}_1,\boldsymbol{\alpha}_2,\cdots,\boldsymbol{\alpha}_r$ 线性无关,已知 $\boldsymbol{\beta}=(b_1,b_2,\cdots,b_n)^{\mathrm{T}}$ 是线性方程组

$$\begin{cases}a_{11}x_1+a_{12}x_2+\cdots+a_{1n}x_n=0,\\ a_{21}x_1+a_{22}x_2+\cdots+a_{2n}x_n=0,\\ a_{r1}x_1+a_{r2}x_2+\cdots+a_{rn}x_n=0\end{cases}$$

的非零解,试判断 $\boldsymbol{\alpha}_1,\boldsymbol{\alpha}_2,\cdots,\boldsymbol{\alpha}_r,\boldsymbol{\beta}$ 的线性相关性.

练习4参考答案与提示

1. $\boldsymbol{x}=k(1,1,1)^{\mathrm{T}}+(1,2,3)^{\mathrm{T}}$,$k$ 为任意常数.

2. 若方程组仅有零解,则必有

$$|\boldsymbol{A}|=\begin{vmatrix}\lambda&1&1\\1&\lambda&1\\1&1&1\end{vmatrix}=(\lambda-1)^2\neq0,$$

故 $\lambda\neq1$.

3. 由 $\mathrm{R}(\boldsymbol{A})=3$,则 $\mathrm{R}(\boldsymbol{A}^*)=1$,所以 $\boldsymbol{A}^*\boldsymbol{x}=\boldsymbol{0}$ 基础解系解向量的个数为 3.

4. 由于

$$\boldsymbol{A\alpha}=(\boldsymbol{E}-\boldsymbol{\alpha\alpha}^{\mathrm{T}})\boldsymbol{\alpha}=\boldsymbol{\alpha}-\boldsymbol{\alpha}\alpha^{\mathrm{T}}\boldsymbol{\alpha}=\boldsymbol{\alpha}-\boldsymbol{\alpha}=\boldsymbol{0},$$

所以,$\boldsymbol{\alpha}$ 是 $\boldsymbol{Ax}=\boldsymbol{0}$ 的一个非零解,又因为 $\mathrm{R}(\boldsymbol{A})=n-1$,所以 $\boldsymbol{Ax}=\boldsymbol{0}$ 的通解为 $\boldsymbol{x}=k\alpha$,k 为任意常数.

5. 由于 $|\boldsymbol{A}|=3$,在 $\boldsymbol{ABA}^*=2\boldsymbol{BA}^*+\boldsymbol{E}$ 的两边右乘 $\boldsymbol{A}$,得 $3\boldsymbol{AB}=6\boldsymbol{B}+\boldsymbol{A}$,整理得

$$3(\boldsymbol{A}-2\boldsymbol{E})\boldsymbol{B}=\boldsymbol{A},$$

两边取行列式得 $|\boldsymbol{B}|=\dfrac{1}{9}\neq0$,故 $\boldsymbol{Bx}=\boldsymbol{0}$ 仅有零解.

6. 由于 $\mathrm{R}(\boldsymbol{A})=n-3$,所以 $\boldsymbol{Ax}=\boldsymbol{0}$ 的基础解系中含 3个向量,根据齐次线性方程组解的性质,给出的 4 个备选答案中任何一组的 3 个向量都是 $\boldsymbol{Ax}=\boldsymbol{0}$ 的解向量,但容易验证(B),(C),(D)中的 3 个向量均线性相关,而(A)中的 3 个向量在基础解系 $\boldsymbol{\alpha}_1,\boldsymbol{\alpha}_2,\boldsymbol{\alpha}_3$ 下坐标所对应的行列式

$$\begin{vmatrix}1&1&0\\0&1&1\\1&0&1\end{vmatrix}=2\neq0,$$

所以(A) 中的 3 个向量线性无关,故可作为 $\boldsymbol{Ax}=\boldsymbol{0}$ 的另一个基础解系,因此选(A).

7. 由题意知 $\boldsymbol{A}^*\boldsymbol{x}=\boldsymbol{0}$ 的基础解系中所含解向量的个数为 n,由 $n-\mathrm{R}(\boldsymbol{A}^*)=$

n,即 $\mathrm{R}(\boldsymbol{A}^*)=0$,得 $\boldsymbol{A}^*=\boldsymbol{0}$,因此 $\boldsymbol{A}$ 中所有元素的代数余子式均为 0,故 $\mathrm{R}(\boldsymbol{A})<n-1$,即 $n-\mathrm{R}(\boldsymbol{A})>1$,所以 $\boldsymbol{Ax}=\boldsymbol{0}$ 的基础解系中所含解向量的个数 k 大于 1. 故选(C).

8. 由题意知 $n-\mathrm{R}(\boldsymbol{A})=2$,得 $\mathrm{R}(\boldsymbol{A})=n-2$,则 $\boldsymbol{A}$ 中所有的 $n-1$ 阶子式全为 0,故 $\boldsymbol{A}^*=\boldsymbol{0}$,因此,任意一个 n 维列向量均是 $\boldsymbol{A}^*\boldsymbol{x}=\boldsymbol{0}$ 的解,所以 $\boldsymbol{Ax}=\boldsymbol{0}$ 的解均为 $\boldsymbol{A}^*\boldsymbol{x}=\boldsymbol{0}$ 的解,故选(B).

9. 由于 $\boldsymbol{A}^*\neq\boldsymbol{0}$,所以 $\boldsymbol{A}$ 中有 $n-1$ 阶非零子式,因此 $\mathrm{R}(\boldsymbol{A})\geqslant n-1$,又 $\boldsymbol{\eta}_1,\boldsymbol{\eta}_2,\boldsymbol{\eta}_3,\boldsymbol{\eta}_4$ 是 $\boldsymbol{Ax}=\boldsymbol{b}$ 的 4 个不同的解,则 $\boldsymbol{Ax}=\boldsymbol{b}$ 没有唯一解,所以 $\mathrm{R}(\boldsymbol{A})<n$,故 $\mathrm{R}(\boldsymbol{A})=n-1$,因此 $\boldsymbol{Ax}=\boldsymbol{0}$ 基础解系中仅含有 1 个非零的解向量. 故选(B).

10. 因两线性无关的向量 $\boldsymbol{\xi}_1=(1,0,2)^{\mathrm{T}},\boldsymbol{\xi}_2=(0,1,-1)^{\mathrm{T}}$ 都是线性方程组 $\boldsymbol{Ax}=\boldsymbol{0}$ 的解,故方程组 $\boldsymbol{Ax}=\boldsymbol{0}$ 的基础解系中解向量的个数 $k\geqslant 2$,又 $k=n-\mathrm{R}(\boldsymbol{A})=3-\mathrm{R}(\boldsymbol{A})$. 则 $\mathrm{R}(\boldsymbol{A})\leqslant 1$,所以(D)满足条件,故选(D).

11.

$$\boldsymbol{x}=k_1\begin{bmatrix}1\\7\\0\\19\end{bmatrix}+k_2\begin{bmatrix}0\\0\\1\\2\end{bmatrix},\quad k_1,k_2\text{ 为任意常数.}$$

12.

$$\boldsymbol{x}=k_1\begin{bmatrix}-1\\1\\1\\0\end{bmatrix}+k_2\begin{bmatrix}-8\\13\\0\\2\end{bmatrix},\quad k_1,k_2\text{ 为任意常数.}$$

13. 对方程组的系数矩阵 $\boldsymbol{A}$ 施以初等行变换,得

$$\boldsymbol{A}=\begin{bmatrix}1+a & 1 & \cdots & 1\\ 2 & 2+a & \cdots & 2\\ \vdots & \vdots & & \vdots\\ n & n & \cdots & n+a\end{bmatrix}\xrightarrow[i=2,\cdots,n]{-ir_1+r_i}\begin{bmatrix}1+a & 1 & \cdots & 1\\ -2a & a & \cdots & 0\\ \vdots & \vdots & & \vdots\\ -na & 0 & \cdots & a\end{bmatrix}=\boldsymbol{A}_1.$$

当 $a=0$ 时,得同解方程组

$$x_1+x_2+\cdots+x_n=0,$$

其解为

$$\boldsymbol{x}=k_1\begin{bmatrix}-1\\1\\0\\\vdots\\0\end{bmatrix}+k_2\begin{bmatrix}-1\\0\\1\\\vdots\\0\end{bmatrix}+\cdots+k_{n-1}\begin{bmatrix}-1\\0\\0\\\vdots\\1\end{bmatrix},\quad k_1,k_2,\cdots,k_{n-1}\text{ 为任意常数.}$$

当 $a\neq 0$ 时，

$$\boldsymbol{A}_1 \xrightarrow[i=2,\cdots,n]{\frac{1}{a}\cdot r_i} \begin{bmatrix} 1+a & 1 & 1 & \cdots & 1 \\ -2 & 1 & 0 & \cdots & 0 \\ \vdots & \vdots & \vdots & & \vdots \\ -n & 0 & 0 & \cdots & 1 \end{bmatrix}$$

$$\xrightarrow[i=2,\cdots,n]{\sum r_i + r_1} \begin{bmatrix} a+\frac{n(n+1)}{2} & 0 & 0 & \cdots & 0 \\ -2 & 1 & 0 & \cdots & 0 \\ \vdots & \vdots & \vdots & & \vdots \\ -n & 0 & 0 & \cdots & 1 \end{bmatrix}.$$

可知当 $a=-\frac{n(n+1)}{2}$ 时，$R(\boldsymbol{A})=n-1$，此时方程组的非零解为

$$\boldsymbol{x}=k\begin{bmatrix} 1 \\ 2 \\ \vdots \\ n \end{bmatrix}, \quad k \text{ 为任意常数.}$$

当 $a\neq-\frac{n(n+1)}{2}$ 时，方程组仅有零解.

14. 作 $x_1\boldsymbol{\alpha}_1+x_2\boldsymbol{\alpha}_2+x_3\boldsymbol{\alpha}_3=\boldsymbol{\beta}$.

(1) 当 $a\neq-4$ 时，$\boldsymbol{\beta}$ 可由 $\boldsymbol{\alpha}_1,\boldsymbol{\alpha}_2,\boldsymbol{\alpha}_3$ 唯一线性表示.

(2) 当 $a=-4$ 时，若 $3b-c\neq 1$，则 $R(\boldsymbol{A})\neq R(\boldsymbol{B})$，$\boldsymbol{\beta}$ 不能由 $\boldsymbol{\alpha}_1,\boldsymbol{\alpha}_2,\boldsymbol{\alpha}_3$ 线性表示.

(3) 当 $a=-4$ 时，若 $3b-c=1$，则 $R(\boldsymbol{A})=R(\boldsymbol{B})=2<3$，$\boldsymbol{\beta}$ 可由 $\boldsymbol{\alpha}_1,\boldsymbol{\alpha}_2,\boldsymbol{\alpha}_3$ 线性表示，表示法不唯一，且

$$\boldsymbol{\beta}=k\boldsymbol{\alpha}_1-(2k+b+1)\boldsymbol{\alpha}_2+(2b+1)\boldsymbol{\alpha}_3, \quad k \text{ 为任意常数.}$$

15. 方程组(Ⅰ)与(Ⅱ)的非零公共解为

$$\boldsymbol{x}=k\begin{bmatrix} -1 \\ 1 \\ 2 \\ 1 \end{bmatrix}, \quad k\neq 0 \text{ 为任意常数.}$$

16. $r=-2,p=3,q=2$.

17. (1) 由题设 $\boldsymbol{\alpha}_1=2\boldsymbol{\alpha}_2-\boldsymbol{\alpha}_3$，可得 $\boldsymbol{\alpha}_1,\boldsymbol{\alpha}_2,\boldsymbol{\alpha}_3,\boldsymbol{\alpha}_4$ 线性相关，而 $\boldsymbol{\alpha}_2,\boldsymbol{\alpha}_3,\boldsymbol{\alpha}_4$ 线性无关，从而 $R(\boldsymbol{A})=3$. 再由 $\boldsymbol{\alpha}_2,\boldsymbol{\alpha}_3,\boldsymbol{\alpha}_4,\boldsymbol{\beta}_1$ 线性无关及 $\boldsymbol{\alpha}_1,\boldsymbol{\alpha}_2,\boldsymbol{\alpha}_3,\boldsymbol{\alpha}_4,\boldsymbol{\beta}_1$ 线性相关，可知向量组 $\boldsymbol{\alpha}_1,\boldsymbol{\alpha}_2,\boldsymbol{\alpha}_3,\boldsymbol{\alpha}_4,\boldsymbol{\beta}_1$ 的秩为 4，即增广矩阵 $R(\boldsymbol{A},\boldsymbol{\beta}_1)=4$，由于 $R(\boldsymbol{A})\neq R(\boldsymbol{A},\boldsymbol{\beta}_1)$，方程组 $\boldsymbol{A}\boldsymbol{x}=\boldsymbol{\beta}_1$ 无解.

(2) 由已知 $\boldsymbol{\alpha}_1+2\boldsymbol{\alpha}_2+3\boldsymbol{\alpha}_3+4\boldsymbol{\alpha}_4=\boldsymbol{\beta}_2$，得

$$(\boldsymbol{\alpha}_1,\boldsymbol{\alpha}_2,\boldsymbol{\alpha}_3,\boldsymbol{\alpha}_4)\begin{bmatrix}1\\2\\3\\4\end{bmatrix}=\boldsymbol{\beta}_2,$$

所以，$\boldsymbol{\eta}^*=(1,2,3,4)^{\mathrm{T}}$ 是方程组(Ⅱ)的一个特解.

由 $\mathrm{R}(\boldsymbol{A})=3$，齐次线性方程组 $\boldsymbol{Ax}=\boldsymbol{0}$ 的基础解系有1个非零解向量，而由 $\boldsymbol{\alpha}_1=2\boldsymbol{\alpha}_2-\boldsymbol{\alpha}_3$ 知 $\boldsymbol{\xi}=(1,-2,1,0)^{\mathrm{T}}$ 是 $\boldsymbol{Ax}=\boldsymbol{0}$ 的一个非零解，因而可作为 $\boldsymbol{Ax}=\boldsymbol{0}$ 的一个基础解系. 故方程组(Ⅱ)的通解为

$$\boldsymbol{x}=k(1,-2,1,0)^{\mathrm{T}}+(1,2,3,4)^{\mathrm{T}}\quad(k\in\mathbb{R}).$$

18. 作初等行变换有

$$(\boldsymbol{\alpha}_1,\boldsymbol{\alpha}_2,\boldsymbol{\alpha}_3,\boldsymbol{\beta}_1,\boldsymbol{\beta}_2,\boldsymbol{\beta}_3)=\begin{bmatrix}1&1&1&1&2&2\\0&1&-1&2&1&1\\2&3&a+2&a+3&a+6&a+4\end{bmatrix}$$

$$\xrightarrow[\substack{-2r_1+r_3\\-r_2+r_3}]{-r_2+r_1}\begin{bmatrix}1&0&2&-1&1&1\\0&1&-1&2&1&1\\0&0&a+1&a-1&a+1&a-1\end{bmatrix}.$$

当 $a\neq-1$ 时，有行列式 $|\boldsymbol{\alpha}_1,\boldsymbol{\alpha}_2,\boldsymbol{\alpha}_3|=a+1\neq0$，$\mathrm{R}(\boldsymbol{\alpha}_1,\boldsymbol{\alpha}_2,\boldsymbol{\alpha}_3)=3$，故线性方程组 $x_1\boldsymbol{\alpha}_1+x_2\boldsymbol{\alpha}_2+x_3\boldsymbol{\alpha}_3=\beta_i(i=1,2,3)$ 均有唯一解，所以 $\boldsymbol{\beta}_1,\boldsymbol{\beta}_2,\boldsymbol{\beta}_3$ 可由向量组(Ⅰ)线性表示.

同理，行列式 $|\boldsymbol{\beta}_1,\boldsymbol{\beta}_2,\boldsymbol{\beta}_3|=6\neq0$，$\mathrm{R}(\boldsymbol{\beta}_1,\boldsymbol{\beta}_2,\boldsymbol{\beta}_3)=3$，故 $\boldsymbol{\alpha}_1,\boldsymbol{\alpha}_2,\boldsymbol{\alpha}_3$ 可由向量组(Ⅱ)线性表示. 因此，向量组(Ⅰ)与(Ⅱ)等价.

19. 由于 $\boldsymbol{AB}=\boldsymbol{0}$，故 $\mathrm{R}(\boldsymbol{A})+\mathrm{R}(\boldsymbol{B})\leqslant3$，又由于 a,b,c 不全为0，可知 $\mathrm{R}(\boldsymbol{A})\geqslant1$.

当 $k\neq9$ 时，$\mathrm{R}(\boldsymbol{B})=2$，于是 $\mathrm{R}(\boldsymbol{A})=1$.

当 $k=9$ 时，$\mathrm{R}(\boldsymbol{B})=1$，于是 $\mathrm{R}(\boldsymbol{A})=1$ 或 $\mathrm{R}(\boldsymbol{A})=2$.

对于 $k\neq9$，由 $\boldsymbol{AB}=\boldsymbol{0}$ 可得

$$\boldsymbol{A}\begin{bmatrix}1\\2\\3\end{bmatrix}=\boldsymbol{0},\quad\boldsymbol{A}\begin{bmatrix}3\\6\\k\end{bmatrix}=\boldsymbol{0},$$

由于 $\boldsymbol{\eta}_1=(1,2,3)^{\mathrm{T}}$ 和 $\boldsymbol{\eta}_2=(3,6,k)^{\mathrm{T}}$ 线性无关，故 $\boldsymbol{\eta}_1,\boldsymbol{\eta}_2$ 为 $\boldsymbol{Ax}=\boldsymbol{0}$ 的一个基础解系，于是 $\boldsymbol{Ax}=\boldsymbol{0}$ 的通解为 $\boldsymbol{x}=c_1\boldsymbol{\eta}_1+c_2\boldsymbol{\eta}_2$，$c_1,c_2\in\mathbb{R}$.

对于 $k=9$，且 $\mathrm{R}(\boldsymbol{A})=2$，则 $\boldsymbol{Ax}=\boldsymbol{0}$ 的基础解系为 $(1,2,3)^{\mathrm{T}}$，此时的通解为 $k(1,2,3)^{\mathrm{T}}$，$k\in\mathbb{R}$.

若 $R(\boldsymbol{A})=1$,则 $\boldsymbol{Ax}=\boldsymbol{0}$ 的基础解系由两个线性无关的解向量构成,再由 $\boldsymbol{A}$ 的第1行 a,b,c 不全为0,所以 $ax_1+bx_2+cx_3=0$,不妨设 $a\neq 0$,可得 $\boldsymbol{\xi}_1=(-b,a,0)^{\mathrm{T}}$,$\boldsymbol{\xi}_2=(-c,0,a)^{\mathrm{T}}$ 是 $\boldsymbol{Ax}=\boldsymbol{0}$ 的两个线性无关的解向量,故此时方程组 $\boldsymbol{Ax}=\boldsymbol{0}$ 的通解为 $\boldsymbol{x}=k_1\boldsymbol{\xi}_1+k_2\boldsymbol{\xi}_2,k_1,k_2\in\mathbb{R}$.

20. 将方程组记为 $\boldsymbol{Ax}=\boldsymbol{0}$,则有 $\boldsymbol{A\beta}=\boldsymbol{0}$.

令

$$\lambda_1\boldsymbol{\alpha}_1+\lambda_2\boldsymbol{\alpha}_2+\cdots+\lambda_r\boldsymbol{\alpha}_r+k\boldsymbol{\beta}=\boldsymbol{0}, \quad (*)$$

即

$$(\boldsymbol{\alpha}_1,\boldsymbol{\alpha}_2,\cdots,\boldsymbol{\alpha}_r)\begin{bmatrix}\lambda_1\\\lambda_2\\\vdots\\\lambda_r\end{bmatrix}+k\boldsymbol{\beta}=\boldsymbol{0},$$

令 $\boldsymbol{x}_0=(\lambda_1,\lambda_2,\cdots,\lambda_r)^{\mathrm{T}}$,则上式变为

$$\boldsymbol{A}^{\mathrm{T}}\boldsymbol{x}_0+k\boldsymbol{\beta}=\boldsymbol{0}.$$

上式两边转置,得

$$\boldsymbol{x}_0^{\mathrm{T}}\boldsymbol{A}+k\boldsymbol{\beta}=\boldsymbol{0},$$

上式两边右乘 $\boldsymbol{\beta}$,得

$$\boldsymbol{x}_0^{\mathrm{T}}\boldsymbol{A\beta}+k\boldsymbol{\beta}^{\mathrm{T}}\boldsymbol{\beta}=\boldsymbol{0}.$$

由于 $\boldsymbol{A\beta}=\boldsymbol{0}$,所以得 $k\boldsymbol{\beta}^{\mathrm{T}}\boldsymbol{\beta}=\boldsymbol{0}$,而 $\boldsymbol{\beta}\neq\boldsymbol{0}$,所以 $k=0$,从而有

$$\lambda_1\boldsymbol{\alpha}_1+\lambda_2\boldsymbol{\alpha}_2+\cdots+\lambda_r\boldsymbol{\alpha}_r=\boldsymbol{0}.$$

再由 $\boldsymbol{\alpha}_1,\boldsymbol{\alpha}_2,\cdots,\boldsymbol{\alpha}_r$ 线性无关,得 $\lambda_1=\lambda_2=\cdots=\lambda_r=0$,由式($*$)可知 $\boldsymbol{\alpha}_1,\boldsymbol{\alpha}_2,\cdots,\boldsymbol{\alpha}_r,\boldsymbol{\beta}$ 线性无关.

综合练习 4

1. 填空题

(1) 设三阶方阵

$$\boldsymbol{A}=\begin{bmatrix}1&1&0\\2&1&1\\1&1&\lambda\end{bmatrix},$$

且方程组 $\boldsymbol{Ax}=\boldsymbol{0}$ 有非零解,则 $\lambda=$________.

(2) 设三阶方阵

$$\boldsymbol{A}=\begin{bmatrix}a&b&b\\b&a&b\\b&b&a\end{bmatrix},$$

且 $R(\boldsymbol{A}^*)=1$，则 $\boldsymbol{Ax}=\boldsymbol{0}$ 基础解系中含解向量的个数为________.

(3) 设三阶方阵

$$\boldsymbol{A}=\begin{bmatrix} a & b & b \\ b & a & b \\ b & b & a \end{bmatrix},$$

且 $\boldsymbol{Ax}=\boldsymbol{0}$ 基础解系中含两个线性无关的解向量，则 a 与 b 的关系为________.

(4) 设三阶方阵

$$\boldsymbol{A}=\begin{bmatrix} a & b & b \\ b & a & b \\ b & b & a \end{bmatrix},$$

且 $\boldsymbol{A}^*\boldsymbol{x}=\boldsymbol{0}$ 基础解系中含两个线性无关的解向量，则 a 与 b 的关系为________.

(5) 设 $\boldsymbol{A}$ 为 $m\times n$ 矩阵，$n<m$，且方程 $\boldsymbol{Ax}=\boldsymbol{b}$ 有唯一解，则 $\boldsymbol{A}^{\mathrm{T}}\boldsymbol{Ax}=\boldsymbol{b}$ 有________解.

2. 选择题

(1) 设 $\boldsymbol{\beta}_1,\boldsymbol{\beta}_2$ 是非齐次线性方程组 $\boldsymbol{Ax}=\boldsymbol{b}$ 的两个不同的解，$\boldsymbol{\alpha}_1,\boldsymbol{\alpha}_2$ 是对应的齐次线性方程组 $\boldsymbol{Ax}=\boldsymbol{0}$ 的基础解系，k_1,k_2 是任意常数，则方程组 $\boldsymbol{Ax}=\boldsymbol{b}$ 的通解为(　　).

(A) $k_1\boldsymbol{\alpha}_1+k_2(\boldsymbol{\alpha}_1+\boldsymbol{\alpha}_2)+\dfrac{\boldsymbol{\beta}_1+\boldsymbol{\beta}_2}{2}$

(B) $k_1\boldsymbol{\alpha}_1+k_2(\boldsymbol{\alpha}_1-\boldsymbol{\alpha}_2)+\dfrac{\boldsymbol{\beta}_1-\boldsymbol{\beta}_2}{2}$

(C) $k_1\boldsymbol{\alpha}_1+k_2(\boldsymbol{\beta}_1+\boldsymbol{\beta}_2)+\dfrac{\boldsymbol{\beta}_1-\boldsymbol{\beta}_2}{2}$

(D) $k_1\boldsymbol{\alpha}_1+k_2(\boldsymbol{\beta}_1-\boldsymbol{\beta}_2)+\dfrac{\boldsymbol{\beta}_1-\boldsymbol{\beta}_2}{2}$

(2) 设 $\boldsymbol{\alpha}_1,\boldsymbol{\alpha}_2,\boldsymbol{\alpha}_3$ 是四元非齐次线性方程组 $\boldsymbol{Ax}=\boldsymbol{b}$ 的 3 个解向量，且 $R(\boldsymbol{A})=3$，$\boldsymbol{\alpha}_1=(1,2,3,4)^{\mathrm{T}}$，$\boldsymbol{\alpha}_2+\boldsymbol{\alpha}_3=(0,1,2,3)^{\mathrm{T}}$，$k$ 为任意常数，则线性方程组 $\boldsymbol{Ax}=\boldsymbol{b}$ 的通解 $\boldsymbol{x}=$(　　).

(A) $k\begin{bmatrix}1\\1\\1\\1\end{bmatrix}+\begin{bmatrix}1\\2\\3\\4\end{bmatrix}$　　(B) $k\begin{bmatrix}0\\1\\2\\3\end{bmatrix}+\begin{bmatrix}1\\2\\3\\4\end{bmatrix}$

(C) $k\begin{bmatrix}2\\3\\4\\5\end{bmatrix}+\begin{bmatrix}1\\2\\3\\4\end{bmatrix}$　　(D) $k\begin{bmatrix}3\\4\\5\\6\end{bmatrix}+\begin{bmatrix}1\\2\\3\\4\end{bmatrix}$

(3) 设 $\boldsymbol{A}$ 为 $m\times n$ 矩阵,齐次线性方程组 $\boldsymbol{Ax}=\boldsymbol{0}$ 仅有零解的充分必要条件是(　　).

(A) $\boldsymbol{A}$ 的列向量线性无关　　(B) $\boldsymbol{A}$ 的列向量线性相关

(C) $\boldsymbol{A}$ 的行向量线性无关　　(D) $\boldsymbol{A}$ 的行向量线性相关

(4) 设 $\boldsymbol{\alpha}_1,\boldsymbol{\alpha}_2,\boldsymbol{\beta}$ 线性无关,$\boldsymbol{\alpha}_2,\boldsymbol{\alpha}_3,\boldsymbol{\beta}$ 线性相关,则下面结论正确的是(　　).

(A) $x_1\boldsymbol{\alpha}_1+x_2\boldsymbol{\alpha}_2+x_3\boldsymbol{\alpha}_3=\boldsymbol{0}$ 仅有零解

(B) $x_1\boldsymbol{\alpha}_1+x_2\boldsymbol{\alpha}_2+x_3\boldsymbol{\alpha}_3=\boldsymbol{0}$ 必有非零解

(C) $x_1\boldsymbol{\alpha}_2+x_2\boldsymbol{\alpha}_3=\boldsymbol{\beta}$ 必有解

(D) $x_1\boldsymbol{\alpha}_1+x_2\boldsymbol{\alpha}_2+x_3\boldsymbol{\beta}=\boldsymbol{\alpha}_3$ 必有解

(5) 设 $\boldsymbol{\alpha}_1,\boldsymbol{\alpha}_2,\cdots,\boldsymbol{\alpha}_m,\boldsymbol{\beta}$ 是一组 n 维列向量,且非齐次线性方程组 $x_1\boldsymbol{\alpha}_1+x_2\boldsymbol{\alpha}_2+\cdots+x_m\boldsymbol{\alpha}_m=\boldsymbol{\beta}$ 有解,而 $x_1\boldsymbol{\alpha}_1+x_2\boldsymbol{\alpha}_2+\cdots+x_{m-1}\boldsymbol{\alpha}_{m-1}=\boldsymbol{\beta}$ 无解,令

$$(\text{Ⅰ})\ y_1\boldsymbol{\alpha}_1+y_2\boldsymbol{\alpha}_2+\cdots+y_{m-1}\boldsymbol{\alpha}_{m-1}=\boldsymbol{\alpha}_m,$$

$$(\text{Ⅱ})\ y_1\boldsymbol{\alpha}_1+y_2\boldsymbol{\alpha}_2+\cdots+y_{m-1}\boldsymbol{\alpha}_{m-1}+y_m\boldsymbol{\beta}=\boldsymbol{\alpha}_m,$$

则下面结论正确的是(　　).

(A) 方程组(Ⅰ)有解,方程组(Ⅱ)无解

(B) 方程组(Ⅰ)无解,方程组(Ⅱ)有解

(C) 方程组(Ⅰ)有解,方程组(Ⅱ)也有解

(D) 方程组(Ⅰ)无解,方程组(Ⅱ)也无解

3. 解答题

(1) 已知 $\boldsymbol{A}=(a_{ij})_{3\times3}$,且 $\boldsymbol{A}^*=\boldsymbol{A}^{\mathrm{T}}$,$a_{33}=-1$,$b=(0,0,-1)^{\mathrm{T}}$,求 $\boldsymbol{Ax}=\boldsymbol{b}$ 的解.

(2) 设有齐次线性方程组

$$\begin{cases}(1+a)x_1+x_2+x_3+x_4=0,\\ 2x_1+(2+a)x_2+2x_3+2x_4=0,\\ 3x_1+3x_2+(3+a)x_3+3x_4=0,\\ 4x_1+4x_2+4x_3+(4+a)x_4=0.\end{cases}$$

问 a 为何值时,该方程组有非零解,并求出其通解.

(3) 设向量 $\boldsymbol{\alpha}_2,\boldsymbol{\alpha}_3$ 是向量组 $\boldsymbol{\alpha}_1,\boldsymbol{\alpha}_2,\boldsymbol{\alpha}_3,\boldsymbol{\alpha}_4$ 的一个极大无关组,且有 $\boldsymbol{\alpha}_1+\boldsymbol{\alpha}_2-\boldsymbol{\alpha}_3=\boldsymbol{0}$,$\boldsymbol{\alpha}_1+3\boldsymbol{\alpha}_2+\boldsymbol{\alpha}_3-2\boldsymbol{\alpha}_4=\boldsymbol{0}$,$\boldsymbol{\beta}=\boldsymbol{\alpha}_1+2\boldsymbol{\alpha}_2+3\boldsymbol{\alpha}_3+4\boldsymbol{\alpha}_4$,求方程组(Ⅰ) $x_1\boldsymbol{\alpha}_1+x_2\boldsymbol{\alpha}_2+x_3\boldsymbol{\alpha}_3+x_4\boldsymbol{\alpha}_4=\boldsymbol{\beta}$ 及方程组(Ⅱ) $x_1\boldsymbol{\alpha}_1+x_2\boldsymbol{\alpha}_2+x_3\boldsymbol{\alpha}_3+x_4\boldsymbol{\alpha}_4+x_5(\boldsymbol{\alpha}_2+\boldsymbol{\alpha}_4+\boldsymbol{\beta})=\boldsymbol{\beta}$ 的通解.

(4) 已知齐次线性方程组

$$(\text{Ⅰ})\begin{cases}x_1+2x_2+3x_3=0,\\ 2x_1+3x_2+5x_3=0,\\ x_1+x_2+ax_3=0.\end{cases}$$

$$(\text{Ⅱ})\begin{cases}x_1+bx_2+cx_3=0,\\2x_1+b^2x_2+(c+1)x_3=0.\end{cases}$$

同解,求 a,b,c.

(5) 已知三阶非零方阵 $\boldsymbol{A}$ 和 $\boldsymbol{B}$,其中

$$\boldsymbol{A}=\begin{bmatrix}1&3&9\\2&0&6\\-3&1&-7\end{bmatrix},\quad \boldsymbol{\beta}_1=\begin{bmatrix}0\\1\\-1\end{bmatrix},\quad \boldsymbol{\beta}_2=\begin{bmatrix}a\\2\\1\end{bmatrix},\boldsymbol{\beta}_3=\begin{bmatrix}b\\1\\0\end{bmatrix}$$

为齐次线性方程组 $\boldsymbol{Bx}=\boldsymbol{0}$ 的 3 个解向量,且 $\boldsymbol{Ax}=\boldsymbol{\beta}_3$ 有解。Ⅰ. 求 a,b;Ⅱ. 求 $\boldsymbol{Bx}=\boldsymbol{0}$ 的通解.

(6) 设 $\boldsymbol{A}$ 为 n 阶方阵,$\boldsymbol{A}^*$ 为 $\boldsymbol{A}$ 的伴随矩阵,A_{11} 为 a_{11} 的代数余子式,且 $A_{11}\neq 0$,试证线性方程组 $\boldsymbol{Ax}=\boldsymbol{b}(\boldsymbol{b}\neq\boldsymbol{0})$ 有无穷多解的充分必要条件是 $\boldsymbol{b}$ 是 $\boldsymbol{A}^*\boldsymbol{x}=\boldsymbol{0}$ 的解.

综合练习 4 参考答案与提示

1. (1) $\lambda=0$;　(2) 1;　(3) $a=b$;　(4) $a=-2b$;　(5) 唯一.

2. (1) (A);　(2) (C);　(3) (A);　(4) (D);　(5) (B).

3. (1) $\boldsymbol{x}=(0,0,1)^{\mathrm{T}}$.

(2) ① 当 $a=0$ 时,得方程组的通解为

$$\boldsymbol{x}=k_1\begin{bmatrix}-1\\1\\0\\0\end{bmatrix}+k_2\begin{bmatrix}-1\\0\\1\\0\end{bmatrix}+k_3\begin{bmatrix}-1\\0\\0\\1\end{bmatrix},\quad k_1,k_2,k_3\in\mathbb{R}.$$

② 当 $a\neq 0$,且 $a=-\dfrac{4\times 5}{2}=-10$ 时,方程组的通解为

$$\boldsymbol{x}=k\begin{bmatrix}1\\2\\3\\4\end{bmatrix},\quad k\in\mathbb{R}.$$

当 $a\neq 10$ 时,方程组仅有零解.

(3) 由已知 $\mathrm{R}(\boldsymbol{\alpha}_1,\boldsymbol{\alpha}_2,\boldsymbol{\alpha}_3,\boldsymbol{\alpha}_4)=2$,$\boldsymbol{\beta}$ 可由 $\boldsymbol{\alpha}_1,\boldsymbol{\alpha}_2,\boldsymbol{\alpha}_3,\boldsymbol{\alpha}_4$ 线性表示,得方程组(Ⅰ)的一个特解

$$\boldsymbol{\eta}^*=\begin{bmatrix}1\\2\\3\\4\end{bmatrix}.$$

再由 $\boldsymbol{\alpha}_1+\boldsymbol{\alpha}_2-\boldsymbol{\alpha}_3=\boldsymbol{0}$ 及 $\boldsymbol{\alpha}_1+3\boldsymbol{\alpha}_2+\boldsymbol{\alpha}_3-2\boldsymbol{\alpha}_4=\boldsymbol{0}$ 得方程组(Ⅰ)所对应的齐次线性

方程组的基础解为

$$\boldsymbol{\xi}_1 = \begin{bmatrix} 1 \\ 1 \\ -1 \\ 0 \end{bmatrix}, \quad \boldsymbol{\xi}_2 = \begin{bmatrix} 1 \\ 3 \\ 1 \\ -2 \end{bmatrix}.$$

故方程组(Ⅰ)的通解为

$$\boldsymbol{x} = k_1 \begin{bmatrix} 1 \\ 1 \\ -1 \\ 0 \end{bmatrix} + k_2 \begin{bmatrix} -1 \\ 3 \\ 1 \\ -2 \end{bmatrix}, \quad k_1, k_2 \in \mathbb{R}.$$

对于方程组(Ⅱ),由于

$$\mathrm{R}(\boldsymbol{\alpha}_1, \boldsymbol{\alpha}_2, \boldsymbol{\alpha}_3, \boldsymbol{\alpha}_4, \boldsymbol{\alpha}_2 + \boldsymbol{\alpha}_4 + \boldsymbol{\beta}) = \mathrm{R}(\boldsymbol{\alpha}_1, \boldsymbol{\alpha}_2, \boldsymbol{\alpha}_3, \boldsymbol{\alpha}_4, \boldsymbol{\alpha}_2 + \boldsymbol{\alpha}_4 + \boldsymbol{\beta}, \boldsymbol{\beta}) = 2 < 5,$$

方程组(Ⅱ)的基础解系有3个解向量.由

$$\begin{aligned} &\boldsymbol{\alpha}_1 + \boldsymbol{\alpha}_2 - \boldsymbol{\alpha}_3 = \mathbf{0}, \\ &\boldsymbol{\alpha}_1 + 3\boldsymbol{\alpha}_2 + \boldsymbol{\alpha}_3 - 2\boldsymbol{\alpha}_4 = \mathbf{0}, \\ &\boldsymbol{\alpha}_2 + \boldsymbol{\alpha}_4 + \boldsymbol{\beta} = \boldsymbol{\alpha}_2 + \boldsymbol{\alpha}_4 + \boldsymbol{\alpha}_1 + 2\boldsymbol{\alpha}_2 + 3\boldsymbol{\alpha}_3 + 4\boldsymbol{\alpha}_4 \\ &\qquad = \boldsymbol{\alpha}_1 + 3\boldsymbol{\alpha}_2 + 3\boldsymbol{\alpha}_3 + 5\boldsymbol{\alpha}_4, \end{aligned}$$

即

$$\begin{aligned} &\boldsymbol{\alpha}_1 + \boldsymbol{\alpha}_2 - \boldsymbol{\alpha}_3 + 0\boldsymbol{\alpha}_4 + 0(\boldsymbol{\alpha}_2 + \boldsymbol{\alpha}_4 + \boldsymbol{\beta}) = \mathbf{0}, \\ &\boldsymbol{\alpha}_1 + 3\boldsymbol{\alpha}_2 + \boldsymbol{\alpha}_3 - 2\boldsymbol{\alpha}_4 + 0(\boldsymbol{\alpha}_2 + \boldsymbol{\alpha}_4 + \boldsymbol{\beta}) = \mathbf{0}, \\ &\boldsymbol{\alpha}_1 + 3\boldsymbol{\alpha}_2 + 3\boldsymbol{\alpha}_3 + 5\boldsymbol{\alpha}_4 - (\boldsymbol{\alpha}_2 + \boldsymbol{\alpha}_4 + \boldsymbol{\beta}) = \mathbf{0}, \end{aligned}$$

得方程组(Ⅱ)的基础解系为

$$\boldsymbol{\alpha}_1 = \begin{bmatrix} 1 \\ 1 \\ -1 \\ 0 \\ 0 \end{bmatrix}, \quad \boldsymbol{\alpha}_2 = \begin{bmatrix} 1 \\ 3 \\ 1 \\ -2 \\ 0 \end{bmatrix}, \quad \boldsymbol{\alpha}_3 = \begin{bmatrix} 1 \\ 3 \\ 3 \\ 5 \\ -1 \end{bmatrix}.$$

由

$$\boldsymbol{\beta} = \boldsymbol{\alpha}_1 + 2\boldsymbol{\alpha}_2 + 3\boldsymbol{\alpha}_3 + 4\boldsymbol{\alpha}_4 + 0(\boldsymbol{\alpha}_2 + \boldsymbol{\alpha}_4 + \boldsymbol{\beta}) = \mathbf{0},$$

得方程组(Ⅱ)的一个特解为

$$\boldsymbol{\eta}_0 = \begin{bmatrix} 1 \\ 2 \\ 3 \\ 4 \\ 0 \end{bmatrix}.$$

故方程组(Ⅱ)的通解为

$$\boldsymbol{x}=c_1\begin{bmatrix}1\\1\\-1\\0\\0\end{bmatrix}+c_2\begin{bmatrix}1\\3\\1\\-2\\0\end{bmatrix}+c_3\begin{bmatrix}1\\3\\3\\5\\-1\end{bmatrix}+\begin{bmatrix}1\\2\\3\\4\\0\end{bmatrix},\quad c_1,c_2,c_3\in\mathbb{R}.$$

(4) 由(Ⅰ)与(Ⅱ)同解,所以方程组(Ⅰ)的系数矩阵 $\boldsymbol{A}$ 的秩 $\mathrm{R}(\boldsymbol{A})<3$,得 $a=2$. 当 $a=2$ 时,方程组(Ⅰ)的基础解系为

$$\boldsymbol{\xi}=\begin{bmatrix}-1\\-1\\1\end{bmatrix},$$

将 $\boldsymbol{\xi}$ 代入方程组(Ⅱ),得 $b=1,c=2$ 或 $b=0,c=1$. 可求得当 $b=1,c=2$ 时,方程组(Ⅰ)与(Ⅱ)同解,当 $b=0,c=1$ 时,方程组(Ⅰ)与(Ⅱ)不同解,故当方程组(Ⅰ)与(Ⅱ)同解时,$a=2,b=1,c=2$.

(5) Ⅰ. 设 $\boldsymbol{C}=(\boldsymbol{\beta}_1,\boldsymbol{\beta}_2,\boldsymbol{\beta}_3)$,则 $\boldsymbol{BC}=\boldsymbol{0}$,从而 $\boldsymbol{C}^{\mathrm{T}}\boldsymbol{B}^{\mathrm{T}}=\boldsymbol{0}$,故 $\boldsymbol{B}^{\mathrm{T}}$ 的 3 个列向量是 $\boldsymbol{C}^{\mathrm{T}}\boldsymbol{x}=\boldsymbol{0}$ 的解,所以 $|\boldsymbol{C}^{\mathrm{T}}|=0$,得 $a=3b$.

又 $\boldsymbol{Ax}=\boldsymbol{\beta}_3$ 有解,所以

$$\begin{bmatrix}1&3&9&b\\2&0&6&1\\-3&1&-7&0\end{bmatrix}\to\begin{bmatrix}1&-1&1&-1\\0&2&4&3\\0&0&0&b-5\end{bmatrix},$$

得 $b=5$,从而 $a=15$.

Ⅱ. 因为 $\boldsymbol{B}\neq\boldsymbol{0}$,所以 $\mathrm{R}(\boldsymbol{B})\geqslant 1$,而向量组 $\boldsymbol{\beta}_1,\boldsymbol{\beta}_2,\boldsymbol{\beta}_3$ 是 $\boldsymbol{Bx}=\boldsymbol{0}$ 的解,且 $\boldsymbol{\beta}_1,\boldsymbol{\beta}_2$ 线性无关,其基础解系中解向量的个数 $3-\mathrm{R}(\boldsymbol{B})\geqslant 2$,由此得 $\mathrm{R}(\boldsymbol{B})\leqslant 1$,因此 $\mathrm{R}(\boldsymbol{B})=1$,故 $\boldsymbol{Bx}=\boldsymbol{0}$ 的通解为 $\boldsymbol{x}=k_1\boldsymbol{\beta}_1+k_2\boldsymbol{\beta}_2$,$k_1,k_2$ 是任意常数,即

$$\boldsymbol{x}=k_1\begin{bmatrix}0\\1\\-1\end{bmatrix}+k_2\begin{bmatrix}15\\2\\1\end{bmatrix},\quad k_1,k_2\ \text{是任意常数}.$$

(6) **证明**　必要性. 因为 $\boldsymbol{Ax}=\boldsymbol{b}$ 有无穷多个解,所以 $\mathrm{R}(\boldsymbol{A})<n$,即 $|\boldsymbol{A}|=0$. 从而有 $\boldsymbol{A}^*\boldsymbol{b}=\boldsymbol{A}^*\boldsymbol{Ax}=|\boldsymbol{A}|\boldsymbol{x}=\boldsymbol{0}$,即 $\boldsymbol{b}$ 是 $\boldsymbol{A}^*\boldsymbol{x}=\boldsymbol{0}$ 的解.

充分性　因为 $\boldsymbol{b}$ 是 $\boldsymbol{A}^*\boldsymbol{x}=\boldsymbol{0}$ 的解,所以 $\mathrm{R}(\boldsymbol{A}^*)<n$,而 $A_{11}\neq\boldsymbol{0}$,所以 $\mathrm{R}(\boldsymbol{A})=n-1$, $\mathrm{R}(\boldsymbol{A}^*)=1$.

令 $\boldsymbol{A}=(\boldsymbol{\alpha}_1,\boldsymbol{\alpha}_2,\cdots,\boldsymbol{\alpha}_n)$,注意到 $\boldsymbol{A}^*\boldsymbol{A}=|\boldsymbol{A}|\boldsymbol{E}=\boldsymbol{0}$,则 $\boldsymbol{A}$ 的 n 个列向量都是 $\boldsymbol{A}^*\boldsymbol{x}=\boldsymbol{0}$ 的解. 由于 $A_{11}\neq\boldsymbol{0}$,所以 $\boldsymbol{\alpha}_2,\boldsymbol{\alpha}_3,\cdots,\boldsymbol{\alpha}_n$ 线性无关,故 $\boldsymbol{\alpha}_2,\boldsymbol{\alpha}_3,\cdots,\boldsymbol{\alpha}_n$ 是 $\boldsymbol{A}^*\boldsymbol{x}=\boldsymbol{0}$的基础解系,因此 $\boldsymbol{b}$ 可由 $\boldsymbol{\alpha}_2,\boldsymbol{\alpha}_3,\cdots,\boldsymbol{\alpha}_n$ 线性表示. 即 $\boldsymbol{b}$ 可由 $\boldsymbol{\alpha}_1,\boldsymbol{\alpha}_2,\cdots,\boldsymbol{\alpha}_n$ 线性表示,即 $\boldsymbol{Ax}=\boldsymbol{b}$ 有解,且 $\mathrm{R}(\boldsymbol{A})=n-1$,故 $\boldsymbol{Ax}=\boldsymbol{b}$ 有无穷多个解.

第5章　矩阵的特征值、特征向量和方阵的对角化

本章主要讨论了关于矩阵的特征值与特征向量及方阵的对角化的理论和方法，介绍了相似矩阵的概念及其性质，阐述了方阵可对角化的充分必要条件，给出了正交向量组与正交矩阵的概念和性质，并讨论了求一个正交向量组的 Schmidt 正交化方法，这些内容不仅在线性代数体系中占有重要的地位，而且，在其他各科学、经济及工程技术领域中也有着广泛的应用.

本章重点　方阵的特征值与特征向量；相似矩阵与相似变换；矩阵相似对角化的方法、Schmidt 正交化方法、利用正交变换化实对称矩阵为对角矩阵的方法.

本章难点　求方阵的特征值和特征向量；构造正交矩阵将实对称矩阵化为相似对角矩阵.

5.1　矩阵的特征值、特征向量与相似矩阵

一、主要内容

矩阵的特征值与特征向量的概念和性质，求矩阵的特征值与特征向量的方法，相似矩阵与相似变换的概念和性质，矩阵变换为相似对角阵的充分必要条件及求相似矩阵的方法.

二、教学要求

1. 熟练掌握和理解矩阵的特征值与特征向量的概念与性质，会求矩阵的特征值与特征向量.

2. 理解相似矩阵的概念和性质，掌握矩阵可相似对角化的充分必要条件.

3. 能够熟练掌握求相似变换矩阵的方法，并化矩阵为相似对角矩阵.

三、例题选讲

例 5.1　若 $\boldsymbol{A}$ 分别对应于特征值 λ_1 与 λ_2 的特征向量是 $\boldsymbol{\alpha},\boldsymbol{\beta}$，且 $\lambda_1\neq\lambda_2$，则 $\boldsymbol{\alpha}+\boldsymbol{\beta}$ 不可能是 $\boldsymbol{A}$ 的特征向量.

证明 用反证法.

设$\boldsymbol{\alpha}+\boldsymbol{\beta}$是$\boldsymbol{A}$的特征向量,则有数$\lambda$使得

$$\boldsymbol{A}(\boldsymbol{\alpha}+\boldsymbol{\beta})=\lambda(\boldsymbol{\alpha}+\boldsymbol{\beta}),$$

即

$$\boldsymbol{A\alpha}+\boldsymbol{A\beta}=\lambda\boldsymbol{\alpha}+\lambda\boldsymbol{\beta}.$$

因为$\boldsymbol{A\alpha}=\lambda_1\boldsymbol{\alpha}$,$\boldsymbol{A\beta}=\lambda_2\boldsymbol{\beta}$,所以有

$$\lambda_1\boldsymbol{\alpha}+\lambda_2\boldsymbol{\beta}=\lambda\boldsymbol{\alpha}+\lambda\boldsymbol{\beta},$$

即

$$(\lambda_1-\lambda)\boldsymbol{\alpha}+(\lambda_2-\lambda)\boldsymbol{\beta}=\boldsymbol{0}.$$

因为$\lambda_1\neq\lambda_2$,从而$\boldsymbol{\alpha},\boldsymbol{\beta}$线性无关,所以有$\lambda_1-\lambda=\lambda_2-\lambda=0$,于是得$\lambda_1=\lambda_2=\lambda$.

这与题设矛盾,因此$\boldsymbol{\alpha}+\boldsymbol{\beta}$不可能是$\boldsymbol{A}$的特征向量.

例 5.2 求矩阵$\boldsymbol{A}=\begin{bmatrix}4&0&0\\0&3&1\\0&1&3\end{bmatrix}$的特征值和特征向量.

解 $\boldsymbol{A}$的特征多项式为

$$|\lambda\boldsymbol{E}-\boldsymbol{A}|=\begin{vmatrix}\lambda-4&0&0\\0&\lambda-3&-1\\0&-1&\lambda-3\end{vmatrix}=(\lambda-2)(\lambda-4)^2,$$

所以$\boldsymbol{A}$的特征值为$\lambda_1=2,\lambda_2=\lambda_3=4$.

当$\lambda_1=2$时,解方程组$(2\boldsymbol{E}-\boldsymbol{A})\boldsymbol{x}=\boldsymbol{0}$,

由

$$2\boldsymbol{E}-\boldsymbol{A}=\begin{bmatrix}-2&0&0\\0&-1&-1\\0&-1&-1\end{bmatrix}\longrightarrow\begin{bmatrix}1&0&0\\0&1&1\\0&0&0\end{bmatrix}$$

得基础解系是$\boldsymbol{\xi}_1=(0,-1,1)^{\mathrm{T}}$,所以$\boldsymbol{A}$的属于$\lambda=2$的全部特征向量为$k_1\boldsymbol{\xi}_1$,$k_1\neq0$为任意常数.

当$\lambda_2=\lambda_3=4$时,解方程组$(4\boldsymbol{E}-\boldsymbol{A})\boldsymbol{x}=\boldsymbol{0}$,由

$$4\boldsymbol{E}-\boldsymbol{A}=\begin{bmatrix}0&0&0\\0&1&-1\\0&-1&1\end{bmatrix}\longrightarrow\begin{bmatrix}0&0&0\\0&1&-1\\0&0&0\end{bmatrix}$$

得基础解系$\boldsymbol{\xi}_2=(1,0,0)^{\mathrm{T}}$,$\boldsymbol{\xi}_3=(0,1,1)^{\mathrm{T}}$,所以$\boldsymbol{A}$的属于$\lambda_2=\lambda_3=4$的全部特征向量为$k_2\boldsymbol{\xi}_2+k_3\boldsymbol{\xi}_3$,$k_2,k_3$为不同时为零的任意常数.

例 5.3 设λ是n阶可逆矩阵$\boldsymbol{A}$的一个特征值,(1)求矩阵$3\boldsymbol{A}^2+2\boldsymbol{E}$的一个

特征值,(2)若 $\boldsymbol{A}$ 可逆,求 $3\boldsymbol{E}-\boldsymbol{A}^{-1}$ 和 $\boldsymbol{A}^*+2\boldsymbol{E}$ 的一个特征值.

解　(1) 因 λ 是 $\boldsymbol{A}$ 的特征值,故存在非零列向量 $\boldsymbol{x}$,使 $\boldsymbol{A}\boldsymbol{x}=\lambda\boldsymbol{x}$,从而有

$$\begin{aligned}(3\boldsymbol{A}^2+2\boldsymbol{E})\boldsymbol{x}&=3\boldsymbol{A}^2\boldsymbol{x}+2\boldsymbol{x}=3\boldsymbol{A}(\boldsymbol{A}\boldsymbol{x})+2\boldsymbol{x}\\&=3\lambda(\boldsymbol{A}\boldsymbol{x})+2\boldsymbol{x}=3\lambda^2\boldsymbol{x}+2\boldsymbol{x}\\&=(3\lambda^2+2)\boldsymbol{x}.\end{aligned}$$

于是,$3\lambda^2+2$ 为矩阵 $3\boldsymbol{A}^2+2\boldsymbol{E}$ 的一个特征值.

(2) 因为 $(3\boldsymbol{E}-\boldsymbol{A}^{-1})\boldsymbol{x}=3\boldsymbol{x}-\boldsymbol{A}^{-1}\boldsymbol{x}=3\boldsymbol{x}-\dfrac{1}{\lambda}\boldsymbol{x}=\left(3-\dfrac{1}{\lambda}\right)\boldsymbol{x}$. 所以 $3-\dfrac{1}{\lambda}$ 为 $3\boldsymbol{E}-\boldsymbol{A}^{-1}$ 的一个特征值.

因为 $\boldsymbol{A}^*=|\boldsymbol{A}|\boldsymbol{A}^{-1}$,所以

$$\begin{aligned}(\boldsymbol{A}^*+2\boldsymbol{E})\boldsymbol{x}&=\boldsymbol{A}^*\boldsymbol{x}+2\boldsymbol{x}=|\boldsymbol{A}|\boldsymbol{A}^{-1}\boldsymbol{x}+2\boldsymbol{x}\\&=\frac{|\boldsymbol{A}|}{\lambda}\boldsymbol{x}+2\boldsymbol{x}=\left(\frac{|\boldsymbol{A}|}{\lambda}+2\right)\boldsymbol{x}.\end{aligned}$$

于是,$\dfrac{|\boldsymbol{A}|}{\lambda}+2$ 为 $\boldsymbol{A}^*+2\boldsymbol{E}$ 的一个特征值.

例 5.4　已知 $\boldsymbol{x}=(1,1,-1)^{\mathrm{T}}$ 是矩阵 $\boldsymbol{A}=\begin{bmatrix}2&-1&2\\5&a&3\\-1&b&-2\end{bmatrix}$ 的一个特征向量. (1)试确定参数 a,b 及特征向量 $\boldsymbol{x}$ 所对应的特征值. (2)问矩阵 $\boldsymbol{A}$ 能否相似于对角阵?

解　(1) 因为 $\boldsymbol{x}=(1,1,-1)^{\mathrm{T}}$ 是 $\boldsymbol{A}$ 的一个特征向量,则设其对应的特征值为 λ,由 $\boldsymbol{A}\boldsymbol{x}=\lambda\boldsymbol{x}$,得

$$\begin{bmatrix}2&-1&2\\5&a&3\\-1&b&-2\end{bmatrix}\begin{bmatrix}1\\1\\-1\end{bmatrix}=\lambda\begin{bmatrix}1\\1\\-1\end{bmatrix},$$

解得 $\lambda=-1,a=-3,b=0$.

(2) 由 $\boldsymbol{A}=\begin{bmatrix}2&-1&2\\5&-3&3\\-1&0&-2\end{bmatrix}$ 可得 $\boldsymbol{A}$ 的特征多项式

$$|\lambda\boldsymbol{E}-\boldsymbol{A}|=\begin{vmatrix}\lambda-2&1&-2\\-5&\lambda+3&-3\\1&0&\lambda+2\end{vmatrix}=(\lambda+1)^3,$$

于是得 $\lambda=-1$ 是 $\boldsymbol{A}$ 的三重特征值. 又因为

$$\lambda\boldsymbol{E}-\boldsymbol{A}=\begin{bmatrix}-3&1&-2\\-5&2&-3\\1&0&1\end{bmatrix}\longrightarrow\begin{bmatrix}1&0&1\\-1&1&0\\0&0&0\end{bmatrix},$$

所以 $R(\lambda\boldsymbol{E}-\boldsymbol{A})=2$,因此 $\lambda=-1$ 对应的线性无关的特征向量只有1个,故 $\boldsymbol{A}$ 不能相似于对角阵.

例 5.5　设矩阵 $\boldsymbol{A}$ 满足 $\boldsymbol{A}^2-3\boldsymbol{A}+2\boldsymbol{E}=\boldsymbol{0}$,证明 $\boldsymbol{A}$ 的特征值只能是1或2.

证明　设 λ 是 $\boldsymbol{A}$ 的任意一个特征值,对应的特征向量为 $\boldsymbol{\alpha}$,则有

$$\boldsymbol{A\alpha}=\lambda\boldsymbol{\alpha}.$$

由已知 $\boldsymbol{A}^2-3\boldsymbol{A}+2\boldsymbol{E}=\boldsymbol{0}$,得

$$\begin{aligned}(\boldsymbol{A}^2-3\boldsymbol{A}+2\boldsymbol{E})\boldsymbol{\alpha}&=\boldsymbol{A}^2\boldsymbol{\alpha}-3\boldsymbol{A\alpha}+2\boldsymbol{\alpha}\\&=\lambda^2\boldsymbol{\alpha}-3\lambda\boldsymbol{\alpha}+2\boldsymbol{\alpha}\\&=(\lambda^2-3\lambda+2)\boldsymbol{\alpha}=0\boldsymbol{\alpha}.\end{aligned}$$

因为 $\boldsymbol{\alpha}\neq\boldsymbol{0}$,所以

$$\lambda^2-3\lambda+2=0,$$

解得 $\lambda=1$ 或 $\lambda=2$.

例 5.6　设矩阵 $\boldsymbol{A}=\begin{bmatrix}1&-3&3\\3&a&3\\6&-6&b\end{bmatrix}$ 有特征值 $\lambda_1=-2,\lambda_2=4$,试求参数 a,b 的值.

解　因为 $\lambda_1=-2,\lambda_2=4$ 均为 $\boldsymbol{A}$ 的特征值.所以 $|\lambda_1\boldsymbol{E}-\boldsymbol{A}|=0,|\lambda_2\boldsymbol{E}-\boldsymbol{A}|=0$,

$$\begin{aligned}|\lambda_1\boldsymbol{E}-\boldsymbol{A}|&=\begin{vmatrix}\lambda_1-1&3&-3\\-3&\lambda_1-a&-3\\-b&6&\lambda_1-b\end{vmatrix}\\&=\begin{vmatrix}-3&3&-3\\-3&-2-a&-3\\-6&6&-2-b\end{vmatrix}\\&=3(5+a)(4-b)=0,\end{aligned}$$

$$\begin{aligned}|\lambda_2\boldsymbol{E}-\boldsymbol{A}|&=\begin{vmatrix}3&3&-3\\-3&4-a&-3\\-6&6&4-b\end{vmatrix}\\&=3[(a-7)(2+b)+72]=0.\end{aligned}$$

解得 $a=-5,b=4$.

例 5.7　设矩阵

$$\boldsymbol{A}=\begin{bmatrix}1&0&0&0\\a&1&0&0\\2&b&2&0\\2&3&c&2\end{bmatrix},$$

问 a,b,c 为何值时，$\boldsymbol{A}$ 可对角化？

解 因为 $\boldsymbol{A}$ 的特征多项式为 $|\lambda\boldsymbol{E}-\boldsymbol{A}|=(\lambda-1)^2(\lambda-2)^2$，故 $\boldsymbol{A}$ 的特征值为 $\lambda_1=\lambda_2=1,\lambda_3=\lambda_4=2$. 要使 $\boldsymbol{A}$ 与对角阵相似，则 $\lambda_1=\lambda_2=1$ 时，$\mathrm{R}(\lambda_1\boldsymbol{E}-\boldsymbol{A})=\mathrm{R}(\boldsymbol{E}-\boldsymbol{A})=2$，此时必有 $a=0$. 同理，当 $\lambda_3=\lambda_4=2$ 时，$\mathrm{R}(\lambda_3\boldsymbol{E}-\boldsymbol{A})=\mathrm{R}(2\boldsymbol{E}-\boldsymbol{A})=2$，此时必有 $c=0$. 综上可知，当 $a=c=0$，b 为任意值时，$\boldsymbol{A}$ 可对角化.

例 5.8 判断下列矩阵是否相似，若相似，求出可逆矩阵 $\boldsymbol{P}$，使得 $\boldsymbol{P}^{-1}\boldsymbol{AP}=\boldsymbol{B}$.

(1) $\boldsymbol{A}=\begin{bmatrix}2&0&0\\0&3&5\\0&1&2\end{bmatrix},\boldsymbol{B}=\begin{bmatrix}3&1&0\\7&3&0\\0&0&1\end{bmatrix}$；

(2) $\boldsymbol{A}=\begin{bmatrix}2&0&0\\0&0&1\\0&1&0\end{bmatrix},\boldsymbol{B}=\begin{bmatrix}1&0&0\\0&-1&0\\0&-6&2\end{bmatrix}$.

解 (1) 因为

$$|\boldsymbol{A}-\lambda\boldsymbol{E}|=\begin{vmatrix}2-\lambda&0&0\\0&3-\lambda&5\\0&1&2-\lambda\end{vmatrix}=-\lambda^3+7\lambda^2-11\lambda+2,$$

$$|\boldsymbol{B}-\lambda\boldsymbol{E}|=\begin{vmatrix}3-\lambda&1&0\\7&3-\lambda&0\\0&0&1-\lambda\end{vmatrix}=-\lambda^3+7\lambda^2-8\lambda+2,$$

可见 $|\boldsymbol{A}-\lambda\boldsymbol{E}|\neq|\boldsymbol{B}-\lambda\boldsymbol{E}|$，所以 $\boldsymbol{A}$ 与 $\boldsymbol{B}$ 不相似.

(2) 由特征方程

$$|\lambda\boldsymbol{E}-\boldsymbol{A}|=\begin{vmatrix}\lambda-2&0&0\\0&\lambda&-1\\0&-1&\lambda\end{vmatrix}=(\lambda-2)(\lambda^2-1)=0,$$

得 $\boldsymbol{A}$ 的特征值为 $\lambda_1=2,\lambda_2=1,\lambda_3=-1$.

又由特征方程

$$|\lambda\boldsymbol{E}-\boldsymbol{B}|=\begin{vmatrix}\lambda-1&0&0\\0&\lambda+1&0\\0&6&\lambda-2\end{vmatrix}=(\lambda-2)(\lambda-1)(\lambda+1)=0,$$

得 $\boldsymbol{B}$ 的特征值为 $\lambda_1=2,\lambda_2=1,\lambda_3=-1$.

$\boldsymbol{A}$ 与 $\boldsymbol{B}$ 均有三个相同的特征值，因此 $\boldsymbol{A}$ 与 $\boldsymbol{B}$ 同时与对角矩阵 $\begin{bmatrix}2&0&0\\0&1&0\\0&0&-1\end{bmatrix}$ 相似，由相似关系的对称性与传递性可知，$\boldsymbol{A}$ 与 $\boldsymbol{B}$ 相似.

对应特征值为 2,1,−1,$\boldsymbol{A}$ 有特征向量分别为

$$\boldsymbol{\xi}_1=\begin{bmatrix}1\\0\\0\end{bmatrix},\quad \boldsymbol{\xi}_2=\begin{bmatrix}0\\1\\1\end{bmatrix},\quad \boldsymbol{\xi}_3=\begin{bmatrix}0\\1\\-1\end{bmatrix},$$

令

$$\boldsymbol{C}=(\boldsymbol{\xi}_1,\boldsymbol{\xi}_2,\boldsymbol{\xi}_3)=\begin{bmatrix}1&0&0\\0&1&1\\0&1&-1\end{bmatrix}.$$

对应特征值为 2,1,−1,$\boldsymbol{B}$ 有特向量分别为

$$\boldsymbol{\eta}_1=\begin{bmatrix}0\\0\\1\end{bmatrix},\quad \boldsymbol{\eta}_2=\begin{bmatrix}1\\0\\0\end{bmatrix},\quad \boldsymbol{\eta}_3=\begin{bmatrix}0\\1\\2\end{bmatrix},$$

令

$$\boldsymbol{Q}=(\boldsymbol{\eta}_1,\boldsymbol{\eta}_2,\boldsymbol{\eta}_3)=\begin{bmatrix}0&1&0\\0&0&1\\1&0&2\end{bmatrix}.$$

因为 $\boldsymbol{C}^{-1}\boldsymbol{AC}=\boldsymbol{Q}^{-1}\boldsymbol{BQ}=\begin{bmatrix}2&0&0\\0&1&0\\0&0&-1\end{bmatrix}$,所以有

$B=QC^{-1}ACQ^{-1}=(CQ^{-1})^{-1}A(CQ^{-1})$,

$P=CQ^{-1}$

$$=\begin{bmatrix}1&0&0\\0&1&1\\0&1&-1\end{bmatrix}\begin{bmatrix}0&1&0\\0&0&1\\1&0&2\end{bmatrix}^{-1}=\begin{bmatrix}1&0&0\\0&1&1\\0&1&-1\end{bmatrix}\begin{bmatrix}0&-2&1\\1&0&0\\0&1&0\end{bmatrix}=\begin{bmatrix}0&-2&1\\1&1&0\\1&-1&0\end{bmatrix}.$$

例 5.9　设矩阵 $\boldsymbol{A}$ 与 $\boldsymbol{B}$ 相似,其中

$$\boldsymbol{A}=\begin{bmatrix}-2&0&0\\2&x&2\\3&1&1\end{bmatrix},\quad \boldsymbol{B}=\begin{bmatrix}-1&&\\&2&\\&&y\end{bmatrix}.$$

(1)求 x 和 y 的值;(2)求 $\boldsymbol{A}$ 的特征向量.

解　(1) 方法 1　因为 $\boldsymbol{A}$ 与 $\boldsymbol{B}$ 相似,所以 $\boldsymbol{A}$,$\boldsymbol{B}$ 有相同特征多项式,即

$$|\lambda\boldsymbol{E}-\boldsymbol{A}|=|\lambda\boldsymbol{E}-\boldsymbol{B}|,$$

亦即

$$(\lambda+2)[\lambda^2-(x+1)\lambda+(x-2)]=(\lambda+1)(\lambda-2)(\lambda-y),$$

解得 $y=-2,x=0$.

方法 2　由 $\boldsymbol{B}$ 为对角阵,且 $\boldsymbol{A}$ 与 $\boldsymbol{B}$ 相似,知 $\boldsymbol{A}$ 的特征值为 −1,2,y,从而 $|-\boldsymbol{E}-\boldsymbol{A}|=0$,又

$$|-\boldsymbol{E}-\boldsymbol{A}|=\begin{vmatrix}1 & 0 & 0\\ -2 & -1-x & -2\\ -3 & -1 & -2\end{vmatrix}=2x,$$

则 $x=0$,于是

$$\boldsymbol{A}=\begin{bmatrix}-2 & 0 & 0\\ 2 & 0 & 2\\ 3 & 1 & 1\end{bmatrix}.$$

因为

$$|\lambda\boldsymbol{E}-\boldsymbol{A}|=\begin{vmatrix}\lambda+2 & 0 & 0\\ -2 & \lambda & -2\\ -3 & -1 & \lambda-1\end{vmatrix}=(\lambda+2)(\lambda-2)(\lambda+1),$$

显然 $\boldsymbol{A}$ 的特征值为 $\lambda_1=-1,\lambda_2=2,\lambda_3=-2$,而 $\boldsymbol{A},\boldsymbol{B}$ 有相同特征值,故 $y=-2$.

(2) 当 $\lambda=-1$ 时,解方程组 $(-\boldsymbol{E}-\boldsymbol{A})\boldsymbol{x}=\boldsymbol{0}$,由

$$-\boldsymbol{E}-\boldsymbol{A}=\begin{bmatrix}1 & 0 & 0\\ -2 & -1 & -2\\ -3 & -1 & -2\end{bmatrix}\longrightarrow\begin{bmatrix}1 & 0 & 0\\ 0 & 1 & 2\\ 0 & 0 & 0\end{bmatrix},$$

得对应的特征向量为

$$\boldsymbol{\xi}_1=k_1\begin{bmatrix}0\\ -2\\ 1\end{bmatrix},\quad k_1\neq 0.$$

当 $\lambda_2=2$ 时,解方程组 $(2\boldsymbol{E}-\boldsymbol{A})\boldsymbol{x}=\boldsymbol{0}$,由

$$2\boldsymbol{E}-\boldsymbol{A}=\begin{bmatrix}4 & 0 & 0\\ -2 & 2 & -2\\ -3 & -1 & 1\end{bmatrix}\longrightarrow\begin{bmatrix}1 & 0 & 0\\ 0 & 1 & -1\\ 0 & 0 & 0\end{bmatrix}$$

得对应的特征向量为

$$\boldsymbol{\xi}_2=k_2\begin{bmatrix}0\\ 1\\ 1\end{bmatrix},\quad k_2\neq 0.$$

当 $\lambda_3=-2$ 时,解方程组 $(-2\boldsymbol{E}-\boldsymbol{A})\boldsymbol{x}=\boldsymbol{0}$,由

$$-2\boldsymbol{E}-\boldsymbol{A}=\begin{bmatrix}0 & 0 & 0\\ -2 & -2 & -2\\ -3 & -1 & -3\end{bmatrix}\longrightarrow\begin{bmatrix}1 & 0 & 1\\ 0 & 1 & 0\\ 0 & 0 & 0\end{bmatrix}$$

得对应的特征向量为

$$\boldsymbol{\xi}_3=k_3\begin{bmatrix}-1\\0\\1\end{bmatrix},\quad k_3\neq 0.$$

例 5.10 设矩阵 $\boldsymbol{A}=\begin{bmatrix}a & 1 & c\\0 & b & 0\\-4 & 0 & 1-a\end{bmatrix}$有一个特征值 2,相应的特征向量 $\boldsymbol{\alpha}=(1,2,2)^{\mathrm{T}}$,求 a,b,c.

解 因为 2 为 $\boldsymbol{A}$ 的一个特征值,$\boldsymbol{\alpha}$ 为相应的特征向量,由定义可知 $\boldsymbol{A\alpha}=2\boldsymbol{\alpha}$,即

$$\begin{bmatrix}a & 1 & c\\0 & b & 0\\-4 & c & 1-a\end{bmatrix}\begin{bmatrix}1\\2\\2\end{bmatrix}=2\begin{bmatrix}1\\2\\2\end{bmatrix}=\begin{bmatrix}2\\4\\4\end{bmatrix},$$

由矩阵的乘法和相等关系,有

$$\begin{cases}a+2+2c=2,\\2b=4,\\-4+2c+2-2a=4.\end{cases}$$

解得 $a=-2,b=2,c=1$.

例 5.11 设矩阵 $\boldsymbol{A}=\begin{bmatrix}1 & -1 & 1\\a & 4 & b\\-3 & -3 & 5\end{bmatrix}$,已知 $\boldsymbol{A}$ 有三个线性无关的特征向量,且$\lambda=2$是 $\boldsymbol{A}$ 的二重特征值,求可逆矩阵 $\boldsymbol{P}$,使 $\boldsymbol{P}^{-1}\boldsymbol{AP}$ 为对角阵.

解 由 $\boldsymbol{A}$ 有三个线性无关的特征向量知 $\boldsymbol{A}$ 可对角化,又因为 $\lambda=2$ 是 $\boldsymbol{A}$ 的二重特征值,所以有 $\mathrm{R}(2\boldsymbol{E}-\boldsymbol{A})=1$,因为

$$2\boldsymbol{E}-\boldsymbol{A}=\begin{bmatrix}1 & 1 & -1\\-a & -2 & -b\\3 & 3 & -3\end{bmatrix}\longrightarrow\begin{bmatrix}1 & 1 & -1\\-a & -2 & -b\\0 & 0 & 0\end{bmatrix}$$

$$\longrightarrow\begin{bmatrix}1 & 1 & -1\\2-a & 0 & -2-b\\0 & 0 & 0\end{bmatrix},$$

从而 $a=2,b=-2$,即

$$\boldsymbol{A}=\begin{bmatrix}1 & -1 & 1\\2 & 4 & -2\\-3 & -3 & 5\end{bmatrix}.$$

解特征方程$|\lambda\boldsymbol{E}-\boldsymbol{A}|=0$,即

$$\begin{vmatrix}\lambda-1 & 1 & -1\\ -2 & \lambda-4 & 2\\ 3 & 3 & \lambda-5\end{vmatrix}=0,$$

得$\boldsymbol{A}$的特征值为2,2,6.

当$\lambda_1=\lambda_2=2$时,解方程组$(2\boldsymbol{E}-\boldsymbol{A})\boldsymbol{x}=\boldsymbol{0}$,即

$$\begin{bmatrix}1 & 1 & -1\\ -2 & -2 & 2\\ 3 & 3 & -3\end{bmatrix}\begin{bmatrix}x_1\\ x_2\\ x_3\end{bmatrix}=\begin{bmatrix}0\\ 0\\ 0\end{bmatrix},$$

得基础解系

$$\boldsymbol{\xi}_1=(-1,1,0)^{\mathrm{T}};$$
$$\boldsymbol{\xi}_2=(1,0,1)^{\mathrm{T}}.$$

当$\lambda_3=6$时,解方程组$(6\boldsymbol{E}-\boldsymbol{A})\boldsymbol{x}=\boldsymbol{0}$,即

$$\begin{bmatrix}5 & 1 & -1\\ -2 & 2 & 2\\ 3 & 3 & 1\end{bmatrix}\begin{bmatrix}x_1\\ x_2\\ x_3\end{bmatrix}=\begin{bmatrix}0\\ 0\\ 0\end{bmatrix},$$

得基础解系

$$\boldsymbol{\xi}_3=(1,-2,3)^{\mathrm{T}}.$$

易知$\boldsymbol{\xi}_1,\boldsymbol{\xi}_2,\boldsymbol{\xi}_3$是线性无关的,以$\boldsymbol{\xi}_1,\boldsymbol{\xi}_2,\boldsymbol{\xi}_3$为列构成矩阵,可逆矩阵$\boldsymbol{P}$为

$$\boldsymbol{P}=(\boldsymbol{\xi}_1,\boldsymbol{\xi}_2,\boldsymbol{\xi}_3)=\begin{bmatrix}-1 & 1 & 1\\ 1 & 0 & -2\\ 0 & 1 & 3\end{bmatrix}.$$

易验证

$$\boldsymbol{P}^{-1}\boldsymbol{A}\boldsymbol{P}=\begin{bmatrix}-1 & 1 & 1\\ 1 & 0 & -2\\ 0 & 1 & 3\end{bmatrix}^{-1}\begin{bmatrix}1 & -1 & 1\\ 2 & 4 & -2\\ -3 & -3 & 5\end{bmatrix}\begin{bmatrix}-1 & 1 & 1\\ 1 & 0 & -2\\ 0 & 1 & 3\end{bmatrix}$$

$$=\begin{bmatrix}-\frac{1}{2} & \frac{1}{2} & \frac{1}{2}\\ \frac{3}{4} & \frac{3}{4} & \frac{1}{4}\\ -\frac{1}{4} & -\frac{1}{4} & \frac{1}{4}\end{bmatrix}\begin{bmatrix}1 & -1 & 1\\ 2 & 4 & -2\\ -3 & -3 & 5\end{bmatrix}\begin{bmatrix}-1 & 1 & 1\\ 1 & 0 & -2\\ 0 & 1 & 3\end{bmatrix}$$

$$=\begin{bmatrix}-1 & 1 & 1\\ \frac{3}{2} & \frac{3}{2} & \frac{1}{2}\\ -\frac{3}{2} & -\frac{3}{2} & \frac{3}{2}\end{bmatrix}\begin{bmatrix}-1 & 1 & 1\\ 1 & 0 & -2\\ 0 & 1 & 3\end{bmatrix}=\begin{bmatrix}2 & & \\ & 2 & \\ & & 6\end{bmatrix},$$

即 $\boldsymbol{P}^{-1}\boldsymbol{AP}$ 为对角阵.

例 5.12　设 $\boldsymbol{A}=\begin{bmatrix}1 & 2 & 0\\ 0 & 2 & 0\\ -2 & -1 & -1\end{bmatrix}$,求 $\boldsymbol{A}^{100}$.

解　由特征方程 $|\lambda\boldsymbol{E}-\boldsymbol{A}|=0$ 解得 $\boldsymbol{A}$ 的特征值为 $\lambda_1=-1,\lambda_2=1,\lambda_3=2$.

当 $\lambda_1=-1$ 时,解方程组 $(-\boldsymbol{E}-\boldsymbol{A})\boldsymbol{x}=\boldsymbol{0}$,即

$$\begin{bmatrix}-2 & -2 & 0\\ 0 & -3 & 0\\ 2 & 1 & 0\end{bmatrix}\begin{bmatrix}x_1\\ x_2\\ x_3\end{bmatrix}=\begin{bmatrix}0\\ 0\\ 0\end{bmatrix},$$

得对应于 $\lambda_1=-1$ 的一个特征向量

$$\boldsymbol{\xi}_1=\begin{bmatrix}0\\ 0\\ 1\end{bmatrix}.$$

当 $\lambda_2=1$ 时,解方程组 $(\boldsymbol{E}-\boldsymbol{A})\boldsymbol{x}=\boldsymbol{0}$,即

$$\begin{bmatrix}0 & -2 & 0\\ 0 & -1 & 0\\ 2 & 1 & 2\end{bmatrix}\begin{bmatrix}x_1\\ x_2\\ x_3\end{bmatrix}=\begin{bmatrix}0\\ 0\\ 0\end{bmatrix},$$

得对应于 $\lambda_2=1$ 的一个特征向量为

$$\boldsymbol{\beta}_2=\begin{bmatrix}1\\ 0\\ -1\end{bmatrix}.$$

当 $\lambda_3=2$ 时,解方程组 $(2\boldsymbol{E}-\boldsymbol{A})\boldsymbol{x}=\boldsymbol{0}$,即

$$\begin{bmatrix}1 & -2 & 0\\ 0 & 0 & 0\\ 2 & 1 & 3\end{bmatrix}\begin{bmatrix}x_1\\ x_2\\ x_3\end{bmatrix}=\begin{bmatrix}0\\ 0\\ 0\end{bmatrix},$$

得对应于 $\lambda_3=2$ 的特征向量

$$\boldsymbol{\xi}_3=\begin{bmatrix}-6\\ -3\\ 5\end{bmatrix}.$$

因为矩阵 $\boldsymbol{A}$ 的不同特征值对应的特征向量是线性无关的，因此以 $\boldsymbol{\xi}_1,\boldsymbol{\xi}_2,\boldsymbol{\xi}_3$ 为列构成的矩阵是可逆矩阵，记为 $\boldsymbol{P}$，即

$$\boldsymbol{P}=(\boldsymbol{\xi}_1,\boldsymbol{\xi}_2,\boldsymbol{\xi}_3)=\begin{bmatrix}0 & 1 & -6\\ 0 & 0 & -3\\ 1 & -1 & 5\end{bmatrix},$$

则有

$$\boldsymbol{P}^{-1}\boldsymbol{A}\boldsymbol{P}=\begin{bmatrix}-1 & & \\ & 1 & \\ & & 2\end{bmatrix},$$

从而有

$$\boldsymbol{A}=\boldsymbol{P}\begin{bmatrix}-1 & & \\ & 1 & \\ & & 2\end{bmatrix}\boldsymbol{P}^{-1},$$

$$\boldsymbol{A}^{100}=\boldsymbol{P}\begin{bmatrix}-1 & & \\ & 1 & \\ & & 2\end{bmatrix}^{100}\boldsymbol{P}^{-1}=\boldsymbol{P}\begin{bmatrix}1 & & \\ & 1 & \\ & & 2^{100}\end{bmatrix}\boldsymbol{P}^{-1}.$$

由 $\boldsymbol{P}$ 可逆且

$$\boldsymbol{P}^{-1}=\begin{bmatrix}1 & -\frac{1}{3} & 1\\ 1 & -2 & 0\\ 0 & -\frac{1}{3} & 0\end{bmatrix},$$

因此

$$\boldsymbol{A}^{100}=\begin{bmatrix}0 & 1 & -6\\ 0 & 0 & -3\\ 1 & -1 & 5\end{bmatrix}\begin{bmatrix}1 & & \\ & 1 & \\ & & 2^{100}\end{bmatrix}\begin{bmatrix}1 & -\frac{1}{3} & 1\\ 1 & -2 & 0\\ 0 & -\frac{1}{3} & 0\end{bmatrix}$$

$$=\begin{bmatrix}1 & 2^{101}-2 & 0\\ 0 & 2^{100} & 0\\ 0 & \frac{5}{3}(1-2^{100}) & 1\end{bmatrix}.$$

例 5.13　已知 $\boldsymbol{\alpha}=\begin{bmatrix}1\\k\\1\end{bmatrix}$ 是 $\boldsymbol{A}=\begin{bmatrix}2&1&1\\1&2&1\\1&1&2\end{bmatrix}$ 的逆矩阵 $\boldsymbol{A}^{-1}$ 的特征向量，求 k.

解　由已知设 $\boldsymbol{\alpha}$ 为 $\boldsymbol{A}^{-1}$ 关于特征值 λ 的特征向量，所以 $\boldsymbol{\alpha}$ 亦是 $\boldsymbol{A}$ 关于特征值 $\frac{1}{\lambda}$ 的特征向量，从而 $\boldsymbol{A\alpha}=\frac{1}{\lambda}\boldsymbol{\alpha}$，即 $\lambda\boldsymbol{A\alpha}=\boldsymbol{\alpha}$，

$$\lambda\begin{bmatrix}2&1&1\\1&2&1\\1&1&2\end{bmatrix}\begin{bmatrix}1\\k\\1\end{bmatrix}=\begin{bmatrix}1\\k\\1\end{bmatrix},$$

由上式得

$$\begin{cases}\lambda(k+3)=1,\\\lambda(2k+2)=k,\\\lambda(k+3)=1.\end{cases}$$

解得 $k=1$ 或 $k=-2$.

例 5.14　设三阶矩阵 $\boldsymbol{A}$ 的特征值为 $\lambda_1=-1,\lambda_2=1,\lambda_3=3$，对应的特征向量依次为 $\boldsymbol{\xi}_1=(1,-1,0)^{\mathrm{T}},\boldsymbol{\xi}_2=(1,-1,1)^{\mathrm{T}},\boldsymbol{\xi}_3=(0,1,-1)^{\mathrm{T}}$，求矩阵 $\boldsymbol{A}$.

解　以 $\boldsymbol{\xi}_1,\boldsymbol{\xi}_2,\boldsymbol{\xi}_3$ 为列构成矩阵 $\boldsymbol{P}=(\boldsymbol{\xi}_1,\boldsymbol{\xi}_2,\boldsymbol{\xi}_3)$，因为 $\boldsymbol{\xi}_1,\boldsymbol{\xi}_2,\boldsymbol{\xi}_3$ 为 $\boldsymbol{A}$ 的三个不同特征值对应的特征向量，所以 $\boldsymbol{\xi}_1,\boldsymbol{\xi}_2,\boldsymbol{\xi}_3$ 线性无关，即 $\boldsymbol{P}$ 可逆，由特征值与特征向量的定义可知 $\boldsymbol{A\xi}_1=\lambda_1\boldsymbol{\xi}_1,\boldsymbol{A\xi}_2=\lambda_2\boldsymbol{\xi}_2,\boldsymbol{A\xi}_3=\lambda_3\boldsymbol{\xi}_3$，从而有

$$\boldsymbol{AP}=\boldsymbol{A}(\boldsymbol{\xi}_1,\boldsymbol{\xi}_2,\boldsymbol{\xi}_3)=(\boldsymbol{A\xi}_1,\boldsymbol{A\xi}_2,\boldsymbol{A\xi}_3)=(\lambda_1\boldsymbol{\xi}_1,\lambda_2\boldsymbol{\xi}_2,\lambda_3\boldsymbol{\xi}_3),$$

即

$$\boldsymbol{A}\begin{bmatrix}1&1&0\\-1&-1&1\\0&1&-1\end{bmatrix}=\begin{bmatrix}-1&1&0\\1&-1&3\\0&1&-3\end{bmatrix},$$

而

$$\boldsymbol{P}^{-1}=\begin{bmatrix}0&-1&-1\\1&1&1\\1&1&0\end{bmatrix},$$

所以

$$\boldsymbol{A}=\begin{bmatrix}-1&1&0\\1&-1&3\\0&1&-3\end{bmatrix}\begin{bmatrix}0&-1&-1\\1&1&1\\1&1&0\end{bmatrix}=\begin{bmatrix}1&2&2\\2&1&-2\\-2&-2&1\end{bmatrix}.$$

例 5.15 设矩阵 $A=\begin{bmatrix}2&0&0\\0&0&1\\0&1&x\end{bmatrix}$ 与 $B=\begin{bmatrix}2&0&0\\0&y&0\\0&0&-1\end{bmatrix}$ 相似.(1)求 x,y;(2)求一个可逆矩阵 P,使 $P^{-1}AP=B$.

解 (1) 由于 A 与 B 相似,因此 $|A|=|B|$,即有 $y=1$,且 1 也是 A 的一个特征值,从而有 $|E-A|=0$,即

$$\begin{vmatrix}-1&0&0\\0&1&-1\\0&-1&1-x\end{vmatrix}=x=0.$$

(2) 由相似矩阵有相同的特征值,所以 A 的 3 个特征值为 $\lambda_1=2,\lambda_2=1,\lambda_3=-1$.

当 $\lambda_1=2$ 时,解 $(2E-A)x=0$,得特征向量 $p_1=(1,0,0)^T$.

当 $\lambda_2=1$ 时,解 $(E-A)x=0$,得特征向量 $p_2=(0,1,1)^T$.

当 $\lambda_3=-1$ 时,解 $(-E-A)x=0$,得特征向量 $p_3=(0,1,-1)^T$.

令 $P=(p_1,p_2,p_3)=\begin{bmatrix}1&0&0\\0&1&1\\0&1&-1\end{bmatrix}$,则有可逆矩阵 P 使 $P^{-1}AP=B$.

例 5.16 已知四阶方阵 A 相似于矩阵 B,A 的特征值为 3,4,5,6,E 为四阶单位矩阵,求 $|B-E|$.

解 因为 A 与 B 相似,所以 B 的特征值为 3,4,5,6,从而 $B-E$ 的特征值为 2,3,4,5,因此 $|B-E|=2\times3\times4\times5=120$.

例 5.17 设 $A=\begin{bmatrix}0&0&1\\a&1&b\\1&0&0\end{bmatrix}$ 有 3 个线性无关的特征向量,求 a 和 b 应满足的条件.

解 由特征方程

$$\begin{aligned}|\lambda E-A|&=\begin{vmatrix}\lambda&0&-1\\-a&\lambda-1&-b\\-1&0&\lambda\end{vmatrix}\\&=(\lambda-1)\begin{vmatrix}\lambda&-1\\-1&\lambda\end{vmatrix}\\&=(\lambda-1)^2(\lambda+1)=0\end{aligned}$$

得 A 的特征值为 $\lambda_1=-1,\lambda_2=\lambda_3=1$. 由于不同特征值对应的特征向量是线性无关的,所以,根据 A 有 3 个线性无关的特征向量充分必要条件是 A 对应二重

特征值$\lambda_2=\lambda_3=1$应有 2 个线性无关的特征向量，即方程组$(\boldsymbol{E}-\boldsymbol{A})\boldsymbol{x}=\boldsymbol{0}$的基础解系应含 2 个解向量. 从而$\mathrm{R}(\boldsymbol{E}-\boldsymbol{A})=1$.

$$\boldsymbol{E}-\boldsymbol{A}=\begin{bmatrix}1 & 0 & -1\\ -a & 0 & -b\\ -1 & 0 & 1\end{bmatrix}\longrightarrow\begin{bmatrix}1 & 0 & -1\\ 0 & 0 & -(a+b)\\ 0 & 0 & 0\end{bmatrix},$$

所以当$a+b=0$时，$\mathrm{R}(\boldsymbol{E}-\boldsymbol{A})=1$，即$a,b$应满足的条件是$a+b=0$.

例 5.18　设有三阶方阵$\boldsymbol{A}$及三维列向量$\boldsymbol{x}$，使向量组$\boldsymbol{x},\boldsymbol{Ax},\boldsymbol{A}^2\boldsymbol{x}$线性无关，且$\boldsymbol{A}^3\boldsymbol{x}=3\boldsymbol{Ax}-2\boldsymbol{A}^2\boldsymbol{x}$；(1) 记矩阵$\boldsymbol{P}=(\boldsymbol{x},\boldsymbol{Ax},\boldsymbol{A}^2\boldsymbol{x})$，求矩阵$\boldsymbol{B}$，使$\boldsymbol{A}=\boldsymbol{PBP}^{-1}$；(2) 求$|\boldsymbol{A}+\boldsymbol{E}|$.

解　(1) 由

$$\begin{aligned}\boldsymbol{AP}&=(\boldsymbol{Ax},\boldsymbol{A}^2\boldsymbol{x},\boldsymbol{A}^3\boldsymbol{x})=(\boldsymbol{Ax},\boldsymbol{A}^2\boldsymbol{x},3\boldsymbol{Ax}-2\boldsymbol{A}^2\boldsymbol{x})\\ &=(\boldsymbol{x},\boldsymbol{Ax},\boldsymbol{A}^2\boldsymbol{x})\begin{bmatrix}0 & 0 & 0\\ 1 & 0 & 3\\ 0 & 1 & -2\end{bmatrix}\\ &=\boldsymbol{P}\begin{bmatrix}0 & 0 & 0\\ 1 & 0 & 3\\ 0 & 1 & -2\end{bmatrix},\end{aligned}$$

于是$\boldsymbol{B}=\boldsymbol{P}^{-1}\boldsymbol{AP}=\begin{bmatrix}0 & 0 & 0\\ 1 & 0 & 3\\ 0 & 1 & -2\end{bmatrix}$.

(2) 因为$\boldsymbol{A}=\boldsymbol{PBP}^{-1}$，所以$\boldsymbol{A}$与$\boldsymbol{B}$相似，则$\boldsymbol{A}+\boldsymbol{E}$与$\boldsymbol{B}+\boldsymbol{E}$相似，从而它们有相同的行列式，故

$$|\boldsymbol{A}+\boldsymbol{E}|=|\boldsymbol{B}+\boldsymbol{E}|=\begin{vmatrix}1 & 0 & 0\\ 1 & 1 & 3\\ 0 & 1 & -1\end{vmatrix}=-4.$$

例 5.19　设矩阵$\boldsymbol{A}=\begin{bmatrix}a & -1 & c\\ 5 & b & 3\\ 1-c & 0 & -a\end{bmatrix}$，$|\boldsymbol{A}|=-1$，$\boldsymbol{A}$的伴随矩阵$\boldsymbol{A}^*$有一个特征值$\lambda_0$，对应于$\lambda_0$的一个特征向量为$\boldsymbol{\alpha}=(-1,-1,1)^{\mathrm{T}}$，求$a,b,c$及$\lambda_0$的值.

解　由已知$\boldsymbol{\alpha}$是$\boldsymbol{A}^*$的关于特征值λ_0的特征向量，因此$\boldsymbol{\alpha}$也是$\boldsymbol{A}$的关于特征值$\dfrac{|\boldsymbol{A}|}{\lambda_0}(\lambda_0\neq 0)$的特征向量，因为$|\boldsymbol{A}|=-1$，所以$\boldsymbol{A\alpha}=-\dfrac{1}{\lambda_0}\boldsymbol{\alpha}$，即有

$$\lambda_0\boldsymbol{A\alpha}=-\boldsymbol{\alpha},$$

即

$$\lambda_0\begin{bmatrix} a & -1 & c \\ 5 & b & 3 \\ 1-c & 0 & -a \end{bmatrix}\begin{bmatrix} -1 \\ -1 \\ 1 \end{bmatrix}=-\begin{bmatrix} -1 \\ -1 \\ 1 \end{bmatrix},$$

由此可得

$$\begin{cases} \lambda_0(-a+1+c)=1, \\ \lambda_0(-5-b+3)=1, \\ \lambda_0(c-1-a)=-1. \end{cases}$$

解得 $a=c, b=-3, \lambda_0=1$，再由 $|\boldsymbol{A}|=-1$ 和 $a=c$，有

$$\begin{vmatrix} a & -1 & a \\ 5 & -3 & 3 \\ 1-a & 0 & -a \end{vmatrix}=a-3=-1.$$

解得 $a=c=2, b=-3, \lambda_0=1$.

例 5.20 设三阶矩阵 $\boldsymbol{A}$ 的特征值分别为 $\lambda_1=-1, \lambda_2=1, \lambda_3=2$，对应的特征向量分别为 $\boldsymbol{\alpha}_1=(1,-1,0)^{\mathrm{T}}, \boldsymbol{\alpha}_2=(0,1,-1)^{\mathrm{T}}, \boldsymbol{\alpha}_3=(-1,1,-1)^{\mathrm{T}}$，又设向量 $\boldsymbol{\alpha}=(2,-1,0)^{\mathrm{T}}$.

(1) 将 $\boldsymbol{\alpha}$ 由 $\boldsymbol{\alpha}_1, \boldsymbol{\alpha}_2, \boldsymbol{\alpha}_3$ 线性表示；

(2) 求 $\boldsymbol{A}^2\boldsymbol{\alpha}$ 和 $\boldsymbol{A}^n\boldsymbol{\alpha}$($n$ 为自然数).

解 (1) 设 $\boldsymbol{\alpha}=x_1\boldsymbol{\alpha}_1+x_2\boldsymbol{\alpha}_2+x_3\boldsymbol{\alpha}_3$，即

$$(\boldsymbol{\alpha}_1, \boldsymbol{\alpha}_2, \boldsymbol{\alpha}_3)\begin{bmatrix} x_1 \\ x_2 \\ x_3 \end{bmatrix}=\boldsymbol{\alpha},$$

令 $\boldsymbol{P}=(\boldsymbol{\alpha}_1, \boldsymbol{\alpha}_2, \boldsymbol{\alpha}_3)=\begin{bmatrix} 1 & 0 & -1 \\ -1 & 1 & 1 \\ 0 & -1 & -1 \end{bmatrix}$，由于 $\boldsymbol{\alpha}_1, \boldsymbol{\alpha}_2, \boldsymbol{\alpha}_3$ 是 $\boldsymbol{A}$ 对应于不同特征值 $\lambda_1=-1, \lambda_2=1, \lambda_3=2$ 的特征向量，故 $\boldsymbol{\alpha}_1, \boldsymbol{\alpha}_2, \boldsymbol{\alpha}_3$ 线性无关，因此 $\boldsymbol{P}$ 可逆，于是

$$\begin{bmatrix} x_1 \\ x_2 \\ x_3 \end{bmatrix}=\boldsymbol{P}^{-1}\boldsymbol{\alpha}=\begin{bmatrix} 1 & 0 & -1 \\ -1 & 1 & 1 \\ 0 & -1 & -1 \end{bmatrix}^{-1}\begin{bmatrix} 2 \\ -1 \\ 0 \end{bmatrix}$$

$$=\begin{bmatrix} 0 & -1 & -1 \\ 1 & 1 & 0 \\ -1 & -1 & -1 \end{bmatrix}\begin{bmatrix} 2 \\ -1 \\ 0 \end{bmatrix}=\begin{bmatrix} 1 \\ 1 \\ -1 \end{bmatrix},$$

即 $\boldsymbol{\alpha}=\boldsymbol{\alpha}_1+\boldsymbol{\alpha}_2-\boldsymbol{\alpha}_3$.

(2) 由 $\boldsymbol{P}^{-1}\boldsymbol{A}\boldsymbol{P}=\begin{bmatrix}-1 & & \\ & 1 & \\ & & 2\end{bmatrix}=\boldsymbol{\Lambda}$, 得 $\boldsymbol{A}=\boldsymbol{P}\boldsymbol{\Lambda}\boldsymbol{P}^{-1}$,

从而

$$\boldsymbol{A}^2=\boldsymbol{P}\boldsymbol{\Lambda}^2\boldsymbol{P}^{-1}=\begin{bmatrix}1 & 0 & -1\\ -1 & 1 & 1\\ 0 & -1 & -1\end{bmatrix}\begin{bmatrix}1 & & \\ & 1 & \\ & & 2^2\end{bmatrix}\begin{bmatrix}0 & -1 & -1\\ 1 & 1 & 0\\ -1 & -1 & -1\end{bmatrix},$$

故

$$\boldsymbol{A}^2\boldsymbol{\alpha}=\boldsymbol{P}\boldsymbol{\Lambda}^2\boldsymbol{P}^{-1}\boldsymbol{\alpha}=\begin{bmatrix}1 & 0 & -1\\ -1 & 1 & 1\\ 0 & -1 & -1\end{bmatrix}\begin{bmatrix}1 & & \\ & 1 & \\ & & 2^2\end{bmatrix}\begin{bmatrix}1\\ 1\\ -1\end{bmatrix}=\begin{bmatrix}5\\ -4\\ 3\end{bmatrix}$$

$$\boldsymbol{A}^n=\boldsymbol{P}\boldsymbol{\Lambda}^n\boldsymbol{P}^{-1}.$$

所以

$$\begin{aligned}\boldsymbol{A}^n\boldsymbol{\alpha}&=\boldsymbol{P}\boldsymbol{\Lambda}^n\boldsymbol{P}^{-1}\boldsymbol{\alpha}\\ &=\begin{bmatrix}1 & 0 & -1\\ -1 & 1 & 1\\ 0 & -1 & -1\end{bmatrix}\begin{bmatrix}(-1)^n & & \\ & 1 & \\ & & 2^n\end{bmatrix}\begin{bmatrix}1\\ 1\\ -1\end{bmatrix}\\ &=\begin{bmatrix}(-1)^n+2^n\\ (-1)^{n+1}+1-2^2\\ 2^n-1\end{bmatrix}.\end{aligned}$$

例 5.21　已知 $\boldsymbol{A}_1,\boldsymbol{A}_2,\boldsymbol{A}_3$ 是三个非零的三阶矩阵，且 $\boldsymbol{A}_i^2=\boldsymbol{A}_i(i=1,2,3)$，$\boldsymbol{A}_i\boldsymbol{A}_j=\boldsymbol{0}(i\neq j;i,j=1,2,3)$，证明：

(1) $\boldsymbol{A}_i$ 对应于特征值 1 的特征向量是 $\boldsymbol{A}_j$ 对应于特征值 0 的特征向量$(i\neq j;i,j=1,2,3)$；

(2) 若 $\boldsymbol{\alpha}_1,\boldsymbol{\alpha}_2,\boldsymbol{\alpha}_3$ 分别是 $\boldsymbol{A}_1,\boldsymbol{A}_2,\boldsymbol{A}_3$ 对应于特征值 1 的特征向量，则 $\boldsymbol{\alpha}_1,\boldsymbol{\alpha}_2,\boldsymbol{\alpha}_3$ 线性无关.

解　(1) 设 λ_i 为 $\boldsymbol{A}_i$ 的特征值，$\boldsymbol{x}$ 是对应的特征向量，则有 $\boldsymbol{A}_i\boldsymbol{x}=\lambda_i\boldsymbol{x}(i=1,2,3)$，$\boldsymbol{A}_i^2\boldsymbol{x}=\lambda_i^2\boldsymbol{x}$，因为 $\boldsymbol{A}_i^2=\boldsymbol{A}_i$，所以 $\lambda_i^2\boldsymbol{x}=\lambda_i\boldsymbol{x}$ 从而有$(\lambda_i^2-\lambda_i)\boldsymbol{x}=\boldsymbol{0}$，因为 $\boldsymbol{x}\neq\boldsymbol{0}$，因此，$\lambda_i^2-\lambda_i=0$，得 $\lambda_i=0$ 或 $\lambda_i=1$，即 $\boldsymbol{x}$ 为 $\boldsymbol{A}_i$ 关于特征值 1 或 0 的特征向量，由已知$\boldsymbol{A}_j\boldsymbol{A}_i=\boldsymbol{0}$，有

$$\boldsymbol{A}_j\boldsymbol{A}_i\boldsymbol{x}=\boldsymbol{A}_j\lambda_i\boldsymbol{x}=0\boldsymbol{x}=\boldsymbol{A}_j\boldsymbol{x}\quad(\text{当 }\lambda=1\text{ 时}).$$

即　$\boldsymbol{x}$ 为 $\boldsymbol{A}_j$ 对应于特征值 0 的特征向量.

(2) 设 k_1,k_2,k_3 使

$$k_1\boldsymbol{\alpha}_1+k_2\boldsymbol{\alpha}_2+k_3\boldsymbol{\alpha}_3=\boldsymbol{0},$$

因为 $\boldsymbol{\alpha}_1,\boldsymbol{\alpha}_2,\boldsymbol{\alpha}_3$ 为 $\boldsymbol{A}_1,\boldsymbol{A}_2,\boldsymbol{A}_3$ 对应于特征值 1 的特征向量，所以有 $\boldsymbol{A}_1\boldsymbol{\alpha}_1=\boldsymbol{\alpha}_1$，$\boldsymbol{A}_2\boldsymbol{\alpha}_2=\boldsymbol{\alpha}_2$，$\boldsymbol{A}_3\boldsymbol{\alpha}_3=\boldsymbol{\alpha}_3$，从而有

$$k_1\boldsymbol{A}_1\boldsymbol{\alpha}_1+k_2\boldsymbol{A}_2\boldsymbol{\alpha}_2+k_3\boldsymbol{A}_3\boldsymbol{\alpha}_3=\boldsymbol{0},$$

两边分别左乘 $\boldsymbol{A}_i$，注意到 $\boldsymbol{A}_i^2=\boldsymbol{A}_i$，$\boldsymbol{A}_i\boldsymbol{A}_j=\boldsymbol{0}(i\neq j;i,j=1,2,3)$，则有 $k_i\boldsymbol{A}_i^2\boldsymbol{\alpha}_i=k_i\boldsymbol{A}_i\boldsymbol{\alpha}_i=k_i\boldsymbol{\alpha}_i=\boldsymbol{0}(i=1,2,3)$，因为 $\boldsymbol{\alpha}_i\neq\boldsymbol{0}$，得 $k_i=0(i=1,2,3)$，因此 $\boldsymbol{\alpha}_1,\boldsymbol{\alpha}_2,\boldsymbol{\alpha}_3$ 线性无关.

四、疑难问题解答

1. 若 n 阶方阵 $\boldsymbol{A}$ 与对角阵相似，且 λ 为 $\boldsymbol{A}$ 的 k 重特征值，则 $\mathrm{R}(\lambda\boldsymbol{E}-\boldsymbol{A})=n-k$.

事实上，因为 $\boldsymbol{A}$ 与对角阵相似，充分必要条件是 $\boldsymbol{A}$ 有 n 个线性无关的特征向量，而不同特征值所对应的特征向量是线性无关的，因此对于 k 重特征值，应有 k 个线性无关的特征向量，即方程组 $(\lambda\boldsymbol{E}-\boldsymbol{A})\boldsymbol{x}=\boldsymbol{0}$ 的基础解系有 k 个线性无关的解向量，从而系数矩阵 $\lambda\boldsymbol{E}-\boldsymbol{A}$ 的秩为 $n-k$，即 $\mathrm{R}(\lambda\boldsymbol{E}-\boldsymbol{A})=n-k$.

例如　矩阵 $\boldsymbol{A}=\begin{bmatrix}1&0&0\\0&1&0\\0&0&2\end{bmatrix}$ 与下面矩阵哪个相似.

(A) $\begin{bmatrix}1&1&0\\0&1&0\\0&0&2\end{bmatrix}$　　(B) $\begin{bmatrix}1&0&0\\0&2&1\\0&0&1\end{bmatrix}$

(C) $\begin{bmatrix}1&0&1\\0&2&0\\0&0&1\end{bmatrix}$　　(D) $\begin{bmatrix}1&1&0\\0&1&1\\0&0&2\end{bmatrix}$

解　因为 $\boldsymbol{A}$ 为对角阵，其特征值为 1,1,2，且 1 为 $\boldsymbol{A}$ 的二重特征值，而相似矩阵具有相同的特征值，因此所给出的 4 个矩阵中与 $\boldsymbol{A}$ 相似的矩阵记为 $\boldsymbol{B}$. 则 1 也应是其二重特征值，且 $\mathrm{R}(\boldsymbol{E}-\boldsymbol{B})=1$，而在 4 个矩阵中只有(B) 满足此条件，所以应选(B).

2. 在求特征值与特征向量的问题中我们知道满足 $|\lambda\boldsymbol{E}-\boldsymbol{A}|=0$ 的 λ 为 $\boldsymbol{A}$ 的特征值，再解满足方程组 $(\lambda\boldsymbol{E}-\boldsymbol{A})\boldsymbol{x}=\boldsymbol{0}$ 的非零解向量即为 $\boldsymbol{A}$ 的对应于 λ 的特征向量. 但反之若有常数 λ 和列向量 $\boldsymbol{x}$ 满足 $(\lambda\boldsymbol{E}-\boldsymbol{A})\boldsymbol{x}=\boldsymbol{0}$，则说 λ 为 $\boldsymbol{A}$ 的特征值，$\boldsymbol{x}$ 为 $\boldsymbol{A}$ 的对应于特征值 λ 的特征向量是不对的. 此结论忽略了特征向量一定是非零列向量这一条件. 若取 $\boldsymbol{x}=\boldsymbol{0}$，则 $(\lambda\boldsymbol{E}-\boldsymbol{A})\boldsymbol{x}=\boldsymbol{0}$ 对一切 λ 都成立，这样的 λ 有无穷多个，而 n 阶方阵 $\boldsymbol{A}$ 最多有 n 个不同特征值. 正确的结论是当 $(\lambda\boldsymbol{E}-\boldsymbol{A})\boldsymbol{x}=\boldsymbol{0}$ 有非零解时，则 λ 是 $\boldsymbol{A}$ 的特征值，相应的非零列向量 $\boldsymbol{x}$ 是 $\boldsymbol{A}$ 的对应于 λ 的特征

向量.

五、常见错误类型分析

1. 已知三阶矩阵 $\boldsymbol{A}$ 的特征值为 1，-2，2，试写出 $\boldsymbol{A}$ 的特征多项式的表达式 $|\lambda\boldsymbol{E}-\boldsymbol{A}|$.

错误解法　$|\lambda\boldsymbol{E}-\boldsymbol{A}|=(\lambda-1)(\lambda+2)(\lambda-2)$.

错因分析　错误原因在于没有考虑到特征值是由特征多项式等于零而解得的，这里可能存在符号的差异，因为 $\boldsymbol{A}$ 的行列式是其特征值的乘积，所以有 $|\boldsymbol{A}|=-4$，在上式中若令 $\lambda=0$，则有 $|\boldsymbol{A}|=4$，这是矛盾的.

正确解法　$|\lambda\boldsymbol{E}-\boldsymbol{A}|=-(\lambda-1)(\lambda+2)(\lambda-2)$.

2. 设 $\boldsymbol{A}$ 与 $\boldsymbol{B}$ 为同阶方阵，且有相同的特征值，问 $\boldsymbol{A}$ 与 $\boldsymbol{B}$ 是否相似.

错误解法　$\boldsymbol{A}$ 与 $\boldsymbol{B}$ 是相似的.

错因分析　反例：如矩阵 $\boldsymbol{A}=\begin{bmatrix}2&1&0\\0&2&1\\0&0&2\end{bmatrix}$ 与矩阵 $\boldsymbol{B}=\begin{bmatrix}2&&\\&2&\\&&2\end{bmatrix}$ 都有三重特征值 $\lambda_1=\lambda_2=\lambda_3=2$，但 $R(2\boldsymbol{E}-\boldsymbol{A})=2\neq3-3=0$，所以 $\boldsymbol{A}$ 没有三个线性无关的特征向量，因此 $\boldsymbol{A}$ 不能对角化，即 $\boldsymbol{A}$ 不能相似于对角矩阵 $\boldsymbol{B}$. 反过来，若 $\boldsymbol{A}$ 与 $\boldsymbol{B}$ 相似，则 $\boldsymbol{A}$ 与 $\boldsymbol{B}$ 有相同的特征值.

正确解法　$\boldsymbol{A}$ 与 $\boldsymbol{B}$ 不一定相似.

练习 5.1

1. 填空题

(1) 已知三阶矩阵 $\boldsymbol{A}$ 的特征值为 1，-1，2，则矩阵 $\boldsymbol{A}^2-2\boldsymbol{A}+\boldsymbol{E}$ 的特征值为________.

(2) 设 $\boldsymbol{A}$ 为 n 阶方阵，$\boldsymbol{Ax}=\boldsymbol{0}$ 有非零解，则 $\boldsymbol{A}$ 必有一个特征值为________.

(3) 设三阶矩阵 $\boldsymbol{A}$ 的三个特征值为 1，2，4，则 $\boldsymbol{A}^{-1}$ 的特征值为________；$\boldsymbol{A}^*$ 的特征值为________.

2. 选择题

(1) 设三阶方阵

$$\boldsymbol{A}=\begin{bmatrix}2&1&1\\1&2&1\\1&1&2\end{bmatrix},$$

若向量 $\boldsymbol{\alpha}=(1,k,1)^{\mathrm{T}}$ 是 $\boldsymbol{A}^{-1}$ 的特征向量，则常数 k 为(　　).

(A) -1　　(B) 1　　(C) 2　　(D) -2

(2) 设三阶方阵

$$A=\begin{bmatrix}7&4&1\\4&7&-1\\-4&-4&x\end{bmatrix}$$

的特征值为 $\lambda_1=\lambda_2=3,\lambda_3=12$,则 $x=($　　$)$.

(A) 4　　(B) 3　　(C) 2　　(D) 1

(3) 设 A 为 n 阶方阵,且 $A^k=\mathbf{0}$(k 为正整数),则(　　).

(A) $A=\mathbf{0}$　　(B) A 有一个不为零的特征值

(C) A 的特征值全为零　　(D) A 有 n 个线性无关的特征向量

(4) 设 0 是矩阵

$$A=\begin{bmatrix}1&0&1\\0&2&0\\1&0&a\end{bmatrix}$$

的特征值,则 $a=($　　$)$.

(A) -1　　(B) 0　　(C) 1　　(D) 2

3. 设三阶矩阵 A 的特征值为 $1,-1,2$,矩阵 $B=A^3-5A^2$,试求:

(1) 矩阵 B 的特征值及其相似对角阵,并说明理由;

(2) 行列式 $|B|$ 及 $|A-5E|$.

4. 设 A 满足 $A^2-3A+2E=\mathbf{0}$,其中 E 为单位矩阵,试求 $2A^{-1}+3E$ 的特征值.

5. 设 n 阶矩阵 A 的特征值为 $0,1,2,\cdots,n-1$,求 $A+2E$ 的特征值与行列式 $|A+2E|$.

6. 设 $A^2=E$,证明 A 的特征值只能是 ±1.

7. 判断矩阵 A 能否相似于矩阵 B,若能相似,求可逆矩阵 P,使 $P^{-1}AP=B$.

(1) $A=\begin{bmatrix}3&1&0\\0&3&1\\0&0&3\end{bmatrix}$, $B=\begin{bmatrix}3&0&0\\0&3&0\\0&0&3\end{bmatrix}$;

(2) $A=\begin{bmatrix}1&&\\&3&\\&&2\end{bmatrix}$, $B=\begin{bmatrix}1&1&0\\0&2&1\\0&0&3\end{bmatrix}$.

8. 求下列矩阵的特征值与特征向量.

(1) $A=\begin{bmatrix}2&-1&2\\5&-3&3\\-1&0&-2\end{bmatrix}$;　　(2) $A=\begin{bmatrix}0&1&0&0\\1&0&0&0\\0&0&0&-1\\0&0&-1&0\end{bmatrix}$;

(3) $\boldsymbol{A}=\begin{bmatrix} 0 & 1 & & & \\ & 0 & 1 & & \\ & & \ddots & \ddots & \\ & & & \ddots & 1 \\ & & & & 0 \end{bmatrix}$.

9. 已知 $\boldsymbol{A}=\begin{bmatrix} 1 & 1 \\ 0 & 1 \end{bmatrix}$,$\boldsymbol{M}=\begin{bmatrix} 2 & 1 \\ 3 & 2 \end{bmatrix}$,求$(\boldsymbol{M}^{-1}\boldsymbol{A}\boldsymbol{M})^n$($n$ 为正整数).

10. 已知(1)$\boldsymbol{A}=\begin{bmatrix} 0 & 1 & -1 \\ -2 & 0 & 2 \\ -1 & 1 & 0 \end{bmatrix}$;(2)$\boldsymbol{A}=\begin{bmatrix} 0 & -1 & 1 \\ 1 & 0 & 2 \\ -1 & -2 & 0 \end{bmatrix}$,求 $\boldsymbol{A}^{100}$,$\boldsymbol{A}^{101}$.

11. 设矩阵 $\boldsymbol{A}$ 与矩阵 $\boldsymbol{B}$ 相似,其中

$$\boldsymbol{A}=\begin{bmatrix} -1 & -2 & 2 \\ 0 & 1 & 0 \\ 0 & 0 & x \end{bmatrix},\quad \boldsymbol{B}=\begin{bmatrix} y & 0 & 0 \\ 0 & 1 & 0 \\ 0 & 0 & 1 \end{bmatrix},$$

(1) 求 x 和 y 的值;

(2) 求可逆矩阵 $\boldsymbol{P}$,使 $\boldsymbol{P}^{-1}\boldsymbol{A}\boldsymbol{P}=\boldsymbol{B}$.

12. 设有四阶方阵 $\boldsymbol{A}$ 满足条件$|\sqrt{2}\boldsymbol{E}-\boldsymbol{A}|=0$,且 $\boldsymbol{A}^{\mathrm{T}}\boldsymbol{A}=2\boldsymbol{E}$,求 $\boldsymbol{A}^*$ 的一个特征值.

13. 设三阶方阵 $\boldsymbol{A}$ 的特征值为$\lambda_1=1$,$\lambda_2=0$,$\lambda_3=-1$;对应的特征向量为

$$\boldsymbol{\alpha}_1=\begin{bmatrix} 1 \\ 2 \\ 2 \end{bmatrix},\quad \boldsymbol{\alpha}_2=\begin{bmatrix} 2 \\ -2 \\ 1 \end{bmatrix},\quad \boldsymbol{\alpha}_3=\begin{bmatrix} -2 \\ -1 \\ 2 \end{bmatrix}.$$

求 $\boldsymbol{A}$.

14. 设向量

$$\boldsymbol{\alpha}=\begin{bmatrix} 1 \\ 3 \\ 0 \\ -3 \end{bmatrix},\quad \boldsymbol{\beta}=\begin{bmatrix} 3 \\ 0 \\ 5 \\ 1 \end{bmatrix}.$$

记 $\boldsymbol{A}=\boldsymbol{\alpha}\boldsymbol{\beta}^{\mathrm{T}}$,求:(1)$\boldsymbol{A}$ 的特征值与特征向量;(2)$\boldsymbol{A}^{10}$.

15. 设 n 阶方阵 $\boldsymbol{A}$ 的每行元素之和为 a($a\neq0$)且$|\boldsymbol{A}|=2a$,试求$(\boldsymbol{A}^*)^*+2\boldsymbol{A}^*-4\boldsymbol{E}$ 的一个特征值.

16. 设矩阵 $\boldsymbol{A}=\begin{bmatrix} 1 & 1 & 1 \\ a_{21} & a_{22} & a_{23} \\ a_{31} & a_{32} & a_{33} \end{bmatrix}$,且 $\boldsymbol{A}$ 有三个特征向量 $\boldsymbol{\xi}_1=(1,1,1)^{\mathrm{T}}$,$\boldsymbol{\xi}_2=$

$(1,1,0)^T, \boldsymbol{\xi}_3=(1,0,0)^T$,求:(1)$\boldsymbol{A}$ 的特征向量所对应的特征值;(2)$\boldsymbol{A}$.

17. 设矩阵 $\boldsymbol{A}=\begin{bmatrix}1 & -1 & 1\\ a & 4 & b\\ -3 & -3 & 5\end{bmatrix}$,已知 $\boldsymbol{A}$ 有三个线性无关的特征向量,且 $\lambda=2$ 是 $\boldsymbol{A}$ 的二重特征值,求可逆矩阵 $\boldsymbol{P}$,使 $\boldsymbol{P}^{-1}\boldsymbol{AP}$ 为对角阵.

18. 设矩阵

$$\boldsymbol{A}=\begin{bmatrix}0 & a & a^2\\ \frac{1}{a} & 0 & a\\ \frac{1}{a^2} & \frac{1}{a} & 0\end{bmatrix},$$

(1) 求可逆矩阵 $\boldsymbol{P}$,使 $\boldsymbol{P}^{-1}\boldsymbol{AP}$ 为对角矩阵;

(2) 计算 $\boldsymbol{A}^n$,其中 n 为自然数.

19. 设 $\boldsymbol{A}=\begin{bmatrix}-1 & 2\\ 3 & 1\end{bmatrix}$,求$(\boldsymbol{A}^4-3\boldsymbol{A}^3-4\boldsymbol{A}^2+22\boldsymbol{A}-6\boldsymbol{E})^{-1}$.

20. 若矩阵 $\boldsymbol{A}$ 与对角矩阵

$$\boldsymbol{B}=\begin{bmatrix}\lambda_1 & & & \\ & \lambda_2 & & \\ & & \ddots & \\ & & & \lambda_n\end{bmatrix}$$

相似,则对任一自然数 m,矩阵$(\lambda_i\boldsymbol{E}-\boldsymbol{A})^m$ 与$(\lambda_i\boldsymbol{E}-\boldsymbol{A})$ $(i=1,2,\cdots,n)$的秩相等.

练习 5.1 参考答案与提示

1. (1) 0,4,1;　(2) 0;　(3) $1,\frac{1}{2},\frac{1}{4}$;8,4,2.

2. (1) (D);　(2) (A);　(3) (C);　(4) (C).

3. (1) 因为当 $\boldsymbol{Ax}=\lambda\boldsymbol{x}$ 时,有 $\boldsymbol{A}^3\boldsymbol{x}=\lambda^3\boldsymbol{x}, \boldsymbol{A}^2\boldsymbol{x}=\lambda^2\boldsymbol{x}$,从而 $\boldsymbol{Bx}=(\boldsymbol{A}^3-5\boldsymbol{A}^2)\boldsymbol{x}=\lambda^3\boldsymbol{x}-5\lambda^2\boldsymbol{x}=(\lambda^3-5\lambda^2)\boldsymbol{x}$,由于 $\boldsymbol{A}$ 的特征值为 $1,-1,2$,从而 $\boldsymbol{B}$ 的特征值为 $-4,-6,-12$.

(2) $|\boldsymbol{B}|=(-4)(-6)(-12)=-288$,由于$|\boldsymbol{A}-\lambda\boldsymbol{E}|=-(\lambda-1)(\lambda+1)\cdot(\lambda-2)$,令 $\lambda=5$,得$|\boldsymbol{A}-5\boldsymbol{E}|=-4\times6\times3=-72$.

4. 设 λ 是 $\boldsymbol{A}$ 的特征值,$\boldsymbol{x}$ 是对应的特征向量,$\boldsymbol{x}\neq\boldsymbol{0}$,则 $\boldsymbol{Ax}=\lambda\boldsymbol{x}$. 所以有$(\boldsymbol{A}^2-3\boldsymbol{A}+2\boldsymbol{E})\boldsymbol{x}=(\lambda^2-3\lambda+2)\boldsymbol{x}=\boldsymbol{0}$. 得 $\lambda_1=1, \lambda_2=2$,故 $2\boldsymbol{A}^{-1}+3\boldsymbol{E}$ 的特征值为 5,4.

5. $\boldsymbol{A}+2\boldsymbol{E}$ 是 $\boldsymbol{A}$ 的矩阵多项式，所以 $\boldsymbol{A}+2\boldsymbol{E}$ 的特征值为 $2,3,\cdots,n+1$，$|\boldsymbol{A}+2\boldsymbol{E}|=(n+1)!$.

6. 设 λ 是 $\boldsymbol{A}$ 的特征值，$\boldsymbol{x}$ 是对应的特征向量，则 $\boldsymbol{A}\boldsymbol{x}=\lambda\boldsymbol{x}$，由 $\boldsymbol{A}^2=\boldsymbol{E}$ 得 $\boldsymbol{A}^2\boldsymbol{x}=\boldsymbol{E}\boldsymbol{x}=\boldsymbol{x}=\lambda^2\boldsymbol{x}$. 所以有 $(\lambda^2-1)\boldsymbol{x}=\boldsymbol{0}$. 因为 $\boldsymbol{x}\neq\boldsymbol{0}$，所以 $\lambda^2-1=0$，即 $\lambda=\pm1$.

7. (1) $\boldsymbol{B}$ 为对角阵，且 $\boldsymbol{A}$ 与 $\boldsymbol{B}$ 都有三重特征值 $\lambda_1=\lambda_2=\lambda_3=3$，但 $\mathrm{R}(\boldsymbol{A}-3\boldsymbol{E})=2\neq0$，故 $\boldsymbol{A}$ 不能相似于 $\boldsymbol{B}$.

(2) $\boldsymbol{A}$ 与 $\boldsymbol{B}$ 都有相同的三个特征值 $\lambda_1=1,\lambda_2=2,\lambda_3=3$，即 $\boldsymbol{A}$ 能相似于 $\boldsymbol{B}$，矩阵 $\boldsymbol{B}$ 对应的三个线性无关特征向量为

$$\begin{bmatrix}1\\0\\0\end{bmatrix},\quad\begin{bmatrix}1\\1\\0\end{bmatrix},\quad\begin{bmatrix}1\\2\\2\end{bmatrix}.$$

令 $\boldsymbol{Q}=\begin{bmatrix}1&1&1\\0&2&1\\0&2&0\end{bmatrix}$，则 $\boldsymbol{Q}^{-1}\boldsymbol{B}\boldsymbol{Q}=\boldsymbol{A}$，令

$$\boldsymbol{P}=\boldsymbol{Q}^{-1}=\begin{bmatrix}1&-1&\frac{1}{2}\\0&0&\frac{1}{2}\\0&1&-1\end{bmatrix},$$

则 $\boldsymbol{P}^{-1}\boldsymbol{A}\boldsymbol{P}=\boldsymbol{B}$.

8. (1) 特征值为 -1（三重），对应的特征向量为 $k(-1,-1,1)^{\mathrm{T}}$，k 为任意非零常数.

(2) 特征值为 -1（二重），1（二重），对应的特征向量分别为

$k_1\begin{bmatrix}0\\0\\1\\1\end{bmatrix}+k_2\begin{bmatrix}-1\\1\\0\\0\end{bmatrix}$，$k_3\begin{bmatrix}0\\0\\-1\\1\end{bmatrix}+k_4\begin{bmatrix}1\\1\\0\\0\end{bmatrix}$，$k_1,k_2$ 和 k_3,k_4 分别为不同时为零的任意常数.

(3) 特征值为 0（n 重），对应的特征向量为 $k(1,0,0,\cdots,0)^{\mathrm{T}}$，$k$ 为任意非零常数.

9. $\begin{bmatrix}1+6n, & 4n\\-9n, & 1-6n\end{bmatrix}$.

10. (1) $\boldsymbol{A}^{100}=\begin{bmatrix}-1&-1&2\\-2&0&2\\-2&-1&3\end{bmatrix}$，$\boldsymbol{A}^{101}=\boldsymbol{A}$；

(2) $\boldsymbol{A}^{100}=(-6)^{49}\begin{bmatrix}-2 & -2 & -2\\ -2 & -5 & 1\\ -2 & 1 & -5\end{bmatrix}$，$\boldsymbol{A}^{101}=(-6)^{50}\boldsymbol{A}$.

11. (1) $x=1, y=-1$；

(2) $\boldsymbol{P}=\begin{bmatrix}1 & 0 & 1\\ 0 & 1 & 0\\ 0 & 1 & 1\end{bmatrix}$ ($\boldsymbol{P}$不唯一).

12. $-2\sqrt{2}$.

13. $\frac{1}{3}\begin{bmatrix}-1 & 0 & 2\\ 0 & 1 & 2\\ 2 & 2 & 0\end{bmatrix}$.

14. (1) $\lambda=0$；　　(2) $\boldsymbol{A}^{10}=\boldsymbol{0}$.

15. $2^{n-2}a^{n-1}$.

16. (1) $\lambda_1=3, \lambda_2=2, \lambda_3=1$；

(2) $\boldsymbol{A}=\begin{bmatrix}1 & 1 & 1\\ 0 & 2 & 1\\ 0 & 0 & 3\end{bmatrix}$.

17. $a=2, b=-2$，$\boldsymbol{A}$的特征值为$2,2,6$.

$$\boldsymbol{P}=\begin{bmatrix}-1 & 1 & 1\\ 1 & 0 & -2\\ 0 & 1 & 3\end{bmatrix}.$$

18. (1) $\boldsymbol{A}$的特征值为$\lambda_1=\lambda_2=-1, \lambda_3=2$，对应的特征向量为$\boldsymbol{\alpha}_1=(-a,1,0)^{\mathrm{T}}, \boldsymbol{\alpha}_2=(-a^2,0,1)^{\mathrm{T}}, \boldsymbol{\alpha}_3=(a^2,a,1)^{\mathrm{T}}$.

$$\boldsymbol{P}=\begin{bmatrix}a^2 & -a & -a^2\\ a & 1 & 0\\ 1 & 0 & 1\end{bmatrix},\quad \boldsymbol{P}^{-1}\boldsymbol{AP}=\begin{bmatrix}2 & & \\ & -1 & \\ & & -1\end{bmatrix}.$$

(2) $$\boldsymbol{A}^n=\frac{1}{3}\times 2^n\begin{bmatrix}1 & a & a^2\\ \frac{1}{a} & 1 & a\\ \frac{1}{a^2} & \frac{1}{a} & 1\end{bmatrix}+\frac{1}{3}(-1)^{n+1}\begin{bmatrix}0 & a & a^2\\ \frac{1}{a} & -2 & -a\\ \frac{1}{a^2} & \frac{1}{a} & -2\end{bmatrix}.$$

19. 由$\boldsymbol{A}$的特征多项式$|\lambda\boldsymbol{E}-\boldsymbol{A}|=\lambda^2-7$，得$\boldsymbol{A}^2-7\boldsymbol{E}=\boldsymbol{0}$. 由题设$f(\lambda)=(\lambda^2-3\lambda+3)(\lambda^2-7)+\lambda+15$，则

$$f(\boldsymbol{A})=\boldsymbol{A}+15\boldsymbol{E}=\begin{bmatrix}14 & 2\\ 3 & 16\end{bmatrix}.$$

于是$(\boldsymbol{A}^4-3\boldsymbol{A}^3-4\boldsymbol{A}^2+22\boldsymbol{A}-6\boldsymbol{E})^{-1}=(\boldsymbol{A}+15\boldsymbol{E})^{-1}=\frac{1}{218}\begin{bmatrix}16 & -2\\ -3 & 14\end{bmatrix}$.

20. 因为 $\boldsymbol{A}$ 与 $\boldsymbol{B}$ 相似,所以存在可逆矩阵 $\boldsymbol{P}$,使

$$\boldsymbol{B}=\boldsymbol{P}^{-1}\boldsymbol{A}\boldsymbol{P}.$$

于是 $\boldsymbol{A}=\boldsymbol{P}\boldsymbol{B}\boldsymbol{P}^{-1}$,从而

$$\begin{aligned}(\lambda_i\boldsymbol{E}-\boldsymbol{A})^m &=(\lambda_i\boldsymbol{E}-\boldsymbol{P}\boldsymbol{B}\boldsymbol{P}^{-1})^m\\ &=(\boldsymbol{P}\lambda_i\boldsymbol{P}^{-1}-\boldsymbol{P}\boldsymbol{B}\boldsymbol{P}^{-1})^m\\ &=\boldsymbol{P}(\lambda_i\boldsymbol{E}-\boldsymbol{B})^m\boldsymbol{P}^{-1}\\ &=(\boldsymbol{P}^{-1})^{-1}(\lambda_i\boldsymbol{E}-\boldsymbol{B})^m\boldsymbol{P}^{-1}.\end{aligned}$$

即$(\lambda_i\boldsymbol{E}-\boldsymbol{A})^m\sim(\lambda_i\boldsymbol{E}-\boldsymbol{B})^m$,所以$(\lambda_i\boldsymbol{E}-\boldsymbol{A})^m$ 与$(\lambda_i\boldsymbol{E}-\boldsymbol{B})^m$ 有相同的秩. 又因为 $\lambda_i\boldsymbol{E}-\boldsymbol{B}$ 为对角矩阵,所以$(\lambda_i\boldsymbol{E}-\boldsymbol{B})^m$ 与 $\lambda_i\boldsymbol{E}-\boldsymbol{B}$ 有相同的秩,而 $\boldsymbol{A}\sim\boldsymbol{B}$,故 $\lambda\boldsymbol{E}-\boldsymbol{B}$ 与 $\lambda\boldsymbol{E}-\boldsymbol{A}$ 等价,则 $\mathrm{R}(\lambda_i\boldsymbol{E}-\boldsymbol{B})=\mathrm{R}(\lambda_i\boldsymbol{E}-\boldsymbol{A})$. 于是$(\lambda_i\boldsymbol{E}-\boldsymbol{A})^m$ 与 $\lambda_i\boldsymbol{E}-\boldsymbol{A}$ 的秩相等.

5.2　实对称矩阵的相似对角化

一、主要内容

向量的内积与性质,正交向量组,Schmidt 正交化方法,正交矩阵,正交变换,实对称矩阵的对角化.

二、教学要求

1. 掌握 Schmidt 单位正交化方法;
2. 理解正交向量组与正交矩阵的概念及性质;
3. 理解实对称矩阵的特征值与特征向量的性质,熟练掌握用正交变换化实对称矩阵为对角矩阵的方法.

三、例题选讲

例 5.22　设 $\boldsymbol{\alpha}_1=\begin{bmatrix}1\\2\\3\end{bmatrix}$,求非零向量 $\boldsymbol{\alpha}_2,\boldsymbol{\alpha}_3$ 使向量组 $\boldsymbol{\alpha}_1,\boldsymbol{\alpha}_2,\boldsymbol{\alpha}_3$ 为正交向量组.

解　$\boldsymbol{\alpha}_2,\boldsymbol{\alpha}_3$ 应满足方程 $\boldsymbol{\alpha}_1^{\mathrm{T}}\boldsymbol{x}=\boldsymbol{0}$,即

$$x_1+2x_2+3x_3=0,$$

它的基础解系为

$$\boldsymbol{\xi}_1=\begin{bmatrix}-2\\1\\0\end{bmatrix},\quad \boldsymbol{\xi}_2=\begin{bmatrix}-3\\0\\1\end{bmatrix},$$

将 $\boldsymbol{\xi}_1,\boldsymbol{\xi}_2$ 正交化,取

$$\boldsymbol{\alpha}_2=\boldsymbol{\xi}_1=\begin{bmatrix}-2\\1\\0\end{bmatrix},$$

$$\boldsymbol{\alpha}_3=\boldsymbol{\xi}_2-\frac{(\boldsymbol{\alpha}_2,\boldsymbol{\xi}_2)}{(\boldsymbol{\alpha}_2,\boldsymbol{\alpha}_2)}\boldsymbol{\alpha}_2=\begin{bmatrix}-3\\0\\1\end{bmatrix}-\frac{6}{5}\begin{bmatrix}-2\\1\\0\end{bmatrix}=\frac{1}{5}\begin{bmatrix}-3\\-6\\5\end{bmatrix},$$

则 $\boldsymbol{\alpha}_2,\boldsymbol{\alpha}_3$ 可使 $\boldsymbol{\alpha}_1,\boldsymbol{\alpha}_2,\boldsymbol{\alpha}_3$ 为正交向量组.

例 5.23 用 Schmidt 正交化方法将下列向量组正交化.

(1) $\boldsymbol{\alpha}_1=\begin{bmatrix}1\\1\\1\end{bmatrix},\quad \boldsymbol{\alpha}_2=\begin{bmatrix}1\\2\\3\end{bmatrix},\quad \boldsymbol{\alpha}_3=\begin{bmatrix}1\\4\\9\end{bmatrix};$

(2) $\boldsymbol{\alpha}_1=\begin{bmatrix}1\\0\\-1\\1\end{bmatrix},\quad \boldsymbol{\alpha}_2=\begin{bmatrix}1\\-1\\0\\1\end{bmatrix},\quad \boldsymbol{\alpha}_3=\begin{bmatrix}-1\\1\\1\\0\end{bmatrix}.$

解 (1) 取 $\boldsymbol{\beta}_1=\boldsymbol{\alpha}_1=\begin{bmatrix}1\\1\\1\end{bmatrix},$

$$\boldsymbol{\beta}_2=\boldsymbol{\alpha}_2-\frac{(\boldsymbol{\alpha}_2,\boldsymbol{\beta}_1)}{(\boldsymbol{\beta}_1,\boldsymbol{\beta}_1)}\boldsymbol{\beta}_1=\begin{bmatrix}1\\2\\3\end{bmatrix}-\frac{6}{3}\begin{bmatrix}1\\1\\1\end{bmatrix}=\begin{bmatrix}-1\\0\\1\end{bmatrix},$$

$$\begin{aligned}\boldsymbol{\beta}_3&=\boldsymbol{\alpha}_3-\frac{(\boldsymbol{\alpha}_3,\boldsymbol{\beta}_1)}{(\boldsymbol{\beta}_1,\boldsymbol{\beta}_1)}\boldsymbol{\beta}_1-\frac{(\boldsymbol{\alpha}_3,\boldsymbol{\beta}_2)}{(\boldsymbol{\beta}_2,\boldsymbol{\beta}_2)}\boldsymbol{\beta}_2\\&=\begin{bmatrix}1\\4\\9\end{bmatrix}-\frac{14}{3}\begin{bmatrix}1\\1\\1\end{bmatrix}-\frac{8}{2}\begin{bmatrix}-1\\0\\1\end{bmatrix}=\frac{1}{3}\begin{bmatrix}1\\-2\\1\end{bmatrix},\end{aligned}$$

即得正交向量组 $\boldsymbol{\beta}_1=\begin{bmatrix}1\\1\\1\end{bmatrix},\boldsymbol{\beta}_2=\begin{bmatrix}-1\\0\\1\end{bmatrix},\boldsymbol{\beta}_3=\frac{1}{3}\begin{bmatrix}1\\-2\\1\end{bmatrix}.$

(2) 取 $\boldsymbol{\beta}_1=\boldsymbol{\alpha}_1=\begin{bmatrix}1\\0\\-1\\1\end{bmatrix}$,

$$\boldsymbol{\beta}_2=\boldsymbol{\alpha}_2-\frac{(\boldsymbol{\alpha}_2,\boldsymbol{\beta}_1)}{(\boldsymbol{\beta}_1,\boldsymbol{\beta}_1)}\boldsymbol{\beta}_1=\begin{bmatrix}1\\-1\\0\\1\end{bmatrix}-\frac{2}{3}\begin{bmatrix}1\\0\\-1\\1\end{bmatrix}=\frac{1}{3}\begin{bmatrix}1\\-3\\2\\1\end{bmatrix},$$

$$\begin{aligned}\boldsymbol{\beta}_3&=\boldsymbol{\alpha}_3-\frac{(\boldsymbol{\alpha}_3,\boldsymbol{\beta}_1)}{(\boldsymbol{\beta}_1,\boldsymbol{\beta}_1)}\boldsymbol{\beta}_1-\frac{(\boldsymbol{\alpha}_3,\boldsymbol{\beta}_2)}{(\boldsymbol{\beta}_2,\boldsymbol{\beta}_2)}\boldsymbol{\beta}_2\\&=\begin{bmatrix}-1\\1\\1\\0\end{bmatrix}+\frac{2}{3}\begin{bmatrix}1\\0\\-1\\1\end{bmatrix}+\frac{2}{15}\begin{bmatrix}1\\-3\\2\\1\end{bmatrix}=\frac{1}{5}\begin{bmatrix}-1\\3\\3\\4\end{bmatrix},\end{aligned}$$

因此所求的正交向量组为

$$\boldsymbol{\beta}_1=\begin{bmatrix}1\\0\\-1\\1\end{bmatrix},\quad \boldsymbol{\beta}_2=\frac{1}{3}\begin{bmatrix}1\\-3\\2\\1\end{bmatrix},\quad \boldsymbol{\beta}_3=\frac{1}{5}\begin{bmatrix}-1\\3\\3\\4\end{bmatrix}.$$

例 5.24　设三阶实对称矩阵 $\boldsymbol{A}$ 的特征值为 $-1,1,1$,与特征值 -1 对应的特征向量为 $\boldsymbol{p}_1=\begin{bmatrix}0\\1\\1\end{bmatrix}$,求 $\boldsymbol{A}$.

解　设与特征值 $\lambda=1$ 对应的特征向量为 $\boldsymbol{\alpha}=\begin{bmatrix}x_1\\x_2\\x_3\end{bmatrix}$,由于实对称矩阵不同特征值所对应的特征向量一定正交,故 $\boldsymbol{p}_1^{\mathrm{T}}\boldsymbol{\alpha}=0$,即 $x_2+x_3=0$,解之得基础解系

$$\boldsymbol{p}_2=\begin{bmatrix}1\\0\\0\end{bmatrix},\quad \boldsymbol{p}_3=\begin{bmatrix}0\\1\\-1\end{bmatrix}.$$

而 $\boldsymbol{A}$ 对应于二重特征值 $\lambda=1$ 的线性无关特征向量一定有两个,故 $\boldsymbol{p}_2,\boldsymbol{p}_3$ 就是对应于 $\lambda=1$ 的特征向量.

记

$$P=\left(\frac{1}{\sqrt{2}}p_1,p_2,\frac{1}{\sqrt{2}}p_3\right)=\begin{bmatrix}0&1&0\\ \frac{1}{\sqrt{2}}&0&\frac{1}{\sqrt{2}}\\ \frac{1}{\sqrt{2}}&0&-\frac{1}{\sqrt{2}}\end{bmatrix},$$

于是

$$A=P\Lambda P^{-1}=\begin{bmatrix}0&1&0\\ \frac{1}{\sqrt{2}}&0&\frac{1}{\sqrt{2}}\\ \frac{1}{\sqrt{2}}&0&-\frac{1}{\sqrt{2}}\end{bmatrix}\begin{bmatrix}-1&&\\&1&\\&&1\end{bmatrix}\begin{bmatrix}0&\frac{1}{\sqrt{2}}&\frac{1}{\sqrt{2}}\\ 1&0&0\\ 0&\frac{1}{\sqrt{2}}&\frac{-1}{\sqrt{2}}\end{bmatrix}$$

$$=\begin{bmatrix}1&0&0\\0&0&-1\\0&-1&0\end{bmatrix}.$$

例 5.25 设 $A=\begin{bmatrix}1&-2&-2&-2\\-2&1&-2&-2\\-2&-2&1&-2\\-2&-2&-2&1\end{bmatrix}$,求正交矩阵 P,使 $P^{-1}AP=P^{T}AP$ 为对角矩阵.

解 A 的特征多项式为

$$|\lambda E-A|=(\lambda-3)^3(\lambda+5),$$

故 A 的特征值为

$$\lambda_1=\lambda_2=\lambda_3=3,\quad \lambda_4=-5.$$

对 $\lambda_1=\lambda_2=\lambda_3=3$,解线性方程组 $(3E-A)x=0$,得基础解系为

$$\xi_1=\begin{bmatrix}-1\\1\\0\\0\end{bmatrix},\quad \xi_2=\begin{bmatrix}-1\\0\\1\\0\end{bmatrix},\quad \xi_3=\begin{bmatrix}-1\\0\\0\\1\end{bmatrix},$$

将它们单位正交化得

$$p_1=\frac{1}{\sqrt{2}}\begin{bmatrix}-1\\1\\0\\0\end{bmatrix},\quad p_2=\frac{1}{\sqrt{6}}\begin{bmatrix}-1\\-1\\2\\0\end{bmatrix},\quad p_3=\frac{1}{2\sqrt{3}}\begin{bmatrix}1\\1\\1\\-3\end{bmatrix}.$$

对 $\lambda_4=-5$，解线性方程组 $(-5\boldsymbol{E}-\boldsymbol{A})\boldsymbol{x}=\boldsymbol{0}$，得基础解系

$$\boldsymbol{\xi}_4=\begin{bmatrix}1\\1\\1\\1\end{bmatrix},$$

单位化得

$$\boldsymbol{p}_4=\frac{1}{2}\begin{bmatrix}1\\1\\1\\1\end{bmatrix}.$$

令

$$\boldsymbol{P}=(\boldsymbol{p}_1,\boldsymbol{p}_2,\boldsymbol{p}_3,\boldsymbol{p}_4)=\begin{bmatrix}-\frac{1}{\sqrt{2}} & -\frac{1}{\sqrt{6}} & \frac{1}{2\sqrt{3}} & \frac{1}{2}\\ \frac{1}{\sqrt{2}} & -\frac{1}{\sqrt{6}} & \frac{1}{2\sqrt{3}} & \frac{1}{2}\\ 0 & \frac{2}{\sqrt{6}} & \frac{1}{2\sqrt{3}} & \frac{1}{2}\\ 0 & 0 & -\frac{\sqrt{3}}{2} & \frac{1}{2}\end{bmatrix},$$

则

$$\boldsymbol{P}^{-1}\boldsymbol{A}\boldsymbol{P}=\boldsymbol{P}^{\mathrm{T}}\boldsymbol{A}\boldsymbol{P}=\begin{bmatrix}3&&&\\&3&&\\&&3&\\&&&-5\end{bmatrix}.$$

例 5.26　设 $\boldsymbol{A}$ 为三阶非零实方阵，且 $a_{ij}=A_{ij}$，其中 A_{ij} 是 a_{ij} 的代数余子式，$i,j=1,2,3$. 证明：$|\boldsymbol{A}|=1$，且 $\boldsymbol{A}$ 是正交矩阵.

证明　由于 $a_{ij}=A_{ij}$，故

$$\boldsymbol{A}\boldsymbol{A}^{\mathrm{T}}=\boldsymbol{A}\boldsymbol{A}^{*}=|\boldsymbol{A}|\boldsymbol{E}.$$

两边取行列式，得

$$|\boldsymbol{A}|^2=|\boldsymbol{A}|^3,\quad |\boldsymbol{A}|^2(|\boldsymbol{A}|-1)=0,$$

由于 $\boldsymbol{A}$ 是非零实方阵，所以，$\boldsymbol{A}$ 至少有一个元素不为零，设这个非零元素位于第 i 行，则

$$\begin{aligned}|\boldsymbol{A}|&=a_{i1}A_{i1}+a_{i2}A_{i2}+a_{i3}A_{i3}\\&=a_{i1}^2+a_{i2}^2+a_{i3}^2\neq 0.\end{aligned}$$

所以，$|\boldsymbol{A}|=1$ 且 $\boldsymbol{A}\boldsymbol{A}^{\mathrm{T}}=\boldsymbol{E}$，即 $\boldsymbol{A}$ 为正交矩阵.

例 5.27　设实对称矩阵 $\begin{bmatrix} a & 1 & 1 \\ 1 & a & -1 \\ 1 & -1 & a \end{bmatrix}$，求可逆矩阵 $\boldsymbol{P}$，使 $\boldsymbol{P}^{-1}\boldsymbol{AP}$ 为对角矩阵.

解　$$|\lambda\boldsymbol{E}-\boldsymbol{A}|=\begin{vmatrix} \lambda-a & -1 & -1 \\ -1 & \lambda-a & 1 \\ -1 & 1 & \lambda-a \end{vmatrix}$$

$$=\begin{vmatrix} \lambda-a & -1 & -1 \\ 0 & \lambda-a-1 & 1-\lambda+a \\ -1 & 1 & \lambda-a \end{vmatrix}$$

$$=\begin{vmatrix} \lambda-a & -1 & -2 \\ 0 & \lambda-a-1 & 0 \\ -1 & 1 & \lambda-a+1 \end{vmatrix}$$

$$=(\lambda-a-1)\begin{vmatrix} \lambda-a & -2 \\ -1 & \lambda-a+1 \end{vmatrix}$$

$$=(\lambda-a-1)^2(\lambda-a+2).$$

令 $|\lambda\boldsymbol{E}-\boldsymbol{A}|=0$，得矩阵 $\boldsymbol{A}$ 的特征值为 $\lambda_1=\lambda_2=a+1,\lambda_3=a-2$.

当 $\lambda_1=\lambda_2=a+1$ 时，解方程组 $(\lambda_1\boldsymbol{E}-\boldsymbol{A})\boldsymbol{x}=\boldsymbol{0}$，由

$$\lambda_1\boldsymbol{E}-\boldsymbol{A}=(a+1)\boldsymbol{E}-\boldsymbol{A}=\begin{bmatrix} 1 & -1 & -1 \\ -1 & 1 & 1 \\ -1 & 1 & 1 \end{bmatrix}$$

$$\longrightarrow\begin{bmatrix} 1 & -1 & -1 \\ 0 & 0 & 0 \\ 0 & 0 & 0 \\ 0 & 0 & 0 \end{bmatrix},$$

同解方程组为 $x_1=x_2+x_3$，得对应 $\lambda_1=\lambda_2=a+1$ 的特征向量为

$$\boldsymbol{p}_1=(1,1,0)^{\mathrm{T}},\quad \boldsymbol{p}_2=(1,0,1)^{\mathrm{T}}.$$

当 $\lambda_3=a-2$ 时，解方程组 $(\lambda_2\boldsymbol{E}-\boldsymbol{A})\boldsymbol{x}=\boldsymbol{0}$，由

$$\lambda_2\boldsymbol{E}-\boldsymbol{A}=\begin{bmatrix} -2 & -1 & -1 \\ -1 & -2 & 1 \\ -1 & 1 & -2 \end{bmatrix}\longrightarrow\begin{bmatrix} 1 & 0 & 1 \\ 0 & 1 & -1 \\ 0 & 0 & 0 \end{bmatrix}$$

得 $(\lambda_2\boldsymbol{E}-\boldsymbol{A})\boldsymbol{x}=\boldsymbol{0}$ 的基础解系，即对应特征值 $\lambda_3=a-2$ 的一个特征向量为

$$\boldsymbol{p}_3=(-1,1,1)^{\mathrm{T}}.$$

$$P=(p_1,p_2,p_3)=\begin{bmatrix}1&1&-1\\1&0&1\\0&1&1\end{bmatrix},$$

则
$$P^{-1}AP=\begin{bmatrix}a+1&&\\&a+1&\\&&a-2\end{bmatrix}=\Lambda.$$

例 5.28　若 A 是 n 阶实对称矩阵，且 $A^2=A$，则存在正交矩阵 P，使

$$P^{-1}AP=\begin{bmatrix}1&&&&&\\&\ddots&&&&\\&&1&&&\\&&&0&&\\&&&&\ddots&\\&&&&&0\end{bmatrix}.$$

证明　方法 1　设 λ 为 A 的任一特征值，对应的特征向量为 $\alpha(\alpha\neq 0)$，则有 $A\alpha=\lambda\alpha$，因为 $A^2=A$，所以 $\lambda\alpha=A\alpha=A^2\alpha=A(\lambda\alpha)=\lambda(A\alpha)=\lambda^2\alpha$，于是 $\lambda^2=\lambda$，即 $\lambda=1$ 或 $\lambda=0$，这说明 A 的特征值只能是 1 或 0. 又因为 A 是实对称矩阵，所以存在正交矩阵 P，使

$$P^{-1}AP=\begin{bmatrix}1&&&&&\\&\ddots&&&&\\&&1&&&\\&&&0&&\\&&&&\ddots&\\&&&&&0\end{bmatrix}.$$

方法 2　因为 A 为实对称矩阵，所以存在正交矩阵 P，使

$$P^{-1}AP=\begin{bmatrix}\lambda_1&&&\\&\lambda_2&&\\&&\ddots&\\&&&\lambda_n\end{bmatrix},$$

其中 $\lambda_i(i=1,2,\cdots,n)$ 为 A 的实特征值.

又因为 $A^2=A$，可得

$$\begin{bmatrix}\lambda_1&&&\\&\lambda_2&&\\&&\ddots&\\&&&\lambda_n\end{bmatrix}^2=(P^{-1}AP)^2=P^{-1}A^2P=P^{-1}AP=\begin{bmatrix}\lambda_1&&&\\&\lambda_2&&\\&&\ddots&\\&&&\lambda_n\end{bmatrix},$$

则 $\lambda_i^2=\lambda_i(i=1,2,\cdots,n)$，即 $\lambda_i=1$ 或 0，于是得

$$\boldsymbol{P}^{-1}\boldsymbol{A}\boldsymbol{P}=\begin{bmatrix}1 & & & & & \\ & \ddots & & & & \\ & & 1 & & & \\ & & & 0 & & \\ & & & & \ddots & \\ & & & & & 0\end{bmatrix}.$$

例 5.29　设 λ,μ 分别为 $\boldsymbol{A}$ 和 $\boldsymbol{A}^{\mathrm{T}}$ 的特征值，$\boldsymbol{\alpha},\boldsymbol{\beta}$ 分别为对应于 λ 和 μ 的特征向量，若 $\lambda\neq\mu$，则 $\boldsymbol{\alpha}$ 与 $\boldsymbol{\beta}$ 正交.

证明　由题设知 $\boldsymbol{A}\boldsymbol{\alpha}=\lambda\boldsymbol{\alpha}$，$\boldsymbol{A}^{\mathrm{T}}\boldsymbol{\beta}=\mu\boldsymbol{\beta}$，由 $\boldsymbol{A}\boldsymbol{\alpha}=\lambda\boldsymbol{\alpha}$ 有 $\boldsymbol{\alpha}^{\mathrm{T}}\boldsymbol{A}^{\mathrm{T}}=\lambda\boldsymbol{\alpha}^{\mathrm{T}}$，则有

$$\boldsymbol{\alpha}^{\mathrm{T}}\boldsymbol{A}^{\mathrm{T}}\boldsymbol{\beta}=\lambda\boldsymbol{\alpha}^{\mathrm{T}}\boldsymbol{\beta},$$

即 $\mu\boldsymbol{\alpha}^{\mathrm{T}}\boldsymbol{\beta}=\lambda\boldsymbol{\alpha}^{\mathrm{T}}\boldsymbol{\beta}$，从而 $(\mu-\lambda)\boldsymbol{\alpha}^{\mathrm{T}}\boldsymbol{\beta}=0$. 因为 $\mu\neq\lambda$，所以 $\boldsymbol{\alpha}^{\mathrm{T}}\boldsymbol{\beta}=0$，即 $\boldsymbol{\alpha}$ 与 $\boldsymbol{\beta}$ 正交.

例 5.30　设 $\boldsymbol{A}$ 是 n 阶实对称矩阵，$\boldsymbol{P}$ 是 n 阶可逆矩阵，已知 n 维列向量 $\boldsymbol{\alpha}$ 是 $\boldsymbol{A}$ 的对应于特征值 λ 的特征向量，求矩阵 $(\boldsymbol{P}^{-1}\boldsymbol{A}\boldsymbol{P})^{\mathrm{T}}$ 对应于特征值 λ 的特征向量.

解　记 $\boldsymbol{B}=(\boldsymbol{P}^{-1}\boldsymbol{A}\boldsymbol{P})^{\mathrm{T}}$，则

$$\boldsymbol{B}=(\boldsymbol{P}^{-1}\boldsymbol{A}\boldsymbol{P})^{\mathrm{T}}=(\boldsymbol{P}^{\mathrm{T}}\boldsymbol{A}\boldsymbol{P}^{-1})^{\mathrm{T}}=\boldsymbol{P}^{\mathrm{T}}\boldsymbol{A}(\boldsymbol{P}^{\mathrm{T}})^{-1}.$$

因 $\boldsymbol{P}$ 可逆，$(\boldsymbol{P}^{\mathrm{T}})^{-1}$ 也就可逆，于是，矩阵 $\boldsymbol{B}$ 与 $\boldsymbol{A}$ 相似，从而 λ 是 $\boldsymbol{B}$ 的一个特征值.

设 $\boldsymbol{\xi}\neq\boldsymbol{0}$ 是矩阵 $\boldsymbol{B}$ 的对应于特征值 λ 的特征向量，则有

$$\begin{aligned}&\boldsymbol{B}\boldsymbol{\xi}=\lambda\boldsymbol{\xi}\\ &\Leftrightarrow\boldsymbol{P}^{\mathrm{T}}\boldsymbol{A}(\boldsymbol{P}^{\mathrm{T}})^{-1}\boldsymbol{\xi}=\lambda\boldsymbol{\xi}\\ &\Leftrightarrow\boldsymbol{A}(\boldsymbol{P}^{\mathrm{T}})^{-1}\boldsymbol{\xi}=\lambda(\boldsymbol{P}^{\mathrm{T}})^{-1}\boldsymbol{\xi}\\ &\Leftrightarrow(\boldsymbol{P}^{\mathrm{T}})^{-1}\boldsymbol{\xi}\text{ 是 }\boldsymbol{A}\text{ 的对应于特征值 }\lambda\text{ 的特征向量},\end{aligned}$$

于是，令 $\boldsymbol{\xi}=\boldsymbol{P}^{\mathrm{T}}\boldsymbol{\alpha}$，则 $\boldsymbol{\xi}\neq\boldsymbol{0}$，且为矩阵 $(\boldsymbol{P}^{-1}\boldsymbol{A}\boldsymbol{P})^{\mathrm{T}}$ 的对应于特征值 λ 的特征向量.

例 5.31　设矩阵

$$\boldsymbol{A}=\begin{bmatrix}0 & 1 & 0 & 0\\ 1 & 0 & 0 & 0\\ 0 & 0 & y & 1\\ 0 & 0 & 1 & 2\end{bmatrix},$$

(1) 已知 $\boldsymbol{A}$ 的一个特征值为 3，试求 y；

(2) 求正交矩阵 $\boldsymbol{P}$，使 $(\boldsymbol{A}\boldsymbol{P})^{\mathrm{T}}(\boldsymbol{A}\boldsymbol{P})$ 为对角阵.

解　(1) 因为 3 为 $\boldsymbol{A}$ 的特征值，所以 $|3\boldsymbol{E}-\boldsymbol{A}|=0$，即

$$|3\boldsymbol{E}-\boldsymbol{A}|=\begin{vmatrix}3&-1&0&0\\-1&3&0&0\\0&0&3-y&-1\\0&0&-1&1\end{vmatrix}=8(2-y)=0.$$

解得 $y=2$.

(2) 由 $\boldsymbol{A}=\begin{bmatrix}0&1&0&0\\1&0&0&0\\0&0&2&1\\0&0&1&2\end{bmatrix}$,可知 $\boldsymbol{A}^2=\begin{bmatrix}1&0&0&0\\0&1&0&0\\0&0&5&4\\0&0&4&5\end{bmatrix}$,令 $|\lambda\boldsymbol{E}-\boldsymbol{A}^2|=0$,得 $\boldsymbol{A}^2$ 的特征值为 $\lambda_1=\lambda_2=\lambda_3=1,\lambda_4=9$,

当 $\lambda_1=\lambda_2=\lambda_3=1$ 时,解方程组 $(\lambda_1\boldsymbol{E}-\boldsymbol{A}^2)\boldsymbol{x}=\boldsymbol{0}$,得 $\boldsymbol{A}^2$ 对应于 $\lambda_1=\lambda_2=\lambda_3=1$ 的特征向量为

$$\boldsymbol{\xi}_1=(1,0,0,0)^{\mathrm{T}},\quad \boldsymbol{\xi}_2=(0,1,0,0)^{\mathrm{T}},\quad \boldsymbol{\xi}_3=(0,0,-1,1)^{\mathrm{T}},$$

经 Schmidt 正交单位化,得

$$\boldsymbol{p}_1=(1,0,0,0)^{\mathrm{T}},\quad \boldsymbol{p}_2=(0,1,0,0)^{\mathrm{T}},\quad \boldsymbol{p}_3=\left(0,0,-\frac{1}{\sqrt{2}},\frac{1}{\sqrt{2}}\right)^{\mathrm{T}}.$$

当 $\lambda_4=9$ 时,解方程组 $(\lambda_4\boldsymbol{E}-\boldsymbol{A}^2)\boldsymbol{x}=\boldsymbol{0}$,得 $\boldsymbol{A}^2$ 对应于特征性 $\lambda_4=9$ 的特征向量为

$$\boldsymbol{\xi}_4=(0,0,1,1)^{\mathrm{T}},$$

单位化得

$$\boldsymbol{p}_4=\left(0,0,\frac{1}{\sqrt{2}},\frac{1}{\sqrt{2}}\right)^{\mathrm{T}},$$

令

$$\boldsymbol{P}=(\boldsymbol{p}_1,\boldsymbol{p}_2,\boldsymbol{p}_3,\boldsymbol{p}_4)=\begin{bmatrix}1&0&0&0\\0&1&0&0\\0&0&-\frac{1}{\sqrt{2}}&\frac{1}{\sqrt{2}}\\0&0&\frac{1}{\sqrt{2}}&\frac{1}{\sqrt{2}}\end{bmatrix},$$

则

$$\boldsymbol{P}^{\mathrm{T}}\boldsymbol{A}^2\boldsymbol{P}=(\boldsymbol{AP})^{\mathrm{T}}(\boldsymbol{AP})=\begin{bmatrix}1&&&\\&1&&\\&&1&\\&&&0\end{bmatrix}.$$

例 5.32　设 n 阶实对称矩阵 $\boldsymbol{A}$ 和 $\boldsymbol{B}$ 具有相同的特征值，证明存在 n 阶方阵和正交矩阵 $\boldsymbol{P}$，使得 $\boldsymbol{A}=\boldsymbol{QP},\boldsymbol{B}=\boldsymbol{PQ}$.

证明　由于 $\boldsymbol{A},\boldsymbol{B}$ 为实对称矩阵，且有完全相同的特征值，故 $\boldsymbol{A},\boldsymbol{B}$ 都与同一对角阵相似，从而存在正交矩阵 $\boldsymbol{P}_1$ 和 $\boldsymbol{P}_2$，使

$$\boldsymbol{P}_1^{-1}\boldsymbol{AP}_1=\boldsymbol{\Lambda}=\boldsymbol{P}_2^{-1}\boldsymbol{BP}_2,$$

于是

$$\boldsymbol{B}=\boldsymbol{P}_2\boldsymbol{P}_1^{-1}\boldsymbol{AP}_1\boldsymbol{P}_2^{-1}=(\boldsymbol{P}_1\boldsymbol{P}_2^{-1})^{-1}\boldsymbol{A}(\boldsymbol{P}_1\boldsymbol{P}_2^{\mathrm{T}})^{\mathrm{T}}.$$

令 $\boldsymbol{R}=\boldsymbol{P}_1\boldsymbol{P}_2^{-1}$，则 $\boldsymbol{R}$ 可逆且

$$\boldsymbol{R}^{-1}=(\boldsymbol{P}_1\boldsymbol{P}_2^{-1})^{-1}=\boldsymbol{P}_2\boldsymbol{P}_1^{-1}=\boldsymbol{P}_2\boldsymbol{P}_1^{\mathrm{T}}=(\boldsymbol{P}_1\boldsymbol{P}_2^{\mathrm{T}})^{\mathrm{T}}=(\boldsymbol{P}_1\boldsymbol{P}_2^{-1})^{\mathrm{T}}=\boldsymbol{R}^{\mathrm{T}},$$

即 $\boldsymbol{R}$ 为正交矩阵，且使

$$\boldsymbol{B}=\boldsymbol{R}^{-1}\boldsymbol{AR},$$

即 $\boldsymbol{RB}=\boldsymbol{AR}$. 令 $\boldsymbol{RB}=\boldsymbol{AR}=\boldsymbol{Q},\boldsymbol{P}=\boldsymbol{R}^{-1}$，由 $\boldsymbol{R}^{-1}=\boldsymbol{R}^{\mathrm{T}}$，得 $\boldsymbol{P}^{\mathrm{T}}=(\boldsymbol{R}^{\mathrm{T}})^{\mathrm{T}}=\boldsymbol{R}=\boldsymbol{P}^{-1}$. 所以，$\boldsymbol{P}$ 也是正交矩阵，使得

$$\boldsymbol{A}=\boldsymbol{QP},\quad \boldsymbol{B}=\boldsymbol{PQ}.$$

例 5.33　设 $\boldsymbol{A}=\begin{bmatrix}1&0&1\\0&2&0\\1&0&1\end{bmatrix}$，矩阵 $\boldsymbol{B}=(k\boldsymbol{E}+\boldsymbol{A})^2$，$k$ 为实数，求对角矩阵 $\boldsymbol{\Lambda}$，使 $\boldsymbol{B}$ 与 $\boldsymbol{\Lambda}$ 相似.

解　$\boldsymbol{A}$ 的特征多项式为

$$|\lambda\boldsymbol{E}-\boldsymbol{A}|=\begin{vmatrix}\lambda-1&0&-1\\0&\lambda-2&0\\-1&0&\lambda-1\end{vmatrix}=\lambda(\lambda-2)^2,$$

令 $|\lambda\boldsymbol{E}-\boldsymbol{A}|=0$，得 $\boldsymbol{A}$ 的特征值为 $\lambda_1=0,\lambda_2=\lambda_3=2$，因此矩阵 $\boldsymbol{B}$ 的特征值为 k^2，$(k+2)^2$，$(k+2)^2$，k 为实数，因为 $\boldsymbol{A}$ 为实对称矩阵，所以存在正交矩阵 $\boldsymbol{P}$，使

$$\boldsymbol{P}^{\mathrm{T}}\boldsymbol{AP}=\boldsymbol{\Lambda}_1=\begin{bmatrix}0&&\\&2&\\&&2\end{bmatrix},\quad 即\ \boldsymbol{A}=\boldsymbol{P\Lambda}_1\boldsymbol{P}^{\mathrm{T}}.$$

从而

$$\boldsymbol{B}=(k\boldsymbol{E}+\boldsymbol{A})^2=(k\boldsymbol{E}+\boldsymbol{P\Lambda}_1\boldsymbol{P}^{\mathrm{T}})^2=\boldsymbol{P}(k\boldsymbol{E}+\boldsymbol{\Lambda}_1)^2\boldsymbol{P}^{\mathrm{T}},$$

即存在正交矩阵 $\boldsymbol{P}$ 使

$$\boldsymbol{P}^{\mathrm{T}}\boldsymbol{BP}=(k\boldsymbol{E}+\boldsymbol{\Lambda}_1)^2=\begin{bmatrix}k^2&&\\&(k+2)^2&\\&&(k+2)^2\end{bmatrix}=\boldsymbol{\Lambda}.$$

因此，矩阵 $\boldsymbol{B}$ 与对角阵 $\boldsymbol{\Lambda}=\begin{bmatrix}k^2&&\\&(k+2)^2&\\&&(k+2)^2\end{bmatrix}$ 相似.

例 5.34　试求一个正交的相似变换矩阵，将下面实对称矩阵化为对角矩阵：

$$A=\begin{bmatrix} 2 & 2 & -2 \\ 2 & 5 & -4 \\ -2 & -4 & 5 \end{bmatrix}.$$

解　解特征方程$|\lambda E-A|=0$，即

$$\begin{vmatrix} \lambda-2 & -2 & 2 \\ -2 & \lambda-5 & 4 \\ 2 & 4 & \lambda-5 \end{vmatrix}=\begin{vmatrix} \lambda-2 & -2 & 2 \\ -2 & \lambda-5 & 4 \\ 0 & \lambda-1 & \lambda-1 \end{vmatrix}$$

$$=(\lambda-1)\begin{vmatrix} \lambda-2 & -2 & 2 \\ -2 & \lambda-5 & 4 \\ 0 & 1 & 1 \end{vmatrix}$$

$$=(\lambda-1)^2(\lambda-10)=0,$$

得A的特征值为$\lambda_1=\lambda_2=1,\lambda_3=10$.

当$\lambda_1=\lambda_2=1$时，解齐次线性方程组$(\lambda_1 E-A)x=0$，即

$$\begin{bmatrix} -1 & -2 & 2 \\ -2 & -4 & 4 \\ 2 & 4 & -4 \end{bmatrix}\begin{bmatrix} x_1 \\ x_2 \\ x_3 \end{bmatrix}=\begin{bmatrix} 0 \\ 0 \\ 0 \end{bmatrix},$$

得基础解系，$\xi_1=(-2,1,0)^T$，$\xi_2=(2,0,1)^T$，因此，A的属于特征值$\lambda_1=\lambda_2=1$的特征向量为ξ_1,ξ_2.

当$\lambda=10$时，解齐次线性方程组$(10E-A)x=0$，即

$$\begin{bmatrix} 8 & -2 & 2 \\ -2 & 5 & 4 \\ 2 & 4 & 5 \end{bmatrix}\begin{bmatrix} x_1 \\ x_2 \\ x_3 \end{bmatrix}=\begin{bmatrix} 0 \\ 0 \\ 0 \end{bmatrix},$$

得基础解系$\xi_3=(1,2,-2)^T$，因此，A的属于特征值$\lambda_1=10$的一个特征向量为ξ_3，将ξ_1,ξ_2,ξ_3进行 Schmidt 正交单位化.

令$\eta_1=\xi_1=(-2,1,0)^T$，单位化得$p_1=\frac{1}{\sqrt{5}}(-2,1,0)^T$.

$\eta_2=\xi_2-(p_1,\xi_2)p_1=(2,0,1)^T-\left(-\frac{4}{\sqrt{5}}\right)\times\frac{1}{\sqrt{5}}(-2,1,0)^T=\left(\frac{2}{5},\frac{4}{5},1\right)^T$，单位化得$p_2=\frac{1}{3\sqrt{5}}(2,4,5)^T$.

$\eta_3=\xi_3-(p_1,\xi_3)p_1-(p_2,\xi_3)p_2=(1,2,-2)^T$，单位化得$p_3=\frac{1}{3}(1,2,$

$-2)^{\mathrm{T}}$. 以 $\boldsymbol{p}_1,\boldsymbol{p}_2,\boldsymbol{p}_3$ 为列构成正交矩阵

$$\boldsymbol{P}=(\boldsymbol{p}_1,\boldsymbol{p}_2,\boldsymbol{p}_3)=\begin{bmatrix}-\frac{2}{\sqrt{5}} & \frac{2}{3\sqrt{5}} & \frac{1}{3}\\ \frac{1}{\sqrt{5}} & \frac{4}{3\sqrt{5}} & \frac{2}{3}\\ 0 & \frac{\sqrt{5}}{3} & -\frac{2}{3}\end{bmatrix}.$$

经正交相似变换将 $\boldsymbol{A}$ 化为对角矩阵 $\boldsymbol{\Lambda}$,即

$$\boldsymbol{P}^{-1}\boldsymbol{AP}=\begin{bmatrix}\frac{-2}{\sqrt{5}} & \frac{1}{\sqrt{5}} & 0\\ \frac{2}{3\sqrt{5}} & \frac{4}{3\sqrt{5}} & \frac{\sqrt{5}}{3}\\ \frac{1}{3} & \frac{2}{3} & -\frac{2}{3}\end{bmatrix}\begin{bmatrix}2 & 2 & -2\\ 2 & 5 & -4\\ -2 & -4 & 5\end{bmatrix}\begin{bmatrix}\frac{-2}{\sqrt{5}} & \frac{2}{3\sqrt{5}} & \frac{1}{3}\\ \frac{1}{\sqrt{5}} & \frac{4}{3\sqrt{5}} & \frac{2}{3}\\ 0 & \frac{\sqrt{5}}{3} & -\frac{2}{3}\end{bmatrix}$$

$$=\begin{bmatrix}1 & 0 & 0\\ 0 & 1 & 0\\ 0 & 0 & 10\end{bmatrix}=\boldsymbol{\Lambda}.$$

例 5.35　设 $\boldsymbol{A}$ 为正交矩阵,若 $|\boldsymbol{A}|=-1$,则 $-\boldsymbol{E}-\boldsymbol{A}$ 不可逆.

证明　因为 $\boldsymbol{A}$ 为正交矩阵,所以有 $\boldsymbol{A}^{\mathrm{T}}\boldsymbol{A}=\boldsymbol{E}$,或 $\boldsymbol{AA}^{\mathrm{T}}=\boldsymbol{E}$,则有

$$\begin{aligned}|-\boldsymbol{E}-\boldsymbol{A}|&=|-\boldsymbol{AA}^{\mathrm{T}}-\boldsymbol{A}|=|\boldsymbol{A}(-\boldsymbol{A}^{\mathrm{T}}-\boldsymbol{E})|\\&=|\boldsymbol{A}||-\boldsymbol{A}^{\mathrm{T}}-\boldsymbol{E}|=|\boldsymbol{A}||-\boldsymbol{E}-\boldsymbol{A}^{\mathrm{T}}|\\&=|\boldsymbol{A}||-\boldsymbol{E}-\boldsymbol{A}|=-|-\boldsymbol{E}-\boldsymbol{A}|,\end{aligned}$$

所以,$2|-\boldsymbol{E}-\boldsymbol{A}|=0$,从而 $|-\boldsymbol{E}-\boldsymbol{A}|=0$,故 $-\boldsymbol{E}-\boldsymbol{A}$ 不可逆.

例 5.36　设 $\boldsymbol{A}$ 是 n 阶实对称矩阵,$\boldsymbol{P}$ 是 n 阶可逆矩阵,已知 n 维列向量 $\boldsymbol{\alpha}$ 是 $\boldsymbol{A}$ 的对应于特征值 λ 的特征向量,求矩阵 $\boldsymbol{B}=(\boldsymbol{P}^{-1}\boldsymbol{AP})^2$ 的特征值及对应特征值的特征向量.

解　因为 $\boldsymbol{B}=(\boldsymbol{P}^{-1}\boldsymbol{AP})^2=\boldsymbol{P}^{-1}\boldsymbol{A}^2\boldsymbol{P}$,所以 $\boldsymbol{B}$ 与 $\boldsymbol{A}^2$ 相似,即 $\boldsymbol{B}$ 与 $\boldsymbol{A}^2$ 有相同的特征值,因为 λ 为 n 阶实对称矩阵 $\boldsymbol{A}$ 的特征值,则 λ^2 是 $\boldsymbol{A}^2$ 的一个特征值,即亦为 $\boldsymbol{B}$ 的一个特征值,且 $\boldsymbol{A}^2$ 对应于 $\boldsymbol{\lambda}$ 的特征向量为 $\boldsymbol{\alpha}$. 设 $\boldsymbol{\xi}\neq\boldsymbol{0}$ 是矩阵 $\boldsymbol{B}$ 的对应于特征值 λ^2 的特征向量,则有

$$\boldsymbol{B\xi}=\lambda^2\boldsymbol{\xi}$$

$\Leftrightarrow$　$(\boldsymbol{P}^{-1}\boldsymbol{AP})^2\boldsymbol{\xi}=(\boldsymbol{P}^{-1}\boldsymbol{A}^2\boldsymbol{P})\boldsymbol{\xi}=\lambda^2\boldsymbol{\xi}$

$\Leftrightarrow$　$\boldsymbol{A}^2\boldsymbol{P\xi}=\lambda^2\boldsymbol{P\xi}$

$\Leftrightarrow$　$\boldsymbol{P\xi}$ 是 $\boldsymbol{A}^2$ 的对应于特征值 λ^2 的特征向量,于是,令 $\boldsymbol{\xi}=\boldsymbol{P}^{-1}\boldsymbol{\alpha}$,则 $\boldsymbol{\xi}\neq\boldsymbol{0}$,

且为矩阵 $\boldsymbol{B}=(\boldsymbol{P}^{-1}\boldsymbol{AP})^2$ 的对应于特征值 λ^2 的特征向量.

例 5.37　设 $\boldsymbol{A}$ 为三阶实对称矩阵,且满足 $\boldsymbol{A}^3+\boldsymbol{A}-10\boldsymbol{E}=\boldsymbol{0}$,求与 $\boldsymbol{A}$ 相似的对角矩阵.

解　因为 $\boldsymbol{A}$ 为三阶实对称矩阵,所以存在正交矩阵 $\boldsymbol{P}$,使 $\boldsymbol{P}^{-1}\boldsymbol{AP}=\boldsymbol{\Lambda}=\begin{bmatrix}\lambda_1 & & \\ & \lambda_2 & \\ & & \lambda_3\end{bmatrix}$,其中 $\lambda_1,\lambda_2,\lambda_3$ 为 $\boldsymbol{A}$ 的三个特征值,则有 $\boldsymbol{A}=\boldsymbol{P\Lambda P}^{-1}$. 由已知 $\boldsymbol{A}$ 满足 $\boldsymbol{A}^3+\boldsymbol{A}-10\boldsymbol{E}=\boldsymbol{0}$,得

$$\boldsymbol{P\Lambda}^3\boldsymbol{P}^{-1}+\boldsymbol{P\Lambda P}^{-1}-10\boldsymbol{PP}^{-1}=\boldsymbol{0},$$

$$\boldsymbol{P}(\boldsymbol{\Lambda}^3+\boldsymbol{\Lambda}-10\boldsymbol{E})\boldsymbol{P}^{-1}=\boldsymbol{0}.$$

从而有

$$\begin{bmatrix}\lambda_1^3+\lambda_1-10 & 0 & 0\\ 0 & \lambda_2^3+\lambda_2-10 & 0\\ 0 & 0 & \lambda_3^3+\lambda_3-10\end{bmatrix}=\boldsymbol{0},$$

即　$\lambda_i^3+\lambda_i-10=0, i=1,2,3$,解得　$\lambda_i=2$,　$i=1,2,3$. 因此与 $\boldsymbol{A}$ 相似的对角矩阵为

$$\boldsymbol{\Lambda}=\begin{bmatrix}2 & & \\ & 2 & \\ & & 2\end{bmatrix}.$$

例 5.38　设 $\boldsymbol{A}$ 是 n 阶实对称的幂等矩阵,且 $\mathrm{R}(\boldsymbol{A})=r$,求 $|3\boldsymbol{E}-\boldsymbol{A}|$.

解　由 $\boldsymbol{A}$ 是实对称矩阵,知 $\boldsymbol{A}$ 可相似于对角阵,由 $\boldsymbol{A}^2=\boldsymbol{A}$,知 $\boldsymbol{A}$ 的特征值只能为 0 或 1,又 $\mathrm{R}(\boldsymbol{A})=r$,故

$$\boldsymbol{A}\sim\begin{bmatrix}1 & & & & & \\ & \ddots & & & & \\ & & 1 & & & \\ & & & 0 & & \\ & & & & \ddots & \\ & & & & & 0\end{bmatrix},$$

从而

$$3\boldsymbol{E}-\boldsymbol{A}\sim\begin{bmatrix}2 & & & & & \\ & \ddots & & & & \\ & & 2 & & & \\ & & & 3 & & \\ & & & & \ddots & \\ & & & & & 3\end{bmatrix},$$

因此

$$|3E-A|=\begin{vmatrix}2&&&&&\\&\ddots&&&&\\&&2&&&\\&&&3&&\\&&&&\ddots&\\&&&&&3\end{vmatrix}=2^r3^{n-r}.$$

例 5.39 设 A 为实对称矩阵,证明必存在实对称阵 B,使 $A=B^3$.

证明 由于 A 为实对称矩阵,故 A 的特征值 $\lambda_1,\lambda_2,\cdots,\lambda_n$ 全为实数,且存在正交矩阵 P,使

$$P^{-1}AP=\begin{bmatrix}\lambda_1&&&\\&\lambda_2&&\\&&\ddots&\\&&&\lambda_n\end{bmatrix},$$

于是

$$A=P\begin{bmatrix}\lambda_1&&&\\&\lambda_2&&\\&&\ddots&\\&&&\lambda_n\end{bmatrix}P^{-1}=P\begin{bmatrix}\sqrt[3]{\lambda_1}&&&\\&\sqrt[3]{\lambda_2}&&\\&&\ddots&\\&&&\sqrt[3]{\lambda_n}\end{bmatrix}^3P^{-1}$$

$$=P\begin{bmatrix}\sqrt[3]{\lambda_1}&&&\\&\sqrt[3]{\lambda_2}&&\\&&\ddots&\\&&&\sqrt[3]{\lambda_n}\end{bmatrix}P^{-1}P\begin{bmatrix}\sqrt[3]{\lambda_1}&&&\\&\sqrt[3]{\lambda_2}&&\\&&\ddots&\\&&&\sqrt[3]{\lambda_n}\end{bmatrix}P^{-1}P\cdot$$

$$\begin{bmatrix}\sqrt[3]{\lambda_1}&&&\\&\sqrt[3]{\lambda_2}&&\\&&\ddots&\\&&&\sqrt[3]{\lambda_n}\end{bmatrix}P^{-1},$$

令

$$B=P\begin{bmatrix}\sqrt[3]{\lambda_1}&&&\\&\sqrt[3]{\lambda_2}&&\\&&\ddots&\\&&&\sqrt[3]{\lambda_n}\end{bmatrix}P^{-1},\quad 则有\ A=B^3.$$

例5.40　设矩阵 $A=\begin{bmatrix}2&1&1\\1&2&1\\1&1&a\end{bmatrix}$, $\alpha=\begin{bmatrix}1\\b\\1\end{bmatrix}$ 是 A^* 的关于特征值 λ 所对应的特征向量，求 a,b,λ.

解　由 $A^*\alpha=\lambda\alpha$，得 $AA^*=\lambda A\alpha$，

从而

$$A\alpha=\frac{|A|}{\lambda}\alpha,$$

即

$$\begin{bmatrix}2&1&1\\1&2&1\\1&1&a\end{bmatrix}\begin{bmatrix}1\\b\\1\end{bmatrix}=\frac{|A|}{\lambda}\begin{bmatrix}1\\b\\1\end{bmatrix}.$$

则有

$$\begin{cases}3+b=\dfrac{|A|}{\lambda}, & ①\\ 2+2b=\dfrac{|A|}{\lambda}b, & ②\\ a+b+1=\dfrac{|A|}{\lambda}, & ③\end{cases}$$

由式①和式③解得 $a=2$，由式①和式②解得 $b=1,b=-2$. 当 $a=2$ 时 $|A|=4$，由式①得：当 $b=1$ 时 $\lambda=1$；当 $b=-2$ 时，$\lambda=4$.

四、常见错误类型分析

1. n 阶实对称矩阵 A，必存在唯一的正交矩阵 P，使 P^TAP 为对角矩阵.

这种说法是错误的，因为正交矩阵 P 的列向量是由 A 的 n 个正交特征向量组所构成，而在求特征向量时需解齐次线性方程组 $(\lambda_iE-A)x=0$ 的基础解系，其基础解系是不唯一的，因此上述正交矩阵 P 也是不唯一的.

2. 实对称矩阵的特征值均不为零.

此种说法是错误的. 例如当实对称矩阵 A 为幂等矩阵($A^2=A$)时，其特征值为1或0. 具体参见例5.27.

3. n 阶方阵 A，若存在正交矩阵 Q 使 Q^TAQ 为对角矩阵，则 A 必为实对称矩阵.

这种说法是错误的，n 阶方阵 A 可化为对角矩阵的充要条件是 A 有 n 个线性无关的特征向量，当 A 可化为对角矩阵时，则一定可找到正交矩阵 Q，使 Q^TAQ 为对角矩阵，而 A 不一定就是实对称矩阵.

练习 5.2

1. 填空题

(1) 若实对称矩阵 $\boldsymbol{A}$ 还是幂零矩阵,则 $\boldsymbol{A}=$________.

(2) 已知三阶实对称矩阵 $\boldsymbol{A}$ 的特征值为 $-1,2,3$,且有正交矩阵 $\boldsymbol{P}$ 使 $\boldsymbol{P}^{\mathrm{T}}\boldsymbol{A}\boldsymbol{P}$ 为对角矩阵,则 $\boldsymbol{A}^3=$________.

(3) 设 $\boldsymbol{A}$ 是正交矩阵,则 $\boldsymbol{A}$ 的特征值为________.

(4) 若实对称矩阵 $\boldsymbol{A}$ 还是幂等矩阵,则 $\boldsymbol{A}$ 的特征值为________.

(5) 设 $\boldsymbol{A}$ 为三阶实对称矩阵,λ_0 是 $\boldsymbol{A}$ 的二重特征值,则 $\mathrm{R}(\lambda_0\boldsymbol{E}-\boldsymbol{A})=$________.

2. 选择题

(1) 若 $\boldsymbol{A}$ 为 n 阶实对称矩阵,则(　　).

(A) $|\boldsymbol{A}|\neq 0$　　(B) $\boldsymbol{A}$ 有 n 个不同特征值

(C) $\boldsymbol{A}$ 有 n 个线性无关的特征向量　　(D) $\mathrm{R}(\boldsymbol{A})=n$

(2) 设 $\boldsymbol{A}$ 为 n 阶正交矩阵,则(　　).

(A) $|\boldsymbol{A}|=1$　　(B) $|\boldsymbol{A}|=-1$

(C) $|\boldsymbol{A}|=\pm 1$　　(D) $|\boldsymbol{A}|=0$

(3) 已知矩阵 $\boldsymbol{A}=\begin{bmatrix}1 & & \\ & 1 & 1\\ & 1 & x\end{bmatrix}$ 与 $\boldsymbol{B}=\begin{bmatrix}1 & & \\ & y & \\ & & -1\end{bmatrix}$ 相似,则________.

(A) $x=\frac{1}{2},y=\frac{3}{2}$　　(B) $x=-\frac{1}{2},y=-\frac{3}{2}$

(C) $x=\frac{1}{2},y=-\frac{3}{2}$　　(D) $x=-\frac{1}{2},y=\frac{3}{2}$

(4) 设 $\boldsymbol{A},\boldsymbol{B}$ 是两个实对称矩阵,则 $\boldsymbol{A}$ 与 $\boldsymbol{B}$ 相似的充要条件是 $\boldsymbol{A}$ 与 $\boldsymbol{B}$ 有________.

(A) 相同的秩　　(B) 相同的特征值

(C) 相同的迹　　(D) 相同的特征向量

(5) 设 $\boldsymbol{A}$ 为 n 阶实对称矩阵,$\boldsymbol{\alpha}$ 是 $\boldsymbol{A}$ 的对应于特征值 λ 的特征向量,$\boldsymbol{P}$ 为 n 阶可逆矩阵,则矩阵 $\boldsymbol{P}^{-1}\boldsymbol{A}^{\mathrm{T}}\boldsymbol{P}$ 对应于特征值 λ 的特征向量是________.

(A) $\boldsymbol{P}^{-1}\boldsymbol{\alpha}$　(B) $\boldsymbol{P}^{\mathrm{T}}\boldsymbol{\alpha}$　(C) $\boldsymbol{P}\boldsymbol{\alpha}$　(D) $(\boldsymbol{P}^{\mathrm{T}})^{-1}\boldsymbol{\alpha}$

3. 求一个正交相似变换矩阵,将下列实对称矩阵化为对角矩阵.

(1) $\begin{bmatrix}4 & 2 & 2\\ 2 & 4 & 2\\ 2 & 2 & 4\end{bmatrix}$;(2) $\begin{bmatrix}3 & -1 & 0\\ -1 & 2 & -1\\ 0 & -1 & 3\end{bmatrix}$.

4. 设$\boldsymbol{A}=\begin{bmatrix}1&0&0\\0&2&1\\0&1&2\end{bmatrix}$,求一个正交矩阵$\boldsymbol{P}$,使$\boldsymbol{P}^{-1}\boldsymbol{AP}=\boldsymbol{\Lambda}$为对角矩阵.

5. 设三阶实对称矩阵$\boldsymbol{A}$的特征值为0,1,1,$\boldsymbol{A}$的对应于0的特征向量为$\boldsymbol{\alpha}_1=\begin{bmatrix}0\\1\\1\end{bmatrix}$,求$\boldsymbol{A}$.

6. 已知三阶实对称矩阵$\boldsymbol{A}$的特征值为$\lambda_1=-2,\lambda_2=1,\lambda_3=4$. $\boldsymbol{\alpha}_1=(0,-1,1)^{\mathrm{T}},\boldsymbol{\alpha}_2=(1,-1,-1)^{\mathrm{T}}$分别是$\boldsymbol{A}$对应于特征值$\lambda_1,\lambda_2$的特征向量,试求正交矩阵$\boldsymbol{Q}$,使$\boldsymbol{Q}^{-1}\boldsymbol{AQ}$为对角矩阵.

7. 设λ为正交矩阵$\boldsymbol{A}$的特征值,证明$\dfrac{1}{\lambda}$也是$\boldsymbol{A}$的特征值.

8. 已知4,2,2是三阶实对称矩阵$\boldsymbol{A}$的三个特征值,向量$\boldsymbol{\alpha}_1=(1,1,1)^{\mathrm{T}}$是$\boldsymbol{A}$的对应于4的特征向量,向量$\boldsymbol{\alpha}_2=(1,-1,0)^{\mathrm{T}}$是$\boldsymbol{A}$的对应于2的特征向量,求:(1) $\boldsymbol{A}$的对应于2的另一个特征向量$\boldsymbol{\alpha}_3$,使$\boldsymbol{\alpha}_1,\boldsymbol{\alpha}_2,\boldsymbol{\alpha}_3$两两正交;(2) 矩阵$\boldsymbol{A}$.

9. 设n阶实对称矩阵$\boldsymbol{A}$满足$\boldsymbol{A}^3+\boldsymbol{A}^2+\boldsymbol{A}=3\boldsymbol{E}$,求$\boldsymbol{A}$.

10. 设n阶实对称矩阵$\boldsymbol{A},\boldsymbol{B}$有完全相同的特征值,证明存在$n$阶方阵$\boldsymbol{P}$和正交矩阵$\boldsymbol{Q}$,使得$\boldsymbol{A}=\boldsymbol{PQ},\boldsymbol{B}=\boldsymbol{QP}$.

练习 5.2 参考答案与提示

1. (1) 0;(2) $\boldsymbol{P}^{\mathrm{T}}\begin{bmatrix}1&&\\&8&\\&&27\end{bmatrix}\boldsymbol{P}$;(3) 1或−1;(4) 1或0;(5) 1.

2. (1) (C);　(2) (C);　(3) (D);　(4) (B);　(5) (A).

3. (1) $\boldsymbol{P}=\begin{bmatrix}-\frac{1}{\sqrt{2}}&-\frac{1}{\sqrt{6}}&\frac{1}{\sqrt{3}}\\\frac{1}{\sqrt{2}}&-\frac{1}{\sqrt{6}}&\frac{1}{\sqrt{3}}\\0&\frac{2}{\sqrt{6}}&\frac{1}{\sqrt{3}}\end{bmatrix}$,$\boldsymbol{P}^{-1}\boldsymbol{AP}=\begin{bmatrix}2&&\\&2&\\&&8\end{bmatrix}$;

(2) $\boldsymbol{P}=\begin{bmatrix}\frac{1}{\sqrt{6}}&\frac{1}{\sqrt{2}}&\frac{1}{\sqrt{3}}\\\frac{2}{\sqrt{6}}&0&-\frac{1}{\sqrt{3}}\\\frac{1}{\sqrt{6}}&-\frac{1}{\sqrt{2}}&\frac{1}{\sqrt{3}}\end{bmatrix}$,$\boldsymbol{P}^{-1}\boldsymbol{AP}=\begin{bmatrix}1&&\\&3&\\&&4\end{bmatrix}$.

4. 提示：解特征方程 $|\boldsymbol{A}-\lambda\boldsymbol{E}|=(3-\lambda)(1-\lambda)^2=0$,得特征值为 $\lambda_1=3$, $\lambda_2=\lambda_3=1$.

解方程组 $(\boldsymbol{A}-3\boldsymbol{E})\boldsymbol{x}=\boldsymbol{0}$,得基础解系 $\boldsymbol{\alpha}_2=\begin{bmatrix}0\\1\\1\end{bmatrix}$,将其单位化得 $\boldsymbol{P}_1=\frac{1}{\sqrt{2}}\begin{bmatrix}0\\1\\1\end{bmatrix}$.

解方程组 $(\boldsymbol{A}-\boldsymbol{E})\boldsymbol{x}=\boldsymbol{0}$,得基础解系 $\boldsymbol{\alpha}_2=\begin{bmatrix}1\\0\\0\end{bmatrix}$, $\boldsymbol{\alpha}_3=\begin{bmatrix}0\\1\\-1\end{bmatrix}$, $\boldsymbol{\alpha}_2,\boldsymbol{\alpha}_3$ 已正交,只需单位化,得 $\boldsymbol{P}_2=\begin{bmatrix}1\\0\\0\end{bmatrix}$, $\boldsymbol{P}_3=\frac{1}{\sqrt{2}}\begin{bmatrix}0\\1\\-1\end{bmatrix}$,于是得正交矩阵

$$\boldsymbol{P}=(\boldsymbol{P}_1,\boldsymbol{P}_2,\boldsymbol{P}_3)=\begin{bmatrix}0&1&0\\\frac{1}{\sqrt{2}}&0&\frac{1}{\sqrt{2}}\\\frac{1}{\sqrt{2}}&0&-\frac{1}{\sqrt{2}}\end{bmatrix},$$

使 $\boldsymbol{P}^{-1}\boldsymbol{A}\boldsymbol{P}=\begin{bmatrix}3&&\\&1&\\&&1\end{bmatrix}$.

5. 由实对称矩阵不同特征值对应的特征向量是正交的,设 $\boldsymbol{A}$ 的关于特征值为 1 的特征向量为 $\boldsymbol{\alpha}=\begin{bmatrix}x_1\\x_2\\x_3\end{bmatrix}$,则有 $\boldsymbol{\alpha}_1^{\mathrm{T}}\boldsymbol{\alpha}=0$,即 $x_2+x_3=0$,得基础解系为 $\boldsymbol{\alpha}_2=\begin{bmatrix}1\\0\\0\end{bmatrix}$, $\boldsymbol{\alpha}_3=\begin{bmatrix}0\\-1\\1\end{bmatrix}$. $\boldsymbol{\alpha}_1$ 与 $\boldsymbol{\alpha}_2$ 已经正交,取 $\boldsymbol{P}_1=\frac{1}{\sqrt{2}}\boldsymbol{\alpha}_1$, $\boldsymbol{P}_2=\boldsymbol{\alpha}_2$, $\boldsymbol{P}_3=\frac{1}{\sqrt{2}}\boldsymbol{\alpha}_3$,于是得正交矩阵

$$\boldsymbol{P}=(\boldsymbol{p}_1,\boldsymbol{p}_2,\boldsymbol{p}_3)=\begin{bmatrix}0&1&0\\\frac{1}{\sqrt{2}}&0&-\frac{1}{\sqrt{2}}\\\frac{1}{\sqrt{2}}&0&\frac{1}{\sqrt{2}}\end{bmatrix},$$

使 $\boldsymbol{P}^{-1}\boldsymbol{A}\boldsymbol{P}=\begin{bmatrix}0&&\\&1&\\&&1\end{bmatrix}$.

所以

$$A=P\begin{bmatrix}0&&\\&1&\\&&1\end{bmatrix}P^{-1}=\begin{bmatrix}0&1&0\\ \frac{1}{\sqrt{2}}&0&-\frac{1}{\sqrt{2}}\\ \frac{1}{\sqrt{2}}&0&\frac{1}{\sqrt{2}}\end{bmatrix}\begin{bmatrix}0&&\\&1&\\&&1\end{bmatrix}\begin{bmatrix}0&\frac{1}{\sqrt{2}}&\frac{1}{\sqrt{2}}\\1&0&0\\0&-\frac{1}{\sqrt{2}}&\frac{1}{\sqrt{2}}\end{bmatrix}$$

$$=\begin{bmatrix}1&0&0\\0&\frac{1}{2}&-\frac{1}{2}\\0&-\frac{1}{2}&\frac{1}{2}\end{bmatrix}.$$

6. 提示：设 $\boldsymbol{A}$ 对应于 $\lambda_3=4$ 的特征向量 $\boldsymbol{\alpha}_3=(x_1,x_2,x_3)^{\mathrm{T}}$，利用 $\boldsymbol{\alpha}_1,\boldsymbol{\alpha}_2,\boldsymbol{\alpha}_3$ 为正交组的条件可得 $\boldsymbol{\alpha}_3=(2,1,2)^{\mathrm{T}}$，再将 $\boldsymbol{\alpha}_1,\boldsymbol{\alpha}_2,\boldsymbol{\alpha}_3$ 分别单位化得 $\boldsymbol{\gamma}_1,\boldsymbol{\gamma}_2,\boldsymbol{\gamma}_3$，以它们为列构成正交矩阵 $\boldsymbol{Q}$，可使 $\boldsymbol{Q}^{-1}\boldsymbol{AQ}$ 为对角矩阵.

$$\boldsymbol{Q}=\begin{bmatrix}0&\frac{1}{\sqrt{3}}&\frac{2}{\sqrt{6}}\\-\frac{1}{\sqrt{2}}&-\frac{1}{\sqrt{3}}&\frac{1}{\sqrt{6}}\\ \frac{1}{\sqrt{2}}&-\frac{1}{\sqrt{3}}&\frac{1}{\sqrt{6}}\end{bmatrix},\quad \boldsymbol{Q}^{-1}\boldsymbol{AQ}=\begin{bmatrix}-2&&\\&1&\\&&4\end{bmatrix}.$$

7. 提示：因 $|\lambda\boldsymbol{E}-\boldsymbol{A}|=|(\lambda\boldsymbol{E}-\boldsymbol{A})^{\mathrm{T}}|=|\lambda\boldsymbol{E}-\boldsymbol{A}^{\mathrm{T}}|=|\lambda\boldsymbol{E}-\boldsymbol{A}^{-1}|$，即 λ 是 $\boldsymbol{A}^{-1}$ 的特征值，故 $\frac{1}{\lambda}$ 是 $\boldsymbol{A}$ 的特征值.

8. (1) $\boldsymbol{\alpha}_3=(1,1,-2)^{\mathrm{T}}$（不唯一）；

(2) $\boldsymbol{A}=\frac{2}{3}\begin{bmatrix}4&1&1\\1&4&1\\1&1&4\end{bmatrix}$.

9. 提示：设 λ 为 $\boldsymbol{A}$ 的特征值，则由 $\boldsymbol{A}^3+\boldsymbol{A}^2+\boldsymbol{A}=3\boldsymbol{E}$，可知 λ 满足 $\lambda^3+\lambda^2+\lambda=3$，即 $(\lambda-1)(\lambda^2+2\lambda+3)=0$，解得 $\lambda_1=1,\lambda_2=-1+2\sqrt{2}\mathrm{i},\lambda_3=-1-2\sqrt{2}\mathrm{i}$. 由于 $\boldsymbol{A}$ 为实对称矩阵，故 $\boldsymbol{A}$ 的特征值为实数，从而 λ_2,λ_3 不是 $\boldsymbol{A}$ 的特征值，$\boldsymbol{A}$ 的特征值均为1，又 $\boldsymbol{A}$ 为实对称矩阵，所以 $\boldsymbol{A}$ 可对角化，即存在可逆矩阵 $\boldsymbol{P}$，使

$$\boldsymbol{P}^{-1}\boldsymbol{AP}=\begin{bmatrix}1&&&\\&1&&\\&&\ddots&\\&&&1\end{bmatrix}=\boldsymbol{E}.$$

从而 $A=PEP^{-1}=E$.

10. 提示:由于 A,B 为实对称矩阵,且有完全相同的特征值,故 A,B 都与同一对角阵 Λ 相似,从而存在正交矩阵 P_1 和 P_2,使

$$P_1^{-1}AP_1=\Lambda=P_2^{-1}BP_2,$$

于是 $B=P_2P_1^{-1}AP_1P_2^{-1}=(P_1P_2^{-1})^{-1}A(P_1P_2^{-1})$.

令 $R=P_1P_2^{-1}$,则 R 可逆,且

$$R^{-1}=(P_1P_2^{-1})^{-1}=P_2P_1^{-1}=P_2P_1^{\mathrm{T}}=(P_1P_2^{\mathrm{T}})^{\mathrm{T}}=(P_1P_2^{-1})^{\mathrm{T}}=R^{\mathrm{T}},$$

即 R 也是正交矩阵,且使 $B=R^{-1}AR$.

记 $AR=RB=P$,则 $A=PR^{-1}$, $B=R^{-1}P$.

再令 $Q=R^{-1}$,由 $R^{-1}=R^{\mathrm{T}}$,得 $Q^{\mathrm{T}}=(R^{\mathrm{T}})^{\mathrm{T}}=R=Q^{-1}$,即 Q 也是正交矩阵,使得

$$A=PQ,\quad B=QP.$$

综合练习 5

1. 填空题

(1) 设 A 是 n 阶方阵,$|A|=5$,则方阵 $B=AA^*$ 的特征值是________,特征向量是________.

(2) 设 A 为三阶方阵,其特征值为 3,-1,2,则 $|A|=$________,A^{-1} 的特征值为________,$2A^2-3A+E$ 的特征值为________.

(3) 设四阶方阵 A 与 B 相似,且 A 的特征值为 $\frac{1}{2},\frac{1}{3},\frac{1}{4},\frac{1}{5}$,则 $|B^{-1}-E|=$________.

(4) 若 n 阶可逆矩阵 A 的每行元素之和为 a,则 $3A^{-1}+E$ 的一个特征值为________.

(5) 设矩阵 $B=\begin{bmatrix}0&0&1\\0&1&0\\1&0&0\end{bmatrix}$ 相似 A,则 $\mathrm{R}(A-2E)+\mathrm{R}(A-E)=$________.

2. 选择题

(1) 矩阵 A 与 B 相似,则( ).

(A) $|A-\lambda E|=|B-\lambda E|$ (B) $A-\lambda E=B-\lambda E$

(C) A 和 B 与同一对角矩阵相似 (D) 存在正交矩阵 P_1 使 $P^{-1}AP=B$

(2) 设三阶矩阵 $A=\begin{bmatrix}1&1&0\\1&0&1\\0&1&1\end{bmatrix}$,则 A 的特征值为( ).

(A) 1,0,1　　(B) 1,1,2　　(C) −1,1,2　　(D) −1,1,1

(3) 设三阶方阵 $\boldsymbol{A}$ 有特征值 0,−1,1,其对应的特征向量为 $\boldsymbol{P}_1,\boldsymbol{P}_2,\boldsymbol{P}_3$,令 $\boldsymbol{P}=(\boldsymbol{P}_1,\boldsymbol{P}_2,\boldsymbol{P}_3)$,则 $\boldsymbol{P}^{-1}\boldsymbol{AP}=$(　).

(A) $\begin{bmatrix}1&0&0\\0&-1&0\\0&0&0\end{bmatrix}$　　(B) $\begin{bmatrix}1&0&0\\0&0&0\\0&0&-1\end{bmatrix}$

(C) $\begin{bmatrix}0&0&0\\0&1&0\\0&0&-1\end{bmatrix}$　　(D) $\begin{bmatrix}0&0&0\\0&-1&0\\0&0&1\end{bmatrix}$

(4) 与矩阵 $\boldsymbol{\Lambda}=\begin{bmatrix}1&0&0\\0&1&0\\0&0&2\end{bmatrix}$ 相似的矩阵是(　　).

(A) $\begin{bmatrix}1&1&0\\0&1&0\\0&0&0\end{bmatrix}$　　(B) $\begin{bmatrix}1&0&0\\0&1&1\\0&0&1\end{bmatrix}$

(C) $\begin{bmatrix}1&0&1\\0&2&0\\0&0&1\end{bmatrix}$　　(D) $\begin{bmatrix}1&1&0\\0&1&1\\0&0&2\end{bmatrix}$

(5) 设 $\boldsymbol{A}$ 为实对称矩阵,且 $\boldsymbol{A}\sim\boldsymbol{B}$,则(　).

(A) $\boldsymbol{B}$ 为实对称矩阵　　(B) $\boldsymbol{B}$ 为正交矩阵

(C) $\boldsymbol{B}$ 为可逆矩阵　　(D) 以上答案都不对

3. 设 $\boldsymbol{\alpha}=(a_1,a_2,\cdots,a_n)^{\mathrm{T}}$,$(a_1\neq 0)$,$\boldsymbol{A}=\boldsymbol{\alpha\alpha}^{\mathrm{T}}$,求 $\boldsymbol{A}$ 的特征值和特征向量.

4. 设三阶方阵 $\boldsymbol{A}$ 的特征值为 1,−2,3,矩阵 $\boldsymbol{B}=\boldsymbol{A}^2-2\boldsymbol{A}$,求:

(1) $\boldsymbol{B}$ 的特征值;

(2) $\boldsymbol{B}$ 是否可对角化,若可以,试写出其相似对角矩阵;

(3) $|\boldsymbol{B}|$,$|\boldsymbol{A}-2\boldsymbol{E}|$.

5. 设有三阶方阵 $\boldsymbol{A}$ 满足 $\boldsymbol{A}^3-5\boldsymbol{A}^2+6\boldsymbol{A}=\boldsymbol{0}$,且 $\mathrm{tr}\boldsymbol{A}=5$,$|\boldsymbol{A}|=0$,试求 $\boldsymbol{A}$ 的特征值,并判定 $\boldsymbol{A}$ 能否相似于对角矩阵,若能,求出相似的对角矩阵.

6. 设有四阶方阵满足条件,$\boldsymbol{AA}^{\mathrm{T}}=2\boldsymbol{E}$,$|\boldsymbol{A}|<0$,求 $\boldsymbol{A}^*$ 的两个特征值.

7. 设 $\boldsymbol{A}=\begin{bmatrix}2&0&0\\0&a&2\\0&2&3\end{bmatrix}$ 与 $\boldsymbol{B}=\begin{bmatrix}1&0&0\\0&2&0\\0&0&b\end{bmatrix}$ 相似,求:(1) a,b 的值;(2)可逆矩阵 $\boldsymbol{C}$,使 $\boldsymbol{C}^{-1}\boldsymbol{AC}=\boldsymbol{B}$.

8. 设三阶方阵 $\boldsymbol{A}$ 满足 $\boldsymbol{A\alpha}_i=i\boldsymbol{\alpha}_i\,(i=1,2,3)$,其中列向量 $\boldsymbol{\alpha}_1=(1,2,2)^{\mathrm{T}}$,

$\boldsymbol{\alpha}_2=(2,-2,1)^{\mathrm{T}},\boldsymbol{\alpha}_3=(-2,-1,2)^{\mathrm{T}}$,试求矩阵 $\boldsymbol{A}$.

9. 设矩阵 $\boldsymbol{A}=\begin{bmatrix}2&2&0\\8&2&a\\0&0&6\end{bmatrix}$ 相似于对角阵 $\boldsymbol{\Lambda}$,求:(1)a;(2)可逆矩阵 $\boldsymbol{P}$ 和对角矩阵 $\boldsymbol{\Lambda}$,使 $\boldsymbol{P}^{-1}\boldsymbol{A}\boldsymbol{P}=\boldsymbol{\Lambda}$.

10. 设方阵 $\boldsymbol{A}$ 满足 $\boldsymbol{A}^{\mathrm{T}}\boldsymbol{A}=\boldsymbol{E}$,试证明 $\boldsymbol{A}$ 的实特征向量所对应的特征值的绝对值等于1.

11. 已知四维正交向量组

$$\boldsymbol{\beta}_1=\begin{bmatrix}1\\-1\\0\\0\end{bmatrix},\quad \boldsymbol{\beta}_2=\begin{bmatrix}1\\1\\0\\-1\end{bmatrix},$$

试求4维向量 $\boldsymbol{\beta}_3,\boldsymbol{\beta}_4$,使 $\boldsymbol{\beta}_1,\boldsymbol{\beta}_2,\boldsymbol{\beta}_3,\boldsymbol{\beta}_4$ 成为一个正交向量组.

12. 由已知向量

$$\boldsymbol{\alpha}_1=\begin{bmatrix}1\\1\\0\end{bmatrix},\quad \boldsymbol{\alpha}_2=\begin{bmatrix}1\\0\\-1\end{bmatrix},$$

求一个三维单位正交向量组.

13. 求一组非零列向量 $\boldsymbol{\alpha}_1,\boldsymbol{\alpha}_2$ 与已知向量 $\boldsymbol{\alpha}_3=(1,0,1)^{\mathrm{T}}$ 正交,并把它们化成 $\boldsymbol{R}^3$ 的正交规范基.

14. 设三阶实对称矩阵 $\boldsymbol{A}$ 的3个特征值为 $-1,1,2$,对应于 $-1,1$ 的特征向量分别为

$$\boldsymbol{p}_1=\begin{bmatrix}0\\1\\-1\end{bmatrix},\quad \boldsymbol{p}_2=\begin{bmatrix}-1\\1\\1\end{bmatrix},$$

求:(1)对应于2的特征向量;(2)矩阵 $\boldsymbol{A}$.

15. 已知 $\lambda_1,\lambda_2,\cdots,\lambda_n$ 是 n 阶方阵 $\boldsymbol{A}$ 的特征值,$\boldsymbol{\alpha}_1,\boldsymbol{\alpha}_2,\cdots,\boldsymbol{\alpha}_n$ 是对应的线性无关的特征向量,求 $\boldsymbol{A}-\lambda_n\boldsymbol{E}$ 的全部特征值和特征向量.

16. 设 $\boldsymbol{\alpha},\boldsymbol{\beta}$ 为三维单位列向量,且 $\boldsymbol{\alpha}^{\mathrm{T}}\boldsymbol{\beta}=0$,令 $\boldsymbol{A}=\boldsymbol{\beta}\boldsymbol{\alpha}^{\mathrm{T}}+\boldsymbol{\alpha}\boldsymbol{\beta}^{\mathrm{T}}$,证明 $\boldsymbol{A}$ 与 $\boldsymbol{\Lambda}=\begin{bmatrix}1&&\\&-1&\\&&0\end{bmatrix}$ 相似.

17. 考察栖息在同一地区的兔子和狐狸的生态模型,对两种动物的数量的相互依存的关系可用以下模型描述:

$$\begin{cases} x_n = 1.1x_{n-1} - 0.15y_{n-1}, \\ y_n = 0.1x_{n-1} + 0.85y_{n-1}, \end{cases} \quad n=1,2,\cdots,$$

其中 x_n, y_n 分别表示第 n 年时，兔子和狐狸的数量，而 x_0, y_0 分别表示基年($n=0$)时，兔子和狐狸的数量，记 $\boldsymbol{\alpha}_n=\begin{bmatrix} x_n \\ y_n \end{bmatrix}$, $n=0,1,2,\cdots$.

(1) 写出该模型的矩阵形式；

(2) 如果 $\boldsymbol{\alpha}_0=\begin{bmatrix} x_0 \\ y_0 \end{bmatrix}=\begin{bmatrix} 10 \\ 8 \end{bmatrix}$，求 $\boldsymbol{\alpha}_n$；

(3) 当 $n\to\infty$ 时，可以得到什么结论？

综合练习 5 参考答案与提示

1. (1) 5(n 重)，任意 n 维非零列向量；　(2) -6；$\frac{1}{3}$，-1，$\frac{1}{2}$；10，6，3；

(3) 24；　(4) $\frac{3}{a}+1$；　(5) 4.

2. (1) (A)；　(2) (C)；　(3) (D)；　(4) (B)；　(5) (D).

3. 可得 $\boldsymbol{A\alpha}=\boldsymbol{\alpha\alpha}^{\mathrm{T}}\boldsymbol{\alpha}=(a_1^2+a_2^2+\cdots+a_n^2)\boldsymbol{\alpha}$，而 $\mathrm{R}(\boldsymbol{A})=1$，所以 $\boldsymbol{A}$ 的特征值为 $\lambda_1=a_1^2+a_2^2+\cdots+a_n^2$ 和 $\lambda_2=\lambda_3=\cdots=\lambda_n=0$.

当 $\lambda_2=\lambda_3=\cdots=\lambda_n=0$ 时，由 $\boldsymbol{Ax}=0$ 得

$$\boldsymbol{A}=\begin{bmatrix} a_1^2 & a_1a_2 & \cdots & a_1a_n \\ a_2a_1 & a_2^2 & \cdots & a_2a_n \\ \vdots & \vdots & & \vdots \\ a_na_1 & a_na_2 & \cdots & a_n^2 \end{bmatrix} \sim \begin{bmatrix} 1 & \frac{a_2}{a_1} & \cdots & \frac{a_n}{a_1} \\ 0 & 0 & \cdots & 0 \\ \vdots & \vdots & & \vdots \\ 0 & 0 & \cdots & 0 \end{bmatrix},$$

$\boldsymbol{A}$ 的特征向量为

$$\boldsymbol{x}=k_1\begin{bmatrix} -\frac{a_2}{a_1} \\ 1 \\ 0 \\ \vdots \\ 0 \end{bmatrix}+k_2\begin{bmatrix} -\frac{a_3}{a_1} \\ 0 \\ 1 \\ \vdots \\ 0 \end{bmatrix}+\cdots+k_{n-1}\begin{bmatrix} -\frac{a_n}{a_1} \\ 0 \\ 0 \\ \vdots \\ 1 \end{bmatrix},$$

当 $\lambda_1=a_1^2+a_2^2+\cdots+a_n^2$ 时，$\boldsymbol{A}$ 的特征向量为 $\boldsymbol{\alpha}=(a_1,a_2,\cdots,a_n)^{\mathrm{T}}$.

4. 提示：(1) 当 $\boldsymbol{A}$ 的特征值为 $1,-2,3$ 时，$\boldsymbol{B}$ 的特征值为 $-1,8,3$.

(2) 因 $\boldsymbol{B}$ 有 3 个各不相同的特征值，所以 $\boldsymbol{B}$ 可对角化.

且 $\boldsymbol{\Lambda}=\begin{bmatrix}-1&0&0\\0&8&0\\0&0&3\end{bmatrix}$.

(3) $|\boldsymbol{B}|=-24$;　$|\boldsymbol{A}-2\boldsymbol{E}|=4$.

5. 提示：设 $\boldsymbol{A}$ 的特征值为 λ,其对应的特征向量为 x,所以 $\boldsymbol{A}^3\boldsymbol{x}-5\boldsymbol{A}^2\boldsymbol{x}+6\boldsymbol{A}\boldsymbol{x}=\boldsymbol{0}$,从而 $\lambda^3\boldsymbol{x}-5\lambda^2\boldsymbol{x}+6\lambda\boldsymbol{x}=\boldsymbol{0}$,即 $(\lambda^3-5\lambda^2+6\lambda)\boldsymbol{x}=\boldsymbol{0}$,得 $\lambda=0,2,3$,由于 $\mathrm{tr}\boldsymbol{A}=5$,$|\boldsymbol{A}|=0$,所以 $\boldsymbol{A}$ 的特征值为 0,2,3. 由于 $\boldsymbol{A}$ 的特征值各不相同,故 $\boldsymbol{A}$ 能相似于对角矩阵.

6. 提示：由 $\boldsymbol{A}\boldsymbol{A}^{\mathrm{T}}=2\boldsymbol{E}$,可知 $\frac{1}{\sqrt{2}}\boldsymbol{A}\,\frac{1}{\sqrt{2}}\boldsymbol{A}^{\mathrm{T}}=\boldsymbol{E}$,所以 $\frac{1}{\sqrt{2}}\boldsymbol{A}$ 为正交矩阵,故 $\frac{1}{\sqrt{2}}\boldsymbol{A}$ 的特征值为 1 或 -1,所以 $\boldsymbol{A}$ 的特征值为 $\sqrt{2}$ 或 $-\sqrt{2}$、再由 $\boldsymbol{A}\boldsymbol{A}^{\mathrm{T}}=2\boldsymbol{E}$ 得 $|\boldsymbol{A}|=\pm4$,因为 $|\boldsymbol{A}|<0$,所以 $|\boldsymbol{A}|=-4$. 由此得 $\boldsymbol{A}^*$ 的两个特征值为 $2\sqrt{2}$ 或 $-2\sqrt{2}$.

7. 提示：(1) 由 $|\boldsymbol{A}|=|\boldsymbol{B}|$ 和 $\boldsymbol{A}$ 的迹等于 $\boldsymbol{A}$ 的特征值之和得 $a+5=b+3$,得 $a=3,b=5$;

(2) 由 $\boldsymbol{A}$ 的特征值为 1,2,5,求 $\boldsymbol{A}$ 的特征向量 $\boldsymbol{\alpha}_1,\boldsymbol{\alpha}_2,\boldsymbol{\alpha}_3$ 并得矩阵

$$\boldsymbol{C}=(\boldsymbol{\alpha}_1,\boldsymbol{\alpha}_2,\boldsymbol{\alpha}_3)=\begin{bmatrix}0&1&0\\-1&0&1\\1&0&1\end{bmatrix}.$$

8. 提示：由 $\boldsymbol{A}=\boldsymbol{P}\boldsymbol{\Lambda}\boldsymbol{P}^{-1}$ 和 $\boldsymbol{P}=(\boldsymbol{\alpha}_1,\boldsymbol{\alpha}_2,\boldsymbol{\alpha}_3)$,得

$$\boldsymbol{A}=\begin{bmatrix}\frac{7}{3}&0&-\frac{2}{3}\\0&\frac{5}{3}&-\frac{2}{3}\\-\frac{2}{3}&-\frac{2}{3}&2\end{bmatrix}.$$

9. 提示：由 $|\boldsymbol{A}-\lambda\boldsymbol{E}|=0$,得 $\boldsymbol{A}$ 的特征值 $\lambda_1=\lambda_2=6,\lambda_3=-2$. 因 $\boldsymbol{A}$ 相似于对角阵,所以 $\mathrm{R}(\boldsymbol{A}-6\boldsymbol{E})=1$,即

$$\begin{bmatrix}-4&2&0\\8&-4&a\\0&0&0\end{bmatrix}\sim\begin{bmatrix}2&-1&0\\0&0&a\\0&0&0\end{bmatrix},$$

得 $a=0$,对应于 $\lambda_1=\lambda_2=6$ 的两个线性无关的特征向量可取为

$$\boldsymbol{\xi}_1=\begin{bmatrix}0\\0\\1\end{bmatrix},\quad\boldsymbol{\xi}_2=\begin{bmatrix}1\\2\\0\end{bmatrix}.$$

当 $\lambda_3=-2$ 时,取对应的特征向量为

$$\boldsymbol{\xi}_3=\begin{bmatrix}1\\-2\\0\end{bmatrix}.$$

令 $\boldsymbol{P}=(\boldsymbol{\xi}_1,\boldsymbol{\xi}_2,\boldsymbol{\xi}_3)=\begin{bmatrix}0&1&1\\0&2&-2\\1&0&0\end{bmatrix}$,则 $\boldsymbol{P}$ 可逆,并有

$$\boldsymbol{P}^{-1}\boldsymbol{AP}=\boldsymbol{\Lambda}=\begin{bmatrix}6&&\\&6&\\&&-2\end{bmatrix}.$$

10. **证明**　设 $\boldsymbol{\alpha}$ 为 $\boldsymbol{A}$ 的对应于特征值 λ 的特征向量,则有 $\boldsymbol{A\alpha}=\lambda\boldsymbol{\alpha}$,从而有 $\boldsymbol{\alpha}^{\mathrm{T}}\boldsymbol{A}^{\mathrm{T}}=\lambda\boldsymbol{\alpha}^{\mathrm{T}}$,由此得 $\boldsymbol{\alpha}^{\mathrm{T}}\boldsymbol{A}^{\mathrm{T}}\boldsymbol{A\alpha}=\lambda^2\boldsymbol{\alpha}^{\mathrm{T}}\boldsymbol{\alpha}$,又 $\boldsymbol{A}^{\mathrm{T}}\boldsymbol{A}=\boldsymbol{E}$,于是有 $(\lambda^2-1)\boldsymbol{\alpha}^{\mathrm{T}}\boldsymbol{\alpha}=0$,而 $\alpha\neq\boldsymbol{0}$, 所以 $\lambda^2-1=0$,故 $|\lambda|=1$.

11. **解**　方法 1　因为 $\boldsymbol{\beta}_1,\boldsymbol{\beta}_2$ 的前两个分量形成的二阶子式 $\begin{vmatrix}1&1\\-1&1\end{vmatrix}$ 的值不为零,所以令

$$\alpha_3=\begin{bmatrix}0\\0\\1\\0\end{bmatrix},\quad \alpha_4=\begin{bmatrix}0\\0\\0\\1\end{bmatrix},$$

便可保证向量组 $\boldsymbol{\beta}_1,\boldsymbol{\beta}_2,\boldsymbol{\alpha}_3,\boldsymbol{\alpha}_4$ 线性无关. 对这组向量,从第三个向量开始实施 Schmidt 正交化过程,注意到 $\boldsymbol{\alpha}_3$ 显然与 $\boldsymbol{\beta}_1,\boldsymbol{\beta}_2$ 都是正交的,故得 $\boldsymbol{\beta}_3=\boldsymbol{\alpha}_3$. 再计算

$$\boldsymbol{\beta}_4=k_1\boldsymbol{\beta}_1+k_2\boldsymbol{\beta}_2+k_3\boldsymbol{\beta}_3+\boldsymbol{\alpha}_4,$$

其中

$$k_1=-\frac{(\boldsymbol{\alpha}_4,\boldsymbol{\beta}_1)}{(\boldsymbol{\beta}_1,\boldsymbol{\beta}_1)}=0,\quad k_2=-\frac{(\boldsymbol{\alpha}_4,\boldsymbol{\beta}_2)}{(\boldsymbol{\beta}_2,\boldsymbol{\beta}_2)}=\frac{1}{3},\quad k_3=-\frac{(\boldsymbol{\alpha}_4,\boldsymbol{\beta}_3)}{(\boldsymbol{\beta}_3,\boldsymbol{\beta}_3)}=0.$$

于是

$$\boldsymbol{\beta}_4=\frac{1}{3}\boldsymbol{\beta}_2+\boldsymbol{\alpha}_4=\begin{bmatrix}\frac{1}{3}\\\frac{1}{3}\\0\\\frac{2}{3}\end{bmatrix}.$$

则 $\boldsymbol{\beta}_1,\boldsymbol{\beta}_2,\boldsymbol{\beta}_3,\boldsymbol{\beta}_4$ 即为所求.

方法 2　设 $\boldsymbol{\beta}_3=(x_1,x_2,x_3,x_4)^{\mathrm{T}}$ 是使 $\boldsymbol{\beta}_1,\boldsymbol{\beta}_2,\boldsymbol{\beta}_3$ 成为正交向量组的一个待定

向量,则应有

$$\begin{cases} x_1 - x_2 = 0, \\ x_1 + x_2 - x_4 = 0. \end{cases}$$

任取上面齐次线性方程组的一个非零解向量

$$\boldsymbol{\beta}_3 = (0,0,1,0)^{\mathrm{T}},$$

故 $\boldsymbol{\beta}_1,\boldsymbol{\beta}_2,\boldsymbol{\beta}_3$ 为一个正交向量组.

再设 $\boldsymbol{\beta}_4 = (y_1, y_2, y_3, y_4)^{\mathrm{T}}$,利用 $\boldsymbol{\beta}_4$ 分别与 $\boldsymbol{\beta}_1,\boldsymbol{\beta}_2,\boldsymbol{\beta}_3$ 正交的条件,即

$$\begin{cases} y_1 - y_2 = 0, \\ y_1 + y_2 - y_4 = 0, \\ y_3 = 0. \end{cases}$$

任取上面齐次线性方程组的一个非零解向量

$$\boldsymbol{\beta}_4 = (1,1,0,2)^{\mathrm{T}}.$$

则 $\boldsymbol{\beta}_1,\boldsymbol{\beta}_2,\boldsymbol{\beta}_3,\boldsymbol{\beta}_4$ 即为所求的正交向量组.

方法 3 考虑到凡与 $\boldsymbol{\beta}_1,\boldsymbol{\beta}_2$ 都正交的向量 $(x_1, x_2, x_3, x_4)^{\mathrm{T}}$ 均应满足

$$\begin{cases} x_1 - x_2 = 0, \\ x_1 + x_2 - x_4 = 0. \end{cases}$$

求出该齐次线性方程组的一个基础解系

$$\boldsymbol{\xi}_1 = \begin{bmatrix} 0 \\ 0 \\ 1 \\ 0 \end{bmatrix}, \quad \boldsymbol{\xi}_2 = \begin{bmatrix} 1 \\ 1 \\ 0 \\ 2 \end{bmatrix},$$

它们都是同时与 $\boldsymbol{\beta}_1,\boldsymbol{\beta}_2$ 正交的向量,只要再将 $\boldsymbol{\xi}_1,\boldsymbol{\xi}_2$ 用 Schmidt 方法正交化就可以了. 这里 $\boldsymbol{\xi}_1,\boldsymbol{\xi}_2$ 已是正交组,因此,只要令 $\boldsymbol{\beta}_3 = \boldsymbol{\xi}_1, \boldsymbol{\beta}_4 = \boldsymbol{\xi}_2$,则 $\boldsymbol{\beta}_1,\boldsymbol{\beta}_2,\boldsymbol{\beta}_3,\boldsymbol{\beta}_4$ 即为所求.

12. 提示:先正交化,令 $\boldsymbol{\beta}_1 = \boldsymbol{\alpha}_1$,再使之单位化得 $\boldsymbol{P}_1 = \dfrac{1}{\sqrt{2}}\begin{bmatrix} 1 \\ 1 \\ 0 \end{bmatrix}$.

再令

$$\begin{aligned} \boldsymbol{\beta}_2 &= \boldsymbol{\alpha}_2 - (\boldsymbol{\alpha}_2, \boldsymbol{p}_1)\boldsymbol{P}_1 \\ &= \begin{bmatrix} 1 \\ 0 \\ 1 \end{bmatrix} - \frac{1}{2}\begin{bmatrix} 1 \\ 1 \\ 0 \end{bmatrix} = \begin{bmatrix} \frac{1}{2} \\ -\frac{1}{2} \\ 1 \end{bmatrix}, \end{aligned}$$

使之单位化得

$$P_2=\frac{1}{\sqrt{6}}\begin{bmatrix}1\\-1\\2\end{bmatrix}.$$

P_1 与 P_2 正交且都为单位向量.

令 $\beta_3=(x_1,x_2,x_3)$ 与 P_1,P_2 都正交，则应有 $\begin{cases}x_1+x_2=0,\\x_1-x_2+2x_3=0.\end{cases}$

求得该方程组的一个非零解 $\beta_3=\begin{bmatrix}-1\\1\\1\end{bmatrix}$，使之单位化得 $P_3=\frac{1}{\sqrt{3}}\begin{bmatrix}-1\\1\\1\end{bmatrix}$，故 P_1,P_2，P_3 即为一个单位正交向量组.

13. 提示：α_1,α_2 应为满足方程 $\alpha_3^{\mathrm{T}}x=0$ 的非零解向量，由 $x_1+x_3=0$，得基础解系为

$$\xi_1=(0,1,0)^{\mathrm{T}},\quad \xi_2=(-1,0,1)^{\mathrm{T}}.$$

令 $\alpha_1=\xi_1,\alpha_2=\xi_2$，则 α_1,α_2 与 α_3 正交，这里 α_1,α_2 已经正交，因此只需将其单位化，

$$e_1=\alpha_1=\begin{bmatrix}0\\1\\0\end{bmatrix},\quad e_2=\frac{1}{\sqrt{2}}\begin{bmatrix}-1\\0\\1\end{bmatrix},\quad e_3=\frac{1}{\sqrt{2}}\begin{bmatrix}1\\0\\1\end{bmatrix},$$

则 e_1,e_2,e_3 即为 $\boldsymbol{R}^3$ 的一个正交规范基.

14. 提示：由实对称矩阵对应不同特征值的特征向量是正交的，所以 A 的对于特征值 2 的特征向量 p_3 应满足 $p_1^{\mathrm{T}}p_3=0,p_2^{\mathrm{T}}p_3=0$，令 $p_3=(x_1,x_2,x_3)^{\mathrm{T}}$ 则应有

$$\begin{cases}x_2-x_3=0,\\-x_1+x_2+x_3=0,\end{cases}$$

解得方程组的一个非零解为 $p_3=(2,1,1)^{\mathrm{T}}$. 因此 A 对应于特征值 2 的一个特征向量为 $p_3=(2,1,1)^{\mathrm{T}}$. 所以 p_1,p_2,p_3 为正交向量组，将其单位化得单位正交向量组

$$e_1=\frac{1}{\sqrt{2}}\begin{bmatrix}0\\1\\-1\end{bmatrix},\quad e_2=\frac{1}{\sqrt{3}}\begin{bmatrix}-1\\1\\1\end{bmatrix},\quad e_3=\frac{1}{\sqrt{6}}\begin{bmatrix}2\\1\\1\end{bmatrix}.$$

由 e_1,e_2,e_3 构成正交矩阵

$$\boldsymbol{P}=(\boldsymbol{e}_1,\boldsymbol{e}_2,\boldsymbol{e}_3)=\begin{bmatrix} 0 & -\frac{1}{\sqrt{3}} & \frac{2}{\sqrt{6}} \\ \frac{1}{\sqrt{2}} & \frac{1}{\sqrt{3}} & \frac{1}{\sqrt{6}} \\ -\frac{1}{\sqrt{2}} & \frac{1}{\sqrt{3}} & \frac{1}{\sqrt{6}} \end{bmatrix},$$

则有

$$\boldsymbol{P}^{-1}\boldsymbol{A}\boldsymbol{P}=\boldsymbol{\Lambda}=\begin{bmatrix} -1 & & \\ & 1 & \\ & & 2 \end{bmatrix}.$$

从而有

$$\boldsymbol{A}=\boldsymbol{P}\boldsymbol{\Lambda}\boldsymbol{P}^{-1}=\begin{bmatrix} 0 & \frac{-1}{\sqrt{3}} & \frac{2}{\sqrt{6}} \\ \frac{1}{\sqrt{2}} & \frac{1}{\sqrt{3}} & \frac{1}{\sqrt{6}} \\ \frac{-1}{\sqrt{2}} & \frac{1}{\sqrt{3}} & \frac{1}{\sqrt{6}} \end{bmatrix}\begin{bmatrix} -1 & & \\ & 1 & \\ & & 2 \end{bmatrix}\begin{bmatrix} 0 & \frac{1}{\sqrt{2}} & \frac{-1}{\sqrt{2}} \\ \frac{-1}{\sqrt{3}} & \frac{1}{\sqrt{3}} & \frac{1}{\sqrt{3}} \\ \frac{2}{\sqrt{6}} & \frac{1}{\sqrt{6}} & \frac{1}{\sqrt{6}} \end{bmatrix}$$

$$=\begin{bmatrix} \frac{5}{3} & \frac{1}{3} & \frac{1}{3} \\ \frac{1}{3} & \frac{7}{6} & \frac{1}{6} \\ \frac{1}{3} & \frac{1}{6} & \frac{1}{6} \end{bmatrix}.$$

15. 提示：令 $\boldsymbol{B}=\boldsymbol{A}-\lambda_n\boldsymbol{E}$，则 $\boldsymbol{B}$ 的特征值为 $\lambda_1-\lambda_n,\cdots,\lambda_{n-1}-\lambda_n,0$，对于 $\boldsymbol{B}$ 的特征值 $\lambda_i-\lambda_n(i=1,2,\cdots,n)$，因

$$(\lambda_i-\lambda_n)\boldsymbol{E}-\boldsymbol{B}=\lambda_i\boldsymbol{E}-\boldsymbol{A},$$

故对应于特征值 $\lambda_i-\lambda_n(i=1,2,\cdots,n)$ 的特征向量就是 $\boldsymbol{A}$ 对应于特征值 λ_i 的特征向量 $\boldsymbol{\alpha}_i(i=1,2,\cdots,n)$.

16. 提示：由 $\boldsymbol{A\alpha}=(\boldsymbol{\beta\alpha}^{\mathrm{T}}+\boldsymbol{\alpha\beta}^{\mathrm{T}})\boldsymbol{\alpha}=\boldsymbol{\beta}$，$\boldsymbol{A\beta}=(\boldsymbol{\beta\alpha}^{\mathrm{T}}+\boldsymbol{\alpha\beta}^{\mathrm{T}})\boldsymbol{\beta}=\boldsymbol{\alpha}$，有 $\boldsymbol{A}(\boldsymbol{\alpha}+\boldsymbol{\beta})=\boldsymbol{\beta}+\boldsymbol{\alpha}$；$\boldsymbol{A}(\boldsymbol{\alpha}-\boldsymbol{\beta})=-(\boldsymbol{\alpha}-\boldsymbol{\beta})$. 因 $\boldsymbol{\alpha},\boldsymbol{\beta}$ 线性无关，故 $\boldsymbol{\alpha}+\boldsymbol{\beta}\neq\boldsymbol{0}$，$\boldsymbol{\alpha}-\boldsymbol{\beta}\neq\boldsymbol{0}$，即 1 和 -1 是 $\boldsymbol{A}$ 的特征值，对应的特征向量分别为 $\boldsymbol{\alpha}+\boldsymbol{\beta}$，$\boldsymbol{\alpha}-\boldsymbol{\beta}$. 又

$$\mathrm{R}(\boldsymbol{A})=\mathrm{R}(\boldsymbol{\alpha\alpha}^{\mathrm{T}}+\boldsymbol{\alpha\beta}^{\mathrm{T}})\leqslant\mathrm{R}(\boldsymbol{\beta\alpha}^{\mathrm{T}})+\mathrm{R}(\boldsymbol{\alpha\beta}^{\mathrm{T}})=2,$$

故 $|\boldsymbol{A}|=0$，即 0 也是 $\boldsymbol{A}$ 的特征值.

因此，$\boldsymbol{A}$ 有三个不同特征值 $1,-1,0$，从而

$$\boldsymbol{A}\sim\begin{bmatrix}1 & & \\ & -1 & \\ & & 0\end{bmatrix}.$$

17. (1) 记 $\boldsymbol{A}=\begin{bmatrix}1.1 & -0.15\\ 0.1 & 0.85\end{bmatrix}$,则 $\boldsymbol{\alpha}_n=\boldsymbol{A}\boldsymbol{\alpha}_{n-1}, n=1,2,\cdots$;

(2) $\boldsymbol{\alpha}_n=\begin{bmatrix}6\\ 4\end{bmatrix}+0.95^n\begin{bmatrix}4\\ 4\end{bmatrix}$;

(3) $\lim\limits_{n\to\infty}\boldsymbol{\alpha}_n=\begin{bmatrix}6\\ 4\end{bmatrix}$.

第6章　二　次　型

二次型及其标准形是本章的主要内容，化一般的二次型为标准形问题是重点，它的理论和方法在许多科技领域及实际应用中占有相当重要的地位.

本章重点　利用正交变换化实二次型为标准形，二次型正定性.

本章难点　初等变换，正定二次型的判定方法.

一、主要内容

二次型的概念及其矩阵表示；二次型的秩及二次型与对称矩阵的关系；初等变换；正交变换；二次型的正定性；化二次型为标准形的方法.

二、教学要求

1. 掌握二次型，二次型标准形，二次型的秩，正定二次型的概念.

2. 熟练写出二次型的矩阵表示，会用配方法，初等变换法化二次型为标准形，熟练掌握用正交变换化二次型为标准形的方法.

3. 掌握二次型正定性的判定方法及正定矩阵的概念.

三、例题选讲

例 6.1　已知二次型

$f(x_1,x_2,x_3)=3x_2^2-2x_3^2+4x_1x_2-2x_1x_3+8x_2x_3$，写出二次型 f 的矩阵表示式，并求二次型的秩.

解　二次型 f 的矩阵表示为 $f=\boldsymbol{x}^{\mathrm{T}}\boldsymbol{A}\boldsymbol{x}$，其中 $\boldsymbol{x}=(x_1,x_2,x_3)^{\mathrm{T}}$，

$$\boldsymbol{A}=\begin{bmatrix}0 & 2 & -1\\ 2 & 3 & 4\\ -1 & 4 & -2\end{bmatrix}.$$

对 $\boldsymbol{A}$ 施行初等行变换得

$$\boldsymbol{A}\xrightarrow{r_1\leftrightarrow r_3}\begin{bmatrix}-1 & 4 & -2\\ 2 & 3 & 4\\ 0 & 2 & -1\end{bmatrix}\xrightarrow{2r_1+r_2}\begin{bmatrix}-1 & 4 & -2\\ 0 & 11 & 0\\ 0 & 2 & -1\end{bmatrix}$$

$$\xrightarrow{r_2\times\frac{1}{11}}\begin{bmatrix}-1 & 4 & -2\\ 0 & 1 & 0\\ 0 & 2 & -1\end{bmatrix}\xrightarrow{(-2)r_2+r_3}\begin{bmatrix}-1 & 4 & -2\\ 0 & 1 & 0\\ 0 & 0 & -1\end{bmatrix},$$

由此可知 $R(\boldsymbol{A})=3$，所以二次型 f 的秩为 3.

例 6.2　已知二次型

$$f(x_1,x_2,x_3)=4x_2^2-3x_3^2+4x_1x_2-4x_1x_3+8x_2x_3.$$

(1) 试用正交变换把二次型 f 化为标准形，并写出相应的正交变换；

(2) 把二次型 f 化为规范标准形.

解　(1) 二次型 f 的矩阵为

$$\boldsymbol{A}=\begin{bmatrix}0 & 2 & -2\\ 2 & 4 & 4\\ -2 & 4 & -3\end{bmatrix},$$

$\boldsymbol{A}$ 的特征多项式为

$$|\lambda\boldsymbol{E}-\boldsymbol{A}|=\begin{vmatrix}\lambda & -2 & 2\\ -2 & \lambda-4 & -4\\ 2 & -4 & \lambda+3\end{vmatrix}$$

$$=(\lambda-1)(\lambda-6)(\lambda+6),$$

令 $|\lambda\boldsymbol{E}-\boldsymbol{A}|=0$，得 $\boldsymbol{A}$ 的特征值为 $\lambda_1=1,\lambda_2=6,\lambda_3=-6$.

当 $\lambda=1$ 时，解方程组 $(\boldsymbol{E}-\boldsymbol{A})\boldsymbol{x}=\boldsymbol{0}$，得 $\boldsymbol{A}$ 的对应于 $\lambda_1=1$ 的一个特征向量 $\boldsymbol{\alpha}_1=(-2,0,1)^{\mathrm{T}}$，单位化得 $\boldsymbol{p}_1=\left(-\frac{2}{\sqrt{5}},0,\frac{1}{\sqrt{5}}\right)^{\mathrm{T}}$.

当 $\lambda_2=6$ 时，解方程组 $(6\boldsymbol{E}-\boldsymbol{A})\boldsymbol{x}=\boldsymbol{0}$，得 $\boldsymbol{A}$ 的对应于 $\lambda_2=6$ 的一个特征向量 $\boldsymbol{\alpha}_2=(1,5,2)^{\mathrm{T}}$，单位化得 $\boldsymbol{p}_2=\left(\frac{1}{\sqrt{30}},\frac{5}{\sqrt{30}},\frac{2}{\sqrt{30}}\right)^{\mathrm{T}}$. 同理可得 $\boldsymbol{A}$ 的对应于 $\lambda_3=-6$ 的一个特征向量 $\boldsymbol{\alpha}_3=(-1,1,2)^{\mathrm{T}}$，单位化得 $\boldsymbol{p}_3=\left(-\frac{1}{\sqrt{6}},\frac{1}{\sqrt{6}},-\frac{2}{\sqrt{6}}\right)^{\mathrm{T}}$. 以 $\boldsymbol{p}_1$，$\boldsymbol{p}_2$，$\boldsymbol{p}_3$ 为列构成矩阵

$$\boldsymbol{P}=\begin{bmatrix}-\frac{2}{\sqrt{5}} & \frac{1}{\sqrt{30}} & -\frac{1}{\sqrt{6}}\\ 0 & \frac{5}{\sqrt{30}} & \frac{1}{\sqrt{6}}\\ \frac{1}{\sqrt{5}} & \frac{2}{\sqrt{30}} & -\frac{2}{\sqrt{6}}\end{bmatrix},$$

易验证 $\boldsymbol{P}$ 为正交矩阵，且有 $\boldsymbol{P}^{\mathrm{T}}\boldsymbol{A}\boldsymbol{P}=\boldsymbol{\Lambda}=\begin{bmatrix}1 & & \\ & 6 & \\ & & -6\end{bmatrix}$，得正交变换 $\boldsymbol{x}=\boldsymbol{P}\boldsymbol{y}$，即

$$\begin{bmatrix}x_1\\x_2\\x_3\end{bmatrix}=\begin{bmatrix}-\frac{2}{\sqrt{5}} & \frac{1}{\sqrt{30}} & -\frac{1}{\sqrt{6}}\\ 0 & \frac{5}{\sqrt{30}} & \frac{1}{\sqrt{6}}\\ \frac{1}{\sqrt{5}} & \frac{2}{\sqrt{30}} & \frac{2}{\sqrt{6}}\end{bmatrix}\begin{bmatrix}y_1\\y_2\\y_3\end{bmatrix},$$

则二次型 f 在正交变换下化成标准形

$$f=y_1^2+6y_2^2-6y_3^2.$$

(2) 令 $\begin{bmatrix}y_1\\y_2\\y_3\end{bmatrix}=\begin{bmatrix}1 & & \\ & \frac{1}{\sqrt{6}} & \\ & & -\frac{1}{\sqrt{6}}\end{bmatrix}\begin{bmatrix}z_1\\z_2\\z_3\end{bmatrix}$,

则二次型 f 化为规范标准形 $f=z_1^2+z_2^2-z_3^2$.

例 6.3　试用配方法化二次型

$$f(x_1,x_2,x_3)=2x_1^2+2x_2^2+3x_3^2+4x_1x_2+4x_1x_3+2x_2x_3$$

为标准形，并求出相应的可逆线性变换.

解

$$\begin{aligned}f&=2[x_1^2+2x_1(x_2+x_3)]+2x_2^2+3x_3^2+2x_2x_3\\&=2(x_1+x_2+x_3)^2-2(x_2+x_3)^2+2x_2^2+3x_3^2+2x_2x_3\\&=2(x_1+x_2+x_3)^2-2x_2x_3+x_3^2\\&=2(x_1+x_2+x_3)^2-x_2^2+(x_2-x_3)^2,\end{aligned}$$

令
$$\begin{cases}y_1=x_1+x_2+x_3,\\y_2=\qquad x_2,\\y_3=\qquad x_2-x_3,\end{cases}$$

得可逆线性变换

$$\begin{cases}x_1=y_1-2y_2+y_3,\\x_2=\qquad y_2,\\x_3=\qquad y_2-y_3.\end{cases}$$

则二次型 f 在可逆线性变换下化成标准形

$$f=2y_1^2-y_2^2+y_3^2.$$

例 6.4　试用初等变换法化二次型

$$f(x_1,x_2,x_3)=x_1^2+4x_2^2+x_3^2+2x_1x_2+10x_1x_3+6x_2x_3$$

为标准形,并求出相应的可逆线性变换.

解　二次型 f 的矩阵为

$$\boldsymbol{A}=\begin{bmatrix}1&1&5\\1&4&3\\5&3&1\end{bmatrix},$$

对矩阵$\begin{bmatrix}\boldsymbol{A}\\\boldsymbol{E}\end{bmatrix}$施行初等变换得

$$\begin{bmatrix}\boldsymbol{A}\\\boldsymbol{E}\end{bmatrix}=\begin{bmatrix}1&1&5\\1&4&3\\5&3&1\\\hdashline 1&0&0\\0&1&0\\0&0&1\end{bmatrix}\xrightarrow[(-5)c_1+c_3]{(-1)c_1+c_2}\begin{bmatrix}1&0&0\\1&3&-2\\5&-2&-24\\\hdashline 1&-1&-5\\0&1&0\\0&0&1\end{bmatrix}$$

$$\xrightarrow[(-5)r_1+r_3]{(-1)r_1+r_2}\begin{bmatrix}1&0&0\\0&3&-2\\0&-2&-24\\\hdashline 1&-1&-5\\0&1&0\\0&0&1\end{bmatrix}\xrightarrow{\frac{2}{3}c_2+c_3}\begin{bmatrix}1&0&0\\0&3&0\\0&-2&-\frac{76}{3}\\\hdashline 1&-1&-\frac{17}{3}\\0&1&\frac{2}{3}\\0&0&1\end{bmatrix}$$

$$\xrightarrow{\frac{2}{3}r_2+r_3}\begin{bmatrix}1&0&0\\0&3&0\\0&0&-\frac{76}{3}\\\hdashline 1&-1&-\frac{17}{3}\\0&1&\frac{2}{3}\\0&0&1\end{bmatrix},$$

由此可确定可逆矩阵$\boldsymbol{C}=\begin{bmatrix}1&-1&-\frac{17}{3}\\0&1&\frac{2}{3}\\0&0&1\end{bmatrix}$.

易验证 $\boldsymbol{C}^{\mathrm{T}}\boldsymbol{A}\boldsymbol{C}=\boldsymbol{\Lambda}=\begin{bmatrix}1 & & \\ & 3 & \\ & & -\dfrac{76}{3}\end{bmatrix}$.

因此二次型 f 经可逆线性变换 $\boldsymbol{x}=\boldsymbol{C}\boldsymbol{y}$,即

$$\begin{bmatrix}x_1\\x_2\\x_3\end{bmatrix}=\begin{bmatrix}1 & -1 & -\dfrac{17}{3}\\ 0 & 1 & \dfrac{2}{3}\\ 0 & 0 & 1\end{bmatrix}\begin{bmatrix}y_1\\y_2\\y_3\end{bmatrix}$$

化为标准形

$$f=y_1^2+3y_2^2-\frac{76}{3}y_3^2.$$

例 6.5 已知二次型

$f(x_1,x_2,x_3)=x_1^2+x_2^2+5x_3^2+2tx_1x_2-2x_1x_3+4x_2x_3$ 为正定二次型,求参数 t 的取值范围.

解 二次型矩阵为

$$\boldsymbol{A}=\begin{bmatrix}1 & t & -1\\ t & 1 & 2\\ -1 & 2 & 5\end{bmatrix},$$

因为二次型 f 为正定二次型,所以 $\boldsymbol{A}$ 的各阶顺序主子式都大于零,即

$$\begin{vmatrix}1 & t\\ t & 1\end{vmatrix}>0,\quad \begin{vmatrix}1 & t & -1\\ t & 1 & 2\\ -1 & 2 & 5\end{vmatrix}>0,$$

解得 $-0.8<t<0$.

例 6.6 设 $\boldsymbol{A}$ 为 n 阶实对称矩阵,证明 $\boldsymbol{A}$ 为正定矩阵的充分必要条件是存在 n 阶正定矩阵 $\boldsymbol{B}$,使 $\boldsymbol{A}=\boldsymbol{B}^2$.

证明 必要性.因为 $\boldsymbol{A}$ 为正定矩阵,所以存在正交矩阵 $\boldsymbol{P}$,使

$$\boldsymbol{P}^{-1}\boldsymbol{A}\boldsymbol{P}=\boldsymbol{P}^{\mathrm{T}}\boldsymbol{A}\boldsymbol{P}=\boldsymbol{\Lambda}=\begin{bmatrix}\lambda_1 & & & \\ & \lambda_2 & & \\ & & \ddots & \\ & & & \lambda_n\end{bmatrix},$$

其中 $\lambda_i>0(i=1,2,\cdots,n)$ 为 $\boldsymbol{A}$ 的 n 个特征值.

令
$$\boldsymbol{B}=\boldsymbol{P}\begin{bmatrix}\sqrt{\lambda_1} & & & \\ & \sqrt{\lambda_2} & & \\ & & \ddots & \\ & & & \sqrt{\lambda_n}\end{bmatrix}\boldsymbol{P}^{\mathrm{T}},$$
则 $\boldsymbol{B}$ 是 n 阶正定矩阵，且
$$\boldsymbol{A}=\boldsymbol{P\Lambda P}^{\mathrm{T}}=\boldsymbol{P}\begin{bmatrix}\sqrt{\lambda_1} & & & \\ & \sqrt{\lambda_2} & & \\ & & \ddots & \\ & & & \sqrt{\lambda_n}\end{bmatrix}\boldsymbol{P}^{\mathrm{T}}\boldsymbol{P}\begin{bmatrix}\sqrt{\lambda_1} & & & \\ & \sqrt{\lambda_2} & & \\ & & \ddots & \\ & & & \sqrt{\lambda_n}\end{bmatrix}\boldsymbol{P}^{\mathrm{T}}$$
$$=\boldsymbol{B}^2.$$

充分性. 由 $\boldsymbol{A}=\boldsymbol{B}^2$，且 $\boldsymbol{B}$ 是正定矩阵，则 $\boldsymbol{B}^{\mathrm{T}}=\boldsymbol{B}$，对任何 $\boldsymbol{x}\neq\boldsymbol{0}$，有 $\boldsymbol{Bx}\neq\boldsymbol{0}$，从而二次型
$$f=\boldsymbol{x}^{\mathrm{T}}\boldsymbol{Ax}=(\boldsymbol{Bx})^{\mathrm{T}}(\boldsymbol{Bx})>0,$$
即二次型 f 正定，因此矩阵 $\boldsymbol{A}$ 是正定矩阵.

例 6.7　已知二次曲面方程
$$x^2+ay^2+z^2+2bxy+2xz+2yz=4$$
可经正交变换
$$\begin{bmatrix}x\\y\\z\end{bmatrix}=\boldsymbol{P}\begin{bmatrix}u\\v\\r\end{bmatrix}$$
化为椭圆柱面方程 $4u^2+v^2=4$，求 a,b 的值和正交矩阵 $\boldsymbol{P}$.

解　二次型 $x^2+ay^2+z^2+2bxy+2xz+2yz$ 的矩阵是
$$\boldsymbol{A}=\begin{bmatrix}1 & b & 1\\ b & a & 1\\ 1 & 1 & 1\end{bmatrix},$$
$\boldsymbol{A}$ 的特征多项式为
$$|\lambda\boldsymbol{E}-\boldsymbol{A}|=\lambda^3-(a+2)\lambda^2+(2a-1-b^2)\lambda+(1-2b+b^2).$$

已知此二次型经正交变换化为标准形 $4u^2+v^2$，则它的矩阵为
$$\boldsymbol{\Lambda}=\begin{bmatrix}0 & & \\ & 4 & \\ & & 1\end{bmatrix},$$
$\boldsymbol{\Lambda}$ 的特征多项式为
$$|\lambda\boldsymbol{E}-\boldsymbol{\Lambda}|=\lambda(\lambda-4)(\lambda-1)=\lambda^3-5\lambda^2+4\lambda.$$

比较$|\lambda E-A|$与$|\lambda E-\boldsymbol{A}|$同次幂的系数得

$$a+2=5,\quad 2a-b^2=5,\quad 1-2b+b^2=0,$$

解之得$a=3,b=1$,所以

$$A=\begin{bmatrix}1&1&1\\1&3&1\\1&1&1\end{bmatrix}.$$

A的特征值为0,4,1;$\boldsymbol{A}$的特征值也是0,4,1. A的对应于特征值0的一个特征向量$\boldsymbol{\alpha}_1=(-1,0,1)^T$,单位化得$\boldsymbol{p}_1=\left(-\frac{1}{\sqrt{2}},0,\frac{1}{\sqrt{2}}\right)^T$;$A$的对应于特征值4的一个特征向量$\boldsymbol{\alpha}_2=(1,2,1)^T$,单位化得$\boldsymbol{p}_2=\left(\frac{1}{\sqrt{6}},\frac{2}{\sqrt{6}},\frac{1}{\sqrt{6}}\right)^T$;$A$的对应于特征值1的一个特征向量$\boldsymbol{\alpha}_3=(1,-1,1)^T$,单位化得$\boldsymbol{p}_3=\left(\frac{1}{\sqrt{3}},-\frac{1}{\sqrt{3}},\frac{1}{\sqrt{3}}\right)^T$.

令

$$P=(\boldsymbol{p}_1,\boldsymbol{p}_2,\boldsymbol{p}_3)=\begin{bmatrix}-\frac{1}{\sqrt{2}}&\frac{1}{\sqrt{6}}&\frac{1}{\sqrt{3}}\\0&\frac{2}{\sqrt{6}}&-\frac{1}{\sqrt{3}}\\\frac{1}{\sqrt{2}}&\frac{1}{\sqrt{6}}&\frac{1}{\sqrt{3}}\end{bmatrix},$$

故P就是所需的正交矩阵.

例 6.8　已知A,B都是实对称矩阵,且A为正定的,B是半正定的.试证:(1)$A+B$是正定的;(2)$|A+B|>|A|$.

证明　(1) 设x为任意n维非零列向量,则有

$$x^T(A+B)x=x^TAx+x^TBx.$$

由于A是正定的,所以$x^TAx>0$,B是半正定的,所以$x^TBx\geqslant 0$,因此$x^T(A+B)x>0$.即$A+B$是正定矩阵.

(2) 由A为正定的,B是半正定的,所以A^{-1}也是正定的,则$A^{-1}B$的特征值为非负实数,因此$E+A^{-1}B$的特征值全是大于1的实数,所以$|E+A^{-1}B|>1$,即$|A^{-1}||A+B|>1$,故$|A+B|>|A|$.

例 6.9　已知二次型

$$f(x_1,x_2,x_3)=mx_1^2+mx_2^2+mx_3^2+2x_1x_2+2x_1x_3-2x_2x_3,$$

问当m为何值时,f是正定的,当m为何值时,f是负定的?

解 二次型矩阵为

$$A=\begin{bmatrix} m & 1 & 1 \\ 1 & m & -1 \\ 1 & -1 & m \end{bmatrix},$$

矩阵 A 的顺序主子式依次为

$$|A_1|=m, \quad |A_2|=\begin{vmatrix} m & 1 \\ 1 & m \end{vmatrix}=m^2-1=(m-1)(m+1),$$

$$|A_3|=\begin{vmatrix} m & 1 & 1 \\ 1 & m & -1 \\ 1 & -1 & m \end{vmatrix}=(m+1)^2(m-2).$$

因此若要使 f 正定，当且仅当

$$\begin{cases} m>0, \\ (m-1)(m+1)>0, \\ (m+1)^2(m-2)>0, \end{cases}$$

于是有 $m>2$. 同理要使 f 负定，当且仅当

$$\begin{cases} m<0, \\ (m-1)(m+1)<0, \\ (m+1)^2(m-2)<0, \end{cases}$$

于是有 $m<-1$.

例 6.10 已知 A 是 n 阶正定矩阵，令二次型 $f(x_1,x_2,\cdots,x_n)=x^{\mathrm{T}}Ax+x_n^2$ 的矩阵为 B，试证：(1) B 是正定矩阵；(2) $|B|>|A|$.

证明 (1) 设

$$A=\begin{bmatrix} a_{11} & a_{12} & \cdots & a_{1n} \\ a_{21} & a_{22} & \cdots & a_{2n} \\ \vdots & \vdots & & \vdots \\ a_{n1} & a_{n2} & \cdots & a_{nn} \end{bmatrix}, \quad a_{ij}=a_{ji};i,j=1,2,\cdots,n,$$

则

$$B=\begin{bmatrix} a_{11} & a_{12} & \cdots & a_{1n} \\ a_{21} & a_{22} & \cdots & a_{2n} \\ \vdots & \vdots & & \vdots \\ a_{n1} & a_{n2} & \cdots & a_{nn}+1 \end{bmatrix}.$$

易知，B 也是实对称矩阵，且 A 与 B 的一阶，二阶，…，$n-1$ 阶顺序主子式全相同，由于 A 是正定的，所以 A 的各阶顺序主子式全大于零，现考查 B 的 n 阶行列式.

$$|\boldsymbol{B}|=\begin{vmatrix}a_{11}&a_{12}&\cdots&a_{1n}\\a_{21}&a_{22}&\cdots&a_{2n}\\\vdots&\vdots&&\vdots\\a_{n1}&a_{n2}&\cdots&a_{nn}\end{vmatrix}+\begin{vmatrix}a_{11}&a_{12}&\cdots&a_{1n-1}&0\\a_{21}&a_{22}&\cdots&a_{2n-1}&0\\\vdots&\vdots&&\vdots&\vdots\\a_{n1}&a_{n2}&\cdots&a_{nn-1}&1\end{vmatrix},$$

$$=|\boldsymbol{A}|+(\boldsymbol{A}\text{ 的 }n-1\text{ 阶子式})>0, \qquad (*)$$

因此 $\boldsymbol{B}$ 的各阶顺序主子式全大于零,故 $\boldsymbol{B}$ 是正定矩阵.

(2) 由式(*)可得 $|\boldsymbol{B}|>|\boldsymbol{A}|$.

例 6.11 已知二次型 $f(x_1,x_2,x_3)=5x_1^2+5x_2^2+ax_3^2-2x_1x_2+6x_1x_3-6x_2x_3$ 的秩为 2.

(1) 求参数 a 及此二次型矩阵的特征值;

(2) 指出方程 $f(x_1,x_2,x_3)=1$ 表示何种二次曲面.

解 (1) 二次型 f 的矩阵为

$$\boldsymbol{A}=\begin{bmatrix}5&-1&3\\-1&5&-3\\3&-3&a\end{bmatrix}\longrightarrow\begin{bmatrix}1&-5&3\\0&2&-1\\0&0&a-3\end{bmatrix},$$

因此,当 $a=3$ 时,二次型的秩为 2. 矩阵 $\boldsymbol{A}$ 的特征多项式为

$$|\lambda\boldsymbol{E}-\boldsymbol{A}|=\begin{vmatrix}\lambda-5&1&-3\\1&\lambda-5&3\\-3&3&\lambda-3\end{vmatrix}=\lambda(\lambda-4)(\lambda-9),$$

$\boldsymbol{A}$ 的特征值为 $\lambda_1=0,\lambda_2=4,\lambda_3=9$.

(2) $f(x_1,x_2,x_3)$ 通过正交变换 $\boldsymbol{x}=\boldsymbol{P}\boldsymbol{y}$ 后变成 $4y_2^2+9y_3^2$, $4y_2^2+9y_3^2=1$ 表示母线平行 y_1 轴的椭圆柱面,因此 $f(x_1,x_2,x_3)=1$ 表示椭圆柱面.

例 6.12 已知实二次型 $f(x_1,x_2,x_3)=x_1^2+2x_2^2+tx_3^2-2x_1x_2+4x_1x_3-2x_2x_3$ 的正惯性指数为 2,负惯性指数为 1,求参数 t 的取值范围.

解 设 $f=\boldsymbol{x}^{\mathrm{T}}\boldsymbol{A}\boldsymbol{x}$,由于实二次型 f 经可逆线性变换化成的实标准形是唯一的,所以 $\boldsymbol{A}$ 经初等变换化成的实标准形也是唯一的. 对 $\boldsymbol{A}$ 进行初等变换化为实标准形矩阵

$$\boldsymbol{A}=\begin{bmatrix}1&-1&2\\-1&2&-1\\2&-1&t\end{bmatrix}\xrightarrow[(-2)c_1+c_3]{c_1+c_2}\begin{bmatrix}1&0&0\\-1&1&1\\2&1&t-4\end{bmatrix}$$

$$\xrightarrow[(-2)r_1+r_3]{r_1+r_2}\begin{bmatrix}1&0&0\\0&1&1\\0&1&t-4\end{bmatrix}\xrightarrow{-c_2+c_3}\begin{bmatrix}1&0&0\\0&1&0\\0&1&t-5\end{bmatrix}\xrightarrow{-r_2+r_3}\begin{bmatrix}1&0&0\\0&1&0\\0&0&t-5\end{bmatrix},$$

由正惯性指数为 2,负惯性指数为 1,知 $t<5$.

例 6.13　已知 $\boldsymbol{A}$ 是 n 阶实正定矩阵，$\boldsymbol{B}$ 是 n 阶实对称矩阵，则 $\boldsymbol{AB}$ 的特征值都是实数.

证明　由 $\boldsymbol{A}$ 是 n 阶实正定矩阵，故存在 n 阶可逆矩阵 $\boldsymbol{P}$，使得 $\boldsymbol{A}=\boldsymbol{P}^{\mathrm{T}}\boldsymbol{P}$. 又因为 $\boldsymbol{B}$ 是实对称矩阵，所以 $\boldsymbol{PBP}^{\mathrm{T}}$ 也是实对称矩阵，于是 $|\lambda\boldsymbol{E}-\boldsymbol{P}^{\mathrm{T}}\boldsymbol{BP}|=0$ 的根为实数. 又因为

$$\begin{aligned}|\lambda\boldsymbol{E}-\boldsymbol{AB}| &= |\lambda\boldsymbol{E}-\boldsymbol{P}^{\mathrm{T}}\boldsymbol{PB}|\\ &= |\lambda\boldsymbol{E}-\boldsymbol{P}^{\mathrm{T}}(\boldsymbol{PBP}^{\mathrm{T}})(\boldsymbol{P}^{\mathrm{T}})^{-1}|\\ &= |\boldsymbol{P}^{\mathrm{T}}||\lambda\boldsymbol{E}-\boldsymbol{PBP}^{\mathrm{T}}||(\boldsymbol{P}^{\mathrm{T}})^{-1}|\\ &= |\lambda\boldsymbol{E}-\boldsymbol{PBP}^{\mathrm{T}}|,\end{aligned}$$

因此，$|\lambda\boldsymbol{E}-\boldsymbol{AB}|=0$ 的根是实数，即 $\boldsymbol{AB}$ 的特征值都是实数.

例 6.14　已知 $\boldsymbol{A}$ 是 n 阶正定矩阵，则 $\boldsymbol{A}^{-1}$ 和 $\boldsymbol{A}^{*}$ 也是正定矩阵.

证明　因为 $\boldsymbol{A}$ 是 n 阶正定矩阵，则存在 n 阶可逆矩阵 $\boldsymbol{P}$，使 $\boldsymbol{A}=\boldsymbol{P}^{\mathrm{T}}\boldsymbol{P}$，从而有

$$\boldsymbol{A}^{-1}=\boldsymbol{P}^{-1}(\boldsymbol{P}^{\mathrm{T}})^{-1}=\boldsymbol{P}^{-1}(\boldsymbol{P}^{-1})^{\mathrm{T}}.$$

令 $\boldsymbol{Q}=(\boldsymbol{P}^{-1})^{\mathrm{T}}$，则 $\boldsymbol{Q}$ 也是可逆矩阵，且 $\boldsymbol{A}^{-1}=\boldsymbol{Q}^{\mathrm{T}}\boldsymbol{Q}$，因此，$\boldsymbol{A}^{-1}$ 是正定矩阵.

设 $\boldsymbol{A}^{-1}$ 的特征值为 $\lambda_1,\lambda_2,\cdots,\lambda_n$，则它们均为正数，因为 $\boldsymbol{A}$ 是正定矩阵，从而有 $|\boldsymbol{A}|>0$，又因为 $\boldsymbol{A}^{*}=|\boldsymbol{A}|\boldsymbol{A}^{-1}$，故 $\boldsymbol{A}^{*}$ 的全部特征值为

$$|\boldsymbol{A}|\lambda_1,\quad |\boldsymbol{A}|\lambda_2,\quad \cdots,\quad |\boldsymbol{A}|\lambda_n,$$

显然都是正数，因此 $\boldsymbol{A}^{*}$ 为正定矩阵.

练习 6

1. 求下列二次型的矩阵及二次型的秩：

(1) $f(x_1,x_2,x_3)=(x_1,x_2,x_3)\begin{bmatrix}1&-2&3\\0&2&-1\\1&1&1\end{bmatrix}\begin{bmatrix}x_1\\x_2\\x_3\end{bmatrix}$；

(2) $f(x_1,x_2,x_3)=(x_1,x_2,x_3)\begin{bmatrix}1&0&2\\0&2&0\\0&0&1\end{bmatrix}\begin{bmatrix}x_1\\x_2\\x_3\end{bmatrix}$；

(3) $f(x_1,x_2,x_3)=2x_1^2+5x_2^2+5x_3^2+4x_1x_2-4x_1x_3-8x_2x_3$；

(4) $f(x_1,x_2,x_3,x_4)=2x_1^2+3x_2^2+4x_4^2+2x_1x_2+4x_2x_3+8x_3x_4$.

2. 用配方法化下列二次型为标准形，并写出相应的可逆线性变换.

(1) $f(x_1,x_2,x_3)=2x_1^2+x_2^2+3x_3^2+4x_1x_2+4x_1x_2+4x_1x_3+2x_2x_3$；

(2) $f(x_1,x_2,x_3)=2x_1x_2+2x_2x_3+2x_1x_3$.

3. 用初等变换法化下列二次型为规范标准形，并求出相应的可逆线性变换.

(1) $f(x_1,x_2,x_3)=x_1^2+2x_2^2+6x_3^2+2x_1x_2+4x_1x_3+2x_2x_3$；

(2) $f(x_1,x_2,x_3)=x_1^2+5x_2^2+x_3^2+2x_1x_2-4x_1x_3$.

4. 用正交变换化下列二次型为标准形：

(1) $f(x_1,x_2,x_3)=x_1^2+x_2^2-3x_3^2-4x_1x_2$；

(2) $f(x_1,x_2,x_3)=5x_1^2+5x_2^2-3x_3^2+2x_1x_2+6x_1x_3-6x_2x_3$.

5. 已知下列二次型为正定二次型,求参数 t 的取值范围.

(1) $f(x_1,x_2,x_3)=2x_1^2+3x_2^2+3x_3^2+2tx_2x_3\ (t>0)$；

(2) $f(x_1,x_2,x_3)=5x_1^2+x_2^2+tx_3^2+4x_1x_2-2x_1x_3-2x_2x_3$；

(3) $f(x_1,x_2,x_3)=tx_1^2+4x_2^2+5x_3^2+4x_1x_2-4x_2x_3$.

6. 设 n 元实二次型 $f=\boldsymbol{x}^{\mathrm{T}}\boldsymbol{A}\boldsymbol{x},g=\boldsymbol{x}^{\mathrm{T}}\boldsymbol{B}\boldsymbol{x}$,如果实对称矩阵 $\boldsymbol{A}$ 与 $\boldsymbol{B}$ 合同,则称二次型 f 与 g 等价,判别下列实二次型中哪些是等价的：

$f_1(x_1,x_2,x_3)=x_1^2+4x_2^2+x_3^2+4x_1x_2-2x_1x_3$；

$f_2(y_1,y_2,y_3)=y_1^2+y_2^2-y_3^2+4y_1y_2-2y_1y_3-4y_2y_3$；

$f_3(z_1,z_2,z_3)=-4z_1^2-z_2^2-z_3^2-4z_1z_2+4z_1z_3+18z_2z_3$.

7. 设 $\boldsymbol{A}$ 为 n 阶实矩阵,证明 $\boldsymbol{B}=\boldsymbol{E}+\boldsymbol{A}^{\mathrm{T}}\boldsymbol{A}$ 为正定矩阵.

8. 设 $\boldsymbol{A}$ 为 n 阶实对称矩阵,如果对任何 n 维列向量 $\boldsymbol{x}$,总有 $\boldsymbol{x}^{\mathrm{T}}\boldsymbol{A}\boldsymbol{x}=0$,证明$\boldsymbol{A}=\boldsymbol{0}$.

9. 已知二次型

$$f(x_1,x_2,x_3)=5x_1^2+8x_2^2+5x_3^2+4x_1x_2+2ax_1x_3+2bx_2x_3$$

在正交变换 $\boldsymbol{x}=\boldsymbol{P}\boldsymbol{y}$ 下的标准形为 $9y_2^2+9y_3^2$,求 a,b 的值及正交矩阵 $\boldsymbol{P}$.

10. 设二次型 $f(x_1,x_2,x_3)=x_1^2+x_2^2+tx_3^2-2x_2x_3$ 半正定,且 $\mathrm{R}(f)=2$,求：(1)参数 t；(2) f 在正交变换下的标准形；(3)指明方程 $f(x_1,x_2,x_3)=1$ 所表示的曲面.

练习 6 参考答案与提示

1. (1) $\begin{bmatrix}1&-1&2\\-1&2&0\\2&0&1\end{bmatrix}$,秩为 3； (2) $\begin{bmatrix}1&0&1\\0&2&0\\1&0&1\end{bmatrix}$,秩为 2；

(3) $\begin{bmatrix}2&2&-2\\2&5&-4\\-2&-4&5\end{bmatrix}$,秩为 3； (4) $\begin{bmatrix}2&1&0&0\\1&3&2&0\\0&2&0&4\\0&0&4&4\end{bmatrix}$,秩为 4.

2. (1) $f(x_1,x_2,x_3)=2(x_1+x_2+x_3)^2-(x_2+x_3)^2+2x_3^2$,

令$\begin{cases} y_1=x_1+x_2+x_3, \\ y_2=\quad\ \ x_2+x_3, \\ y_3=\qquad\quad\ x_3, \end{cases}$得可逆线性变换$\begin{cases} x_1=y_1-y_2, \\ x_2=y_2-y_3, \\ x_3=y_3. \end{cases}$

经可逆线性变换二次型化为标准形为

$$f=2y_1^2-y_2^2+y_3^2.$$

（2）令$\begin{cases} x_1=y_1-y_2, \\ x_2=y_1+y_2, \\ x_3=y_3. \end{cases}$即经可逆线性变换 $\boldsymbol{x}=\boldsymbol{C}_1\boldsymbol{y}$，即

$$\begin{bmatrix} x_1 \\ x_2 \\ x_3 \end{bmatrix}=\begin{bmatrix} 1 & -1 & 0 \\ 1 & 1 & 0 \\ 0 & 0 & 1 \end{bmatrix}\begin{bmatrix} y_1 \\ y_2 \\ y_3 \end{bmatrix},$$

化二次型为 $f=2y_1^2-2y_2^2+4y_1y_3$，再配方有 $f=2(y_1+y_3)^2-2y_2^2-2y_3^2$.

令$\begin{cases} z_1=y_1+y_3, \\ z_2=y_2, \\ z_3=y_3, \end{cases}$　得可逆线性变换 $\boldsymbol{y}=\boldsymbol{C}_2\boldsymbol{z}$，即

$$\begin{bmatrix} y_1 \\ y_2 \\ y_3 \end{bmatrix}=\begin{bmatrix} 1 & 0 & 1 \\ 0 & 1 & 0 \\ 0 & 0 & 1 \end{bmatrix}\begin{bmatrix} z_1 \\ z_2 \\ z_3 \end{bmatrix},$$

经可逆线性变换将 $f=2y_1^2-2y_2^2+4y_1y_3$ 化为标准形

$$f=2z_1^2-2z_2^2-2z_3^2.$$

因此，二次型 $f=2x_1x_2+2x_1x_3+2x_2x_3$ 经可逆线性变换 $\boldsymbol{x}=\boldsymbol{C}_1\boldsymbol{C}_2\boldsymbol{z}$，即

$$\begin{bmatrix} x_1 \\ x_2 \\ x_3 \end{bmatrix}=\begin{bmatrix} 1 & -1 & 1 \\ 1 & 1 & 1 \\ 0 & 0 & 1 \end{bmatrix}\begin{bmatrix} z_1 \\ z_2 \\ z_3 \end{bmatrix},$$

化为标准形 $f=2z_1^2-2z_2^2-2z_3^2$.

3.（1）经可逆线性变换

$$\begin{bmatrix} x_1 \\ x_2 \\ x_3 \end{bmatrix}=\begin{bmatrix} 1 & -1 & -3 \\ 0 & 1 & 1 \\ 0 & 0 & 1 \end{bmatrix}\begin{bmatrix} y_1 \\ y_2 \\ y_3 \end{bmatrix}$$

化二次型 f 为规范标准形 $y_1^2+y_2^2+y_3^2$.

(2) 经可逆线性变换

$$\begin{bmatrix} x_1 \\ x_2 \\ x_3 \end{bmatrix} = \begin{bmatrix} 1 & -\dfrac{1}{2} & \dfrac{5}{6} \\ 0 & \dfrac{1}{2} & -\dfrac{1}{6} \\ 0 & 0 & \dfrac{1}{3} \end{bmatrix} \begin{bmatrix} y_1 \\ y_2 \\ y_3 \end{bmatrix}$$

化二次型 f 为规范标准形 $y_1^2+y_2^2-y_3^2$.

4. (1) 经正交变换

$$\begin{bmatrix} x_1 \\ x_2 \\ x_3 \end{bmatrix} = \begin{bmatrix} \dfrac{1}{\sqrt{2}} & 0 & \dfrac{2}{\sqrt{2}} \\ -\dfrac{1}{\sqrt{2}} & 0 & \dfrac{2}{\sqrt{2}} \\ 0 & 1 & 0 \end{bmatrix} \begin{bmatrix} y_1 \\ y_2 \\ y_3 \end{bmatrix}$$

化为标准形 $3y_1^2-3y_2^2-y_3^2$.

(2) 经正交变换

$$\begin{bmatrix} x_1 \\ x_2 \\ x_3 \end{bmatrix} = \begin{bmatrix} -\dfrac{1}{\sqrt{11}} & \dfrac{2}{\sqrt{2}} & \dfrac{3}{\sqrt{22}} \\ \dfrac{11}{\sqrt{11}} & \dfrac{2}{\sqrt{2}} & \dfrac{-3}{\sqrt{22}} \\ \dfrac{3}{\sqrt{11}} & 0 & \dfrac{2}{\sqrt{22}} \end{bmatrix} \begin{bmatrix} y_1 \\ y_2 \\ y_3 \end{bmatrix}$$

化为标准形 $-5y_1^2+6y_2^2+6y_3^2$.

5. (1) $t=2$; (2) $t>2$; (3) $t>\dfrac{5}{4}$.

6. 二次型 f_2 与 f_3 等价,它们与 f_1 不等价.

7. 提示:先证明 $\boldsymbol{A}^{\mathrm{T}}\boldsymbol{A}$ 是半正定矩阵,其特征值 $\lambda_1,\lambda_2,\cdots,\lambda_n$ 均为非负实数,再证 $\boldsymbol{B}$ 的特征值为 $\lambda_i+1(i=1,2,\cdots,n)$,它们均为正数,故 $\boldsymbol{B}$ 是正定矩阵.

8. **证明** 设 $\boldsymbol{A}=(a_{ij})_{n\times n}$,取 $\boldsymbol{x}=\boldsymbol{e}_i,i=1,2,\cdots,n$,则由 $\boldsymbol{x}^{\mathrm{T}}\boldsymbol{A}\boldsymbol{x}=a_{ii}$ 及已知条件得 $a_{ii}=0,i=1,2,\cdots,n$. 再取 $\boldsymbol{x}$ 的第 i,j 两个分量为 1,其余分量均为 0,由 $\boldsymbol{x}^{\mathrm{T}}\boldsymbol{A}\boldsymbol{x}=a_{ij}+a_{ji}=2a_{ij}$ 及已知条件,必得 $a_{ij}=0,i\neq j,i=1,2,3,\cdots,n,j=1,2,\cdots,n$.

综上可得 $\boldsymbol{A}=\boldsymbol{0}$.

9. $a=-4, b=2$, $\boldsymbol{P}=\begin{bmatrix} \frac{2}{3} & -\frac{1}{\sqrt{5}} & \frac{4\sqrt{5}}{15} \\ -\frac{1}{3} & \frac{2}{\sqrt{5}} & -\frac{2\sqrt{5}}{15} \\ \frac{2}{3} & 0 & -\frac{\sqrt{5}}{3} \end{bmatrix}$

或

$$a=4,\quad b=-2,\quad \boldsymbol{P}=\begin{bmatrix} -\frac{2}{3} & \frac{1}{\sqrt{5}} & \frac{4}{\sqrt{21}} \\ -\frac{1}{3} & \frac{2}{\sqrt{5}} & -\frac{2}{\sqrt{21}} \\ \frac{2}{3} & 0 & \frac{5}{\sqrt{21}} \end{bmatrix}.$$

10. (1) $t=1$; (2) $f=y_2^2+2y_3^2$; (3) $f(x_1,x_2,x_3)=1$ 表示椭圆柱面.

综合练习 6

1. 填空题

(1) 二次型 $f(x_1,x_2,x_3)=2x_1^2-2x_2^2+x_3^2+2x_1x_2-2x_1x_3+4x_2x_3$ 的矩阵是________,秩是________.

(2) 二次型 $f(x_1,x_2,x_3)=(x_1,x_2,x_3)\begin{bmatrix} 1 & 1 & 1 \\ & 1 & -2 \\ & & 2 \end{bmatrix}\begin{bmatrix} x_1 \\ x_2 \\ x_3 \end{bmatrix}$ 的矩阵为________.

(3) 二次型 $f(x_1,x_2,x_3)=2x_1^2+x_2^2+x_3^2-2tx_1x_2+2x_1x_2$ 正定时,t 应满足的范围是________.

(4) 设 $\boldsymbol{A}$ 是 n 阶半正定实对称矩阵,则 $|\boldsymbol{A}+\boldsymbol{E}|$________.

(5) 二次型 $f(x_1,x_2,\cdots,x_n)=\sum_{i=1}^{n}\sum_{j=1}^{n}x_ix_j$ 的标准形是________.

2. 选择题

(1) 若二次型 $f(x_1,x_2,x_3)=2x_1^2+x_2^2+x_3^2+2x_1x_2+tx_2x_3$ 是正定的,则 t 的取值范围是( ).

(A) $-2<t<2$ (B) $-1<t<1$

(C) $-\sqrt{2}<t<\sqrt{2}$ (D) $-\sqrt{2}\leqslant t\leqslant\sqrt{2}$

(2) 实二次型 $f=\boldsymbol{x}^{\mathrm{T}}\boldsymbol{A}\boldsymbol{x}$ 为正定的充分必要条件是(　　).

(A) $\mathrm{R}(\boldsymbol{A})=n$　　(B) $\boldsymbol{A}$ 的负惯性指数为零

(C) $|\boldsymbol{A}|>0$　　(D) $\boldsymbol{A}$ 的特征值全大于零

(3) 设

$$\boldsymbol{A}=\begin{bmatrix}1&1&1&1\\1&1&1&1\\1&1&1&1\\1&1&1&1\end{bmatrix},\quad \boldsymbol{B}=\begin{bmatrix}4&0&0&0\\0&0&0&0\\0&0&0&0\\0&0&0&0\end{bmatrix},$$

则 $\boldsymbol{A}$ 与 $\boldsymbol{B}$ 的关系为(　　).

(A) 合同且相似　　(B) 合同但不相似

(C) 相似但不合同　　(D) 既不相似也不合同

(4) 设矩阵

$$\boldsymbol{A}=\begin{bmatrix}3&2&0\\2&4&-2\\0&-2&5\end{bmatrix}$$

正定,则相似的对角矩阵为(　　).

(A) $\begin{bmatrix}2&&\\&2&\\&&8\end{bmatrix}$　　(B) $\begin{bmatrix}0&&\\&2&\\&&10\end{bmatrix}$

(C) $\begin{bmatrix}1&&\\&4&\\&&7\end{bmatrix}$　　(D) $\begin{bmatrix}-1&&\\&6&\\&&7\end{bmatrix}$

(5) 设 $\boldsymbol{A},\boldsymbol{B}$ 为 n 阶正定矩阵,则(　　)是正定矩阵.

(A) $\boldsymbol{A}^{-1}-\boldsymbol{B}^{-1}$　　(B) $\boldsymbol{AB}$

(C) $\boldsymbol{A}-\boldsymbol{B}$　　(D) $\boldsymbol{A}^{*}+\boldsymbol{B}^{*}$

3. 讨论题

(1) 设二次型 $f=4x_1^2+3x_2^2+2x_2x_3+3x_3^2$,求一个正交变换将二次型化为标准形,并写出所用的正交变换.

(2) 已知二次型 $f(x_1,x_2,x_3)=x_1^2+x_2^2+x_3^2+2ax_1x_3+2x_1x_3+2bx_2x_3$ 经正交变换化为标准形 $f=y_2^2+2y_3^2$,求参数 a,b 及所用的正交变换矩阵.

(3) 求二次型 $f(x_1,x_2,x_3)=x_1^2+3x_3^2+2x_1x_2+4x_1x_3+2x_2x_3$ 的正负惯性指数及符号差.

(4) 设 n 元二次型 $f(x_1,x_2,\cdots,x_n)=(x_1+a_1x_2)^2+(a_2+a_2x_3)^2+\cdots+(x_n+$

$a_n x_1)^2$，其中 $a_i(i=1,2,\cdots,n)$ 为实数，试问当 $a_1,a_2,\cdots,a_{n-1},a_n$ 满足什么条件时，二次型 $f(x_1,x_2,\cdots,x_n)$ 为正定的.

(5) 设二次型

$f(x_1,x_2,x_3)=\boldsymbol{x}^{\mathrm{T}}\boldsymbol{A}\boldsymbol{x}=ax_1^2+2x_2^2-2x_3^2+2bx_1x_3(b>0)$，其中二次型的矩阵 $\boldsymbol{A}$ 的特征值之和为1，特征值之积为 -12. 求：①a,b 的值；②利用正交变换将二次型 f 化为标准形，并写出所用的正交变换和对应的正交矩阵.

4. 证明题

(1) 设 $\boldsymbol{A}$ 是 n 阶正定矩阵，证明 $|\boldsymbol{A}+2\boldsymbol{E}|>2^n$.

(2) 设 $\boldsymbol{A}$ 为 m 阶正定矩阵，$\boldsymbol{B}$ 为 $m\times n$ 型实矩阵，试证 $\boldsymbol{B}^{\mathrm{T}}\boldsymbol{A}\boldsymbol{B}$ 正定的充分必要条件是 $\mathrm{R}(\boldsymbol{B})=n$.

(3) 设 $\boldsymbol{A}_{m\times n}$ 矩阵，若 $\mathrm{R}(\boldsymbol{A})=n$，试证 $\boldsymbol{A}^{\mathrm{T}}\boldsymbol{A}$ 为正定矩阵.

(4) 设 $\boldsymbol{A},\boldsymbol{B}$ 均为 n 阶正定矩阵，则 $\boldsymbol{AB}$ 为正定矩阵的充分必要条件是 $\boldsymbol{AB}=\boldsymbol{BA}$.

综合练习6参考答案与提示

1. (1) $\begin{bmatrix} 2 & 1 & -1 \\ 1 & -2 & 2 \\ -1 & 2 & 1 \end{bmatrix}$，秩为3； (2) $\begin{bmatrix} 1 & \frac{1}{2} & \frac{1}{2} \\ \frac{1}{2} & 1 & -1 \\ \frac{1}{2} & -1 & 2 \end{bmatrix}$；

(3) $-\sqrt{2}<t<\sqrt{2}$； (4) >0； (5) y_1^2.

2. (1) (C)； (2) (D)； (3) (A)； (4) (C)； (5) (D).

3. (1) **解** 二次型矩阵为

$$\boldsymbol{A}=\begin{bmatrix} 4 & 0 & 0 \\ 0 & 3 & 1 \\ 0 & 1 & 3 \end{bmatrix},$$

$\boldsymbol{A}$ 的特征值为 $\lambda_1=2,\lambda_2=\lambda_3=4$，其对应的特征向量分别是

$$\boldsymbol{p}_1=\begin{bmatrix} 0 \\ -1 \\ 1 \end{bmatrix},\quad \boldsymbol{p}_2=\begin{bmatrix} 1 \\ 0 \\ 0 \end{bmatrix},\quad \boldsymbol{p}_3=\begin{bmatrix} 0 \\ 1 \\ 1 \end{bmatrix}.$$

构造正交矩阵 $\boldsymbol{P}=\begin{bmatrix} 0 & 1 & 0 \\ -\frac{1}{\sqrt{2}} & 0 & \frac{1}{\sqrt{2}} \\ \frac{1}{\sqrt{2}} & 0 & \frac{1}{\sqrt{2}} \end{bmatrix}$，得正交变换 $\boldsymbol{x}=\boldsymbol{P}\boldsymbol{y}$，即

$$\begin{bmatrix}x_1\\x_2\\x_3\end{bmatrix}=\begin{bmatrix}0&1&0\\-\frac{1}{\sqrt{2}}&0&\frac{1}{\sqrt{2}}\\\frac{1}{\sqrt{2}}&0&\frac{1}{\sqrt{2}}\end{bmatrix}\begin{bmatrix}y_1\\y_2\\y_3\end{bmatrix},$$

将二次型化为标准形 $f=2y_1^2+4y_2^2+4y_3^2$.

(2) **解**　二次型及标准形的矩阵分别为

$$\boldsymbol{A}=\begin{bmatrix}1&a&1\\a&1&b\\1&b&1\end{bmatrix},\quad \boldsymbol{\Lambda}=\begin{bmatrix}0&&\\&1&\\&&2\end{bmatrix}.$$

由于 $\boldsymbol{A}$ 相似于 $\boldsymbol{\Lambda}$，所以得 $a=b=0$. $\boldsymbol{A}$ 的对应于 $\lambda_1=0,\lambda_2=1,\lambda_3=2$ 的特征向量分别为

$$\boldsymbol{p}_1=\begin{bmatrix}-1\\0\\1\end{bmatrix},\quad \boldsymbol{p}_2=\begin{bmatrix}0\\1\\0\end{bmatrix},\quad \boldsymbol{p}_3=\begin{bmatrix}1\\0\\1\end{bmatrix}.$$

单位化后得正交矩阵为

$$\boldsymbol{P}=(\boldsymbol{p}_1,\boldsymbol{p}_2,\boldsymbol{p}_3)=\begin{bmatrix}-\frac{1}{\sqrt{2}}&0&\frac{1}{\sqrt{2}}\\0&1&0\\\frac{1}{\sqrt{2}}&0&\frac{1}{\sqrt{2}}\end{bmatrix}.$$

(3) 正、负惯性指数均为1，符号差为零.

(4) **解**　对任意 $\boldsymbol{x}\neq\boldsymbol{0}$，$f(x_1,x_2,\cdots,x_n)\geqslant 0$，其中等号成立当且仅当

$$\begin{cases}x_1+a_1x_2=0,\\x_2+a_2x_3=0,\\x_{n-1}+a_{n-1}x_n=0,\\\quad\vdots\\x_{n-1}+a_{n-1}x_n=0,\\x_n+a_nx_1=0.\end{cases}$$

而方程组仅有零解的充分必要条件是其系数行列式

$$\begin{vmatrix}1&a_1&0&\cdots&0&0\\0&1&a_2&\cdots&0&0\\\vdots&\vdots&\vdots&&\vdots&\vdots\\0&0&0&\cdots&1&a_{n-1}\\a_n&0&0&\cdots&0&1\end{vmatrix}=1+(-1)^{n+1}a_1a_2\cdots a_{n-1}a_n\neq 0,$$

所以当 $1+(-1)^{n+1}a_1,a_3,\cdots,a_n\neq 0$ 时，对任意 $\boldsymbol{x}\neq\boldsymbol{0}$，有

$f(x_1,x_2,\cdots,x_n)>0$，即二次型 $f(x_1,x_2,\cdots,x_n)$ 为正定二次型.

(5) **解**　① 二次型矩阵为

$$\boldsymbol{A}=\begin{bmatrix}a & 0 & b\\ 0 & 2 & 0\\ b & 0 & -2\end{bmatrix},$$

设 $\boldsymbol{A}$ 的特征值为 $\lambda_1,\lambda_2,\lambda_3$，由题意可知

$$\lambda_1+\lambda_2+\lambda_3=\mathrm{tr}\boldsymbol{A}=a+2-2=1,$$

$$\lambda_1\lambda_2\lambda_3=|\boldsymbol{A}|=\begin{vmatrix}a & 0 & b\\ 0 & 2 & 0\\ b & 0 & -2\end{vmatrix}=-4a-2b^2=-12.$$

解得 $a=1$，由 $b>0$ 可得 $b=2$.

② 把 $a=1,b=2$ 代入 $\boldsymbol{A}$ 中，可得 $\boldsymbol{A}$ 的特征多项式

$$|\lambda\boldsymbol{E}-\boldsymbol{A}|=(\lambda-2)^2(\lambda+3),$$

$\boldsymbol{A}$ 的特征值为 $\lambda_1=\lambda_2=2$，$\lambda_3=-3$.

$\boldsymbol{A}$ 的对应于特征值 $\lambda_1=\lambda_2=2$ 的两个线性无关特征向量为

$$\boldsymbol{\alpha}_1=\begin{bmatrix}2\\0\\2\end{bmatrix},\quad \boldsymbol{\alpha}_2=\begin{bmatrix}0\\1\\0\end{bmatrix},$$

且 $\boldsymbol{\alpha}_1$ 与 $\boldsymbol{\alpha}_2$ 已正交，只需单位化得 $\boldsymbol{p}_1=\begin{bmatrix}\frac{2}{\sqrt{5}}\\0\\\frac{1}{\sqrt{5}}\end{bmatrix}$，$\boldsymbol{p}_2=\begin{bmatrix}0\\1\\0\end{bmatrix}$，$\boldsymbol{A}$ 的对应于特征值 $\lambda_3=-3$ 的特征向量为

$$\boldsymbol{\alpha}_3=\begin{bmatrix}1\\0\\-2\end{bmatrix},$$

单位化得 $\boldsymbol{p}_3=\begin{bmatrix}\frac{1}{\sqrt{5}}\\0\\-\frac{2}{\sqrt{5}}\end{bmatrix}$.

令

$$\boldsymbol{P}=\begin{bmatrix}\frac{2}{\sqrt{5}} & 0 & \frac{1}{\sqrt{5}}\\ 0 & 1 & 0\\ \frac{1}{\sqrt{5}} & 0 & -\frac{2}{\sqrt{5}}\end{bmatrix},$$

易验证,$\boldsymbol{P}$ 为正交矩阵,且

$$\boldsymbol{P}^{\mathrm{T}}\boldsymbol{A}\boldsymbol{P}=\boldsymbol{\Lambda}=\begin{bmatrix}2 & & \\ & 2 & \\ & & -3\end{bmatrix},$$

二次型 f 经正交变换 $\boldsymbol{x}=\boldsymbol{P}\boldsymbol{y}$,即

$$\begin{bmatrix}x_1\\ x_2\\ x_3\end{bmatrix}=\begin{bmatrix}\frac{2}{\sqrt{5}} & 0 & \frac{1}{\sqrt{5}}\\ 0 & 1 & 0\\ \frac{1}{\sqrt{5}} & 0 & -\frac{2}{\sqrt{5}}\end{bmatrix}\begin{bmatrix}y_1\\ y_2\\ y_3\end{bmatrix}$$

化为标准形 $f=2y_1^2+2y_2^2-3y_3^2$.

4. (1) **证明** 因为 $\boldsymbol{A}$ 是正定矩阵,所以存在正交矩阵 $\boldsymbol{P}$,使

$$\boldsymbol{P}^{-1}\boldsymbol{A}\boldsymbol{P}=\boldsymbol{P}^{\mathrm{T}}\boldsymbol{A}\boldsymbol{P}=\begin{bmatrix}\lambda_1 & & & \\ & \lambda_2 & & \\ & & \ddots & \\ & & & \lambda_n\end{bmatrix}=\boldsymbol{\Lambda},$$

其中 $\lambda_i>0(i=1,2,\cdots,n)$ 是 $\boldsymbol{A}$ 的特征值,所以 $\boldsymbol{A}=\boldsymbol{P}\boldsymbol{\Lambda}\boldsymbol{P}^{-1}$,于是 $|\boldsymbol{A}+2\boldsymbol{E}|=|\boldsymbol{P}\boldsymbol{\Lambda}\boldsymbol{P}^{-1}+2\boldsymbol{E}|=|\boldsymbol{P}|\,|\boldsymbol{\Lambda}+2\boldsymbol{E}|\,|\boldsymbol{P}^{-1}|=|\boldsymbol{\Lambda}+2\boldsymbol{E}|=\prod_{i=1}^{n}(\lambda_i+2)$,由于 $\lambda_i+2>2\ (i=1,2,\cdots,n)$,故 $|\boldsymbol{A}+2\boldsymbol{E}|>2^n$.

(2) **证明** 必要性. 设 $\boldsymbol{B}^{\mathrm{T}}\boldsymbol{A}\boldsymbol{B}$ 正定,则对任意的 n 维非零列向量 $\boldsymbol{x}\neq\boldsymbol{0}$,有 $\boldsymbol{x}^{\mathrm{T}}(\boldsymbol{B}^{\mathrm{T}}\boldsymbol{A}\boldsymbol{B})\boldsymbol{x}>0$,即

$$(\boldsymbol{B}\boldsymbol{x})^{\mathrm{T}}\boldsymbol{A}(\boldsymbol{B}\boldsymbol{x})>0,$$

于是 $\boldsymbol{B}\boldsymbol{x}\neq\boldsymbol{0}$,因此 $\boldsymbol{B}\boldsymbol{x}=\boldsymbol{0}$ 只有零解,从而 $\mathrm{R}(\boldsymbol{B})=n$.

充分性. 因 $(\boldsymbol{B}^{\mathrm{T}}\boldsymbol{A}\boldsymbol{B})^{\mathrm{T}}=\boldsymbol{B}^{\mathrm{T}}\boldsymbol{A}^{\mathrm{T}}\boldsymbol{B}=\boldsymbol{B}^{\mathrm{T}}\boldsymbol{A}\boldsymbol{B}$,故 $\boldsymbol{B}^{\mathrm{T}}\boldsymbol{A}\boldsymbol{B}$ 为实对称矩阵. 若 $\mathrm{R}(\boldsymbol{B})=n$,则方程组 $\boldsymbol{B}\boldsymbol{x}=\boldsymbol{0}$ 只有零解,从而对任意非零列向量 $\boldsymbol{x}\neq\boldsymbol{0}$,有 $\boldsymbol{B}\boldsymbol{x}\neq\boldsymbol{0}$,又因为 $\boldsymbol{A}$ 为正定矩阵,所以对于 $\boldsymbol{B}\boldsymbol{x}\neq\boldsymbol{0}$,有

$$(\boldsymbol{B}\boldsymbol{x})^{\mathrm{T}}\boldsymbol{A}(\boldsymbol{B}\boldsymbol{x})>0,$$

于是当 $\boldsymbol{x}\neq\boldsymbol{0}$ 时,$\boldsymbol{x}^{\mathrm{T}}(\boldsymbol{B}^{\mathrm{T}}\boldsymbol{A}\boldsymbol{B})\boldsymbol{x}>0$,因此 $\boldsymbol{B}^{\mathrm{T}}\boldsymbol{A}\boldsymbol{B}$ 为正定矩阵.

(3) **证明**　因为$(\boldsymbol{A}^{\mathrm{T}}\boldsymbol{A})^{\mathrm{T}}=\boldsymbol{A}^{\mathrm{T}}(\boldsymbol{A}^{\mathrm{T}})^{\mathrm{T}}=\boldsymbol{A}^{\mathrm{T}}\boldsymbol{A}$,所以$\boldsymbol{A}^{\mathrm{T}}\boldsymbol{A}$为对称矩阵,又因为$\mathrm{R}(\boldsymbol{A})=n$,那么对任给的$n$维列向量$\boldsymbol{x}\neq\boldsymbol{0}$,恒有$\boldsymbol{A}\boldsymbol{x}\neq\boldsymbol{0}$,于是$\boldsymbol{x}^{\mathrm{T}}\boldsymbol{A}^{\mathrm{T}}\boldsymbol{A}\boldsymbol{x}=(\boldsymbol{A}\boldsymbol{x})^{\mathrm{T}}(\boldsymbol{A}\boldsymbol{x})=\|\boldsymbol{A}\boldsymbol{x}\|^{2}>0$,所以$\boldsymbol{x}^{\mathrm{T}}\boldsymbol{A}^{\mathrm{T}}\boldsymbol{A}^{\mathrm{T}}\boldsymbol{A}\boldsymbol{x}$是正定二次型,故$\boldsymbol{A}^{\mathrm{T}}\boldsymbol{A}$为正定矩阵.

(4) **证明**　必要性.已知$\boldsymbol{A},\boldsymbol{B}$及$\boldsymbol{AB}$均为正定矩阵,则它们都是实对称矩阵,即

$$\boldsymbol{A}^{\mathrm{T}}=\boldsymbol{A},\quad \boldsymbol{B}^{\mathrm{T}}=\boldsymbol{B},\quad (\boldsymbol{AB})^{\mathrm{T}}=\boldsymbol{AB}.$$

又$(\boldsymbol{AB})^{\mathrm{T}}=\boldsymbol{B}^{\mathrm{T}}\boldsymbol{A}^{\mathrm{T}}=\boldsymbol{BA}$,故$\boldsymbol{AB}=\boldsymbol{BA}$.

充分性.由已知$\boldsymbol{A}^{\mathrm{T}}=\boldsymbol{A}$,$\boldsymbol{B}^{\mathrm{T}}=\boldsymbol{B}$,$\boldsymbol{AB}=\boldsymbol{BA}$,得

$$(\boldsymbol{AB})^{\mathrm{T}}=\boldsymbol{AB}$$

即$\boldsymbol{AB}$实对称矩阵,为了证明$\boldsymbol{AB}$是正定矩阵,只需证明$\boldsymbol{AB}$的特征值均为正数.

因为$\boldsymbol{A},\boldsymbol{B}$是正定矩阵,所以存在$n$阶可逆矩阵$\boldsymbol{P},\boldsymbol{Q}$,使$\boldsymbol{A}=\boldsymbol{P}^{\mathrm{T}}\boldsymbol{P},\boldsymbol{B}=\boldsymbol{Q}^{\mathrm{T}}\boldsymbol{Q}$.考虑$\boldsymbol{AB}$的特征多项式

$$\begin{aligned}|\lambda\boldsymbol{E}-\boldsymbol{AB}|&=|\lambda-\boldsymbol{E}-\boldsymbol{P}^{\mathrm{T}}\boldsymbol{P}\boldsymbol{Q}^{\mathrm{T}}\boldsymbol{Q}|\\&=|\boldsymbol{Q}^{-1}(\lambda\boldsymbol{E}-\boldsymbol{Q}\boldsymbol{P}^{\mathrm{T}}\boldsymbol{P}\boldsymbol{Q}^{\mathrm{T}})\boldsymbol{Q}|\\&=|\lambda\boldsymbol{E}-\boldsymbol{Q}\boldsymbol{P}^{\mathrm{T}}\boldsymbol{P}\boldsymbol{Q}^{\mathrm{T}}|,\end{aligned}$$

注意到$\boldsymbol{P}\boldsymbol{Q}^{\mathrm{T}}$是可逆矩阵,则$(\boldsymbol{P}\boldsymbol{Q}^{\mathrm{T}})^{\mathrm{T}}(\boldsymbol{P}\boldsymbol{Q}^{\mathrm{T}})$是正定矩阵,其特征值都是正数,从而$\boldsymbol{AB}$的特征值都是正数.

参 考 文 献

[1] 陈殿友,术洪亮,张朝凤.线性代数习题课教程[M]. 北京:清华大学出版社,2006.

[2] 陈殿友,术洪亮. 线性代数[M].北京:清华大学出版社,2006.

[3] 同济大学数学教研室.线性代数[M].3 版.北京:高等教育出版社,2002.

[4] 戴天时,陈殿友.线性代数[M].北京:高等教育出版社,2004.

[5] 卢刚. 线性代数[M].北京:高等教育出版社,2003.

[6] 吴传生,王卫华. 线性代数[M].北京:高等教育出版社,2003.

[7] [美]道林 E T.数理金融引论[M].2 版.荣喜民,于秀云,张凤玲,译.北京:科学出版社,2004.